宝玉石红外光谱实例分析

BAOYUSHI HONGWAI GUANGPU SHILI FENXI

李继红 著

图书在版编目(CIP)数据

宝玉石红外光谱实例分析/李继红著. —武汉:中国地质大学出版社,2023.6
ISBN 978-7-5625-5620-6

Ⅰ.①宝… Ⅱ.①李… Ⅲ.①玉石-红外分光光度法 Ⅳ.①TS933.21

中国国家版本馆 CIP 数据核字(2023)第 100249 号

宝玉石红外光谱实例分析 李继红 著

责任编辑:彭 琳 选题策划:张 琰 责任校对:何澍语

出版发行:中国地质大学出版社(武汉市洪山区鲁磨路 388 号) 邮编:430074
电 话:(027)67883511 传 真:(027)67883580 E-mail:cbb@cug.edu.cn
经 销:全国新华书店 http://cugp.cug.edu.cn

开本:880 毫米×1230 毫米 1/16 字数:460 千字 印张:14.5
版次:2023 年 6 月第 1 版 印次:2023 年 6 月第 1 次印刷
印刷:武汉中远印务有限公司

ISBN 978-7-5625-5620-6 定价:78.00 元

前言

随着现代宝玉石检测技术的发展，红外光谱技术被广泛应用于宝玉石鉴定与研究领域。针对目前红外光谱测试技术存在的问题，如何提高相关专业学者的红外光谱检测能力、解析能力，同时提高检测效率，成为宝玉石鉴定中不可规避的重要问题。

本书展示了190颗宝玉石样品的测试分析成果，该图谱库可用于红外测试中对未知样品谱线进行检索、分析对比和定名。因此，收集各类样品并建立资料完善的红外光谱图库对红外检测技术的提高、检测效率的提升有着重要的实践意义。笔者在本次研究中主要使用了红外光谱仪，在昆明理工大学、云南地矿珠宝检测中心有限公司完成测试。笔者采用德国Bruker公司生产的傅里叶红外光谱仪测试样品的红外光谱，仪器型号为Tensor27。本次红外光谱测试均在常温下进行，采用反射法，分辨率为4cm^{-1}，样品扫描频率为10s/次，测量范围为4000～400cm^{-1}。笔者专注于不同品种(常见宝石、稀有宝石、玉石、有机宝石)、不同类型(天然的、优化处理的、合成的)的珠宝玉石红外光谱图的收集、整理，并对谱图进行解析，旨在帮助学生认识、熟悉、读懂各种类型珠宝玉石的红外光谱。

全书共分为10个部分，分别为红外光谱的基础知识(绪论)、常见宝石的红外光谱、稀有宝石的红外光谱、优化处理宝石的红外光谱、人工宝石的红外光谱、常见玉石的红外光谱、优化处理玉石和仿制品的红外光谱、有机宝石的红外光谱、优化处理有机宝石和仿制品的红外光谱、红外光谱技术在珠宝玉石鉴定中的应用。本书可作为宝石及材料工艺学专业、宝石鉴定与加工专业(方向)的研究生、本科生、高职高专学生，珠宝玉石质量检验检测鉴定工作者、科研工作者、高校教师等的参考书，也可作为宝石爱好者的学习资料。

在本书编写过程中，云南国土资源职业学院珠宝旅游学院杨莉、陈雨帆、孟奭，云南地矿珠宝检测中心有限公司蒋琪，昆明理工大学林劲畅、于杰、祖恩东提供了检测样品、检测仪器，在此表示诚挚的感谢。

此外，本书的出版得到了“云南国土资源职业学院第五批学术带头人培养对象”项目、“云南国土资源职业学院校级科技创新团队——珠宝类学生科技创新能力培养团队”项目、云南省“兴滇英才支持计划”项目的联合资助。

李继红

2023年5月1日

目 录

1

绪　论

1.1 红外光谱仪辅助珠宝检测

1.1.1 傅里叶变换红外光谱的历史及应用

自20世纪70年代以来,傅里叶变换技术大幅度提高了红外光谱仪的灵敏度、波数精度、分辨率和应用范围,使红外光谱技术复兴并走向繁荣。红外光谱法能以崭新面貌出现,主要缘于其独特的优点:红外光谱法的普适性强,在不破坏样品的情况下可用于测试气、液、固三态样品。傅里叶变换红外光谱能提供丰富的信息,它不仅是用于结构研究的强有力工具,也是用于分析鉴定的有效方法。它可以配合多种功能附件如显微红外、显微镜PAS(periodic acid Shiff reaction,简称PAS反应)、ATR(attenuated total reflectance,中文名为衰减全反射)变温光谱、时间分辨光谱等的使用。

1.1.2 红外光谱的基本原理

红外光谱是指物质在红外光照射下,引起分子的振动能级和转动能级的跃迁而产生的光谱。在红外光照射下,物质中的元素、配位基和络阴离子团等都能产生特征的振动能级和转动能级的跃迁,在该能级发生跃迁时,会吸收一定波长的电磁辐射,产生特征吸收光谱。

当用一束红外光照射样品时,若分子振动或转动发生能级跃迁所需的能量与辐射光子的能量相等,则会吸收红外光子而产生红外吸收光谱。但并不是任何振动和转动形式都具有红外活性,只有那些能引起分子偶极矩变化的运动形式才能够产生红外吸收。位于中红外区域的吸收谱带大部分来自分子的振动,它们是我们经常研究的一种分子运动形式,可分为两类:伸缩振动和弯曲振动。其中弯曲振动又可分为交剪、摇动、摇摆和扭转4种。

红外光是一种波长介于12 800~10cm^{-1}的电磁波。按其应用波段的不同,红外光谱被分为3个区域:近红外区(12 800~4000cm^{-1})、中红外区(4000~2000cm^{-1})、远红外区(200~10cm^{-1})。虽然这种划分是人为的,各波段之间也并无很严格的界限,但这样的划分是必要的并且有一定的科学依据,因为每个区获得的信息各不相同。

在红外光谱分析中,中红外区是应用最为广泛的光谱范围。中红外光谱主要反映物质的指纹频率,大多数物质(尤其是组成宝石的无机物质)的基频振动出现在中红外区,少数出现在远红外区。中红外区与远红外区相结合可形成鉴定宝石种属的关键指纹区。这一区主要是指纹吸收区和官能团吸收区。红外光谱定性分析主要分为官能团定性和结构定性两个方面。官能团定性是指根据化合物伪红外光谱的特征谱带测定物质含有哪些官能团,从而确定物质的类别。结构定性是指利用化合物的红外光谱并结合其他性质测定有关化合物的化学结构和立体结构,从而明晰分子内原子的排布情况。近红外光谱区除了有不同级别的倍频谱带外,还包含许多不同形式的合频吸收谱带。因此,近红外光谱区成为研究含氢基团(C—H、N—N、O—H)的理想谱区。

1.1.3 傅里叶变换红外光谱仪构造及测试原理

在使用傅里叶变换红外光谱仪时,应把光源发出的光经迈克尔逊干涉仪变成干涉光,再让干涉光照射样品。从检测器中仅能获得干涉图,得不到我们常见的红外吸收光谱。实际吸收光谱是利用计算机将干涉图进行傅里叶变换得到的。傅里叶变换红外光谱仪原理如图1-1所示。

傅里叶变换红外光谱仪无分光系统,测量时应用经干涉仪调制的干涉光,可一次取得全波段光谱信息,具有高光通亮、低噪声、测量速度快等一系列优点。它扩展了红外光谱研究领域,在它的基础上发展研制了许多特殊测试技术。

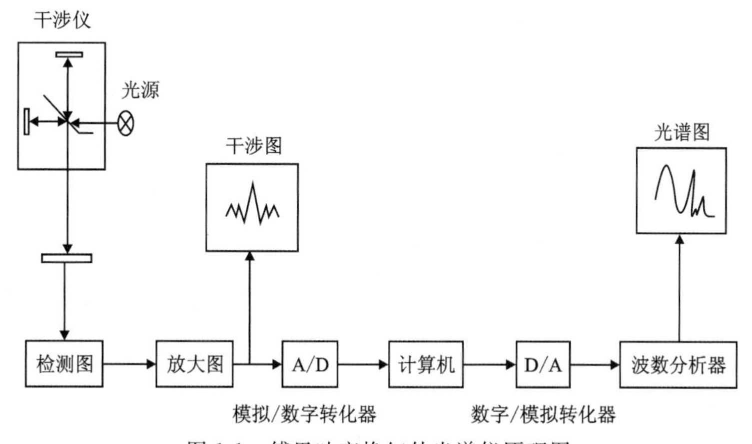

图 1-1 傅里叶变换红外光谱仪原理图

1. 傅里叶变换红外光谱测试的原理及方法

在给定的物质中，内振动的频率主要取决于振动原子的性质，各种基团的红外光谱除受本身的对称性及环境的影响使光谱特征发生一定程度的变化外，对于给定的原子基团，其吸收谱带总是出现在一个相当恒定的范围内，具有一定的特征性，这样的吸收谱带称作特征吸收谱带(或特征峰)，吸收谱带极大值的波数位置称为特征基团频率。这些频率只与特定的基团有关，而与该基团所在的物质无关。如果一种物质中同时含有多种基团，则多种基团同时分别对红外光产生特征吸收。由于物质内部多种基团之间还存在一定的相互作用与影响，因而给定的物质中将出现特征的红外吸收光谱，产生指纹频率。指纹频率不是起源于某个基团的振动，而是经由整个分子或分子的一部分振动产生的。

2. 透射法

对于无损鉴别而言，原位直接透射法是最常用的方法。直接透射法是指将样品直接置于红外光谱仪的光路上，使样品分布在整个光束通过的截面上。我们很难通过直接透射法得到宝石的指纹频率图谱，这是样品太厚，基频吸收太强形成包络线吸收造成的。虽然得不到样品的指纹频率图谱，但是对于样品中含量较低或极低的特征基团而言，此时会产生明显的特征基团频率吸收。如果没有同其他强吸收重叠，它们可以被识别出来。宝玉石红外吸收光谱中吸收谱带的强度还取决于样品中各类物质的质量分数。质量分数对化学成分和晶体结构相对固定的单一宝石矿物来讲意义不大，但对于化学成分略有变化的宝石矿物(如矿物中的结构水、包裹体等)以及不同矿物的混合物(如岩石)和不同物质的混合物(如优化处理翡翠中的硬玉矿物和浸入的有机物)而言，质量分数的意义就特别大。利用红外透射法鉴别充填翡翠就是指鉴别翡翠中含量较低或极低的有机质充填物的特征基团。

3. 漫反射法

当红外辐射投向固体样品(尤其是非单一晶体的晶质集合体宝玉石样品)时，会发生两种反射作用。第一种是依照反射定律，直接从样品表面发生的镜面反射；第二种是红外辐射穿透样品表面颗粒后发生的漫反射。漫反射光是指从光源发出的光进入样品内部，经过多次反射、折射、散射及吸收后返回样品表面的光。光线由样品表面辐射出来后会散向空间各个方向。由于漫反射光谱与样品分子发生作用，因此通过检测漫反射就可获得载有样品分子的结构信息。例如，翡翠的红外漫反射光谱负载了翡翠的结构和组成信息，可用于鉴别与翡翠成分不同的样品和不同结构组分的翡翠。漫反射与镜面反射是共存的。

采用漫反射附件的目的是最大限度地采集从样品反射的漫反射光，同时最大限度地限制镜面反射光进入探测器从而获得同一透射技术相近的吸收光谱。反射技术解决了厚样品、散射强样品及镶嵌样品不能进行透射测试的难题。在测量有机化合物与无机化合物混合样品时,镜面反射效应对有机化合物吸收峰产生的影响不大,而对无机化合物产生较大影响。因此,在分析漫反射光谱时,要考虑镜面反射的影响。

目前,红外光谱仪应用广泛,一般都有配套的图谱库,但是在珠宝玉石的鉴定方面,图谱库的资料很少。图谱库在红外光谱仪测试中起到对比分析作用,是分析红外光谱图不可缺少的资料库。所以,在珠宝行业不断改革创新的时代,尽快建立资料完整的珠宝玉石红外光谱图库是推动行业高质量发展的动力。

1.2 珠宝玉石红外光谱检测案例分析

随着珠宝产业的蓬勃发展,红外光谱法广泛应用于宝玉石的鉴定与研究领域,促使宝玉石鉴定水平不断提高。由于不同的宝玉石具有不同的红外反射特征光谱,因而可依据红外吸收谱带的数目、波数、谱形及谱带强度等特征,对宝玉石的红外吸收光谱进行定性表征,从而对它们进行识别区分。红外光谱分析技术是一种准确、省时、简便、无损的现代检测技术,对常规的宝玉石的常规仪器鉴定来说是一种补充和完善。笔者对珠宝玉石红外光谱检测做过一些研究,现以研究成果为案例进行说明。

本书选取全国职业院校技能大赛珠宝玉石鉴定大赛规程中比赛范围内的 190 颗标本(包括常见宝石、稀有宝石、优化处理、人工宝石、常见玉石、优化处理玉石和仿制品、有机宝石、优化处理有机宝石和仿制品)进行常规宝石学测试和红外光谱特征研究。笔者分别对 190 颗标本进行了反射法和透射法测试,收集宝石红外光谱信息。在测试中,受大气背景的影响,红外光谱会产生一些特殊吸收峰。例如,大气中水蒸气有关峰 5600～5100cm^{-1}、4000～3300cm^{-1}(强谱带)、2100～1200cm^{-1}(强谱带),大气中二氧化碳有关峰 2400cm^{-1}和 667cm^{-1},大气中尘埃有关峰 1050cm^{-1}、800cm^{-1}。有机物包括机器用油、空气中有机挥发分、人体的油脂,其中与甲基(—CH_3)有关的吸收峰为 2960cm^{-1},与亚甲基(—CH_2—)有关的吸收峰为 2920cm^{-1}、2850cm^{-1}。

1.2.1 岛状结构硅酸盐矿物的红外光谱特征及解谱研究

利用红外光谱仪测试矿物的红外光谱的目的是研究矿物的晶体结构和物相鉴定,研究内容包括矿物中的水、矿物物相的鉴定、矿物的蚀变情况、矿物的类质同象、矿物结构中的基团、某些元素在矿物结构中的作用等。国内外许多学者都曾利用红外光谱分析技术来研究矿物,如英国学者 V. C. 法默编著的《矿物的红外光谱》是较早的一部关于红外光谱研究矿物的书籍[1]。彭文世、刘高魁编著的《矿物红外光谱图集》是我国第一部矿物红外光谱分析研究图集[2]。闻辂在主编的《矿物红外光谱学》中对岛状硅酸盐矿物和环状硅酸盐矿物的红外光谱进行了简要的描述[3]。邹伟奇等利用显微—红外光谱对碳酸盐类矿物、钠长石和更长石、角闪石亚种矿物、重矿物等样品进行了分析鉴定[4]。宋华玲等对部分宝石类岛状结构硅酸盐矿物进行了近红外区的红外光谱特征研究[5]。对单个硅酸盐矿物种属的红外光谱,也有部分学者进行了相关研究。刘高魁等研究了锆石红外光谱的特征和意义[6]。艾群等对橄榄石的红外光谱开展了详细的研究[7]。王奎仁等运用群分析方法预测了石榴石红外光谱谱带数目及特征谱带位置与归属,指出了导致理论预测与实测的红外光谱谱带数目存在差异的原因[8]。谷湘平等对榍石红外光谱与金红石红外光谱开展对比研究,获得某些谱带的归属,并给出了群论分析结果[9]。谷湘平还研究了不同程度变生褐帘石及其热处理样品的红外光谱变化特征[10]。

近红外光谱属于分子转动光谱,产生共价化学键非谐能级振动,是非谐振动的倍频和组合频吸收光谱,在矿物中主要反映水分子和某些官能团的倍频与合频振动特征,以及羟基与金属离子的结合方式。对岛状结构硅酸盐矿物进行傅里叶红外光谱仪测试,可得到该类矿物的红外光谱,同时通过分析岛状结构硅酸盐矿物的红外光谱中的 Si—O 振动频率、硅氧四面体中的 Si—O—Si 振动频率、四面体阳离子振动频率、配位多面体阳离子振动频率等的特点,可进一步分析、总结岛状结构硅酸盐矿物的红外光谱的共性特征。

本次测试所选的测试样品如下。

孤立四面体硅氧骨干[SiO_4]$^{4-}$矿物:锆石 5 粒[GS1(蓝色)、GS2(蓝色)、GS3(褐色)、GS4(褐色)、GS5(褐色)]、托帕石 5 粒(TPS1、TPS2、TPS3、TPS4、TPS5)、橄榄石 5 粒(GLS1、GLS2、GLS3、GLS4、GLS5)、石榴石 5 粒(SLS1 钙铝榴石、SLS2 锰铝榴石、SLS3 镁铝榴石、SLS4 铁铝榴石、SLS5 铁钙铝榴石)、蓝晶石 3 粒(LJS1、LJS2、LJS3)、红柱石 5 粒(HZS1 红柱石、HZS2 空晶石红色部分、HZS3 空晶石红色部分、HZS4 红柱石、HZS5 空晶石黑色部分)、榍石 3 粒(XS1、XS2、XS3)。单双硅氧四面体[SiO_4]$^{4-}$、[Si_2O_7]$^{6-}$共存的矿物:绿帘石 3 粒(LLS1、LLS2、LLS3)、符山石 3 粒(FSS1、FSS2、FSS3)。测试结果如下。

1.[SiO_4]单四面体矿物的岛状硅酸盐宝石矿物红外光谱分析

1)锆石($ZrSO_4$)(图 1-2)

锆石的红外反射光谱中,1100～800cm^{-1}区域内的谱带为[SiO_4]$^{4-}$四面体的三重简并伸缩振动带,610～400cm^{-1}附近的锐吸收带为[SiO_4]$^{4-}$四面体的三重简并弯曲振动带。蓝色锆石样品在 440cm^{-1}、623cm^{-1}处的吸收强且峰形尖锐,符合晶质锆石的特点。

2)橄榄石族矿物(X_2SiO_4)(图 1-3)

在红外反射光谱中,橄榄石样品显示 1024cm^{-1}、987cm^{-1}、949cm^{-1}、530cm^{-1}、420cm^{-1}等典型红外吸收峰。

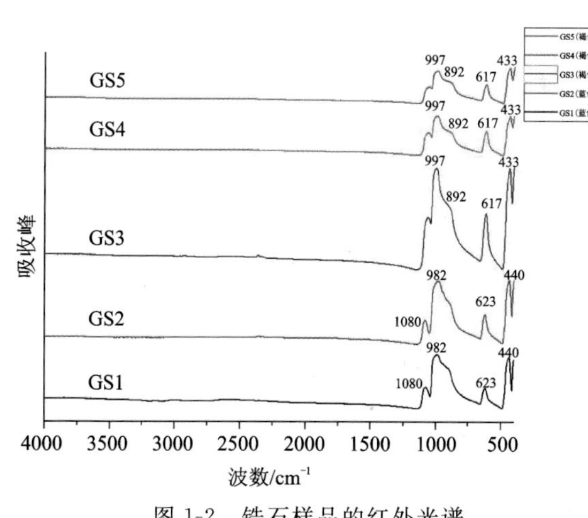

图 1-2 锆石样品的红外光谱

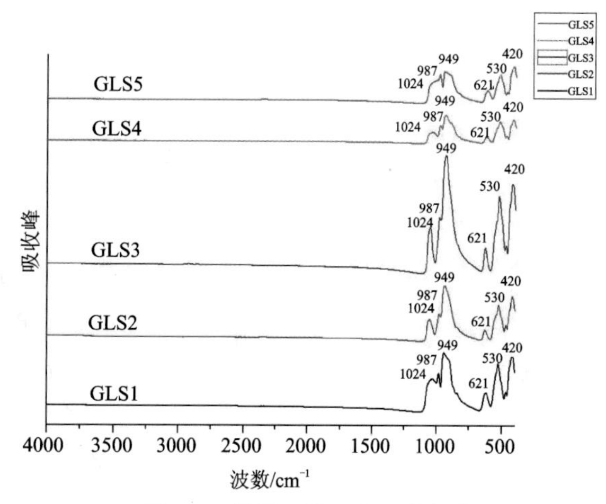

图 1-3 橄榄石样品的红外光谱

3)石榴石族矿物($X_3Y_2[SiO_4]_3$)(图 1-4)

X 可能是 Mg^{2+}、Ca^{2+}、Fe^{2+}、Mn^{2+}等;Y 代表三价阳离子,如 Al^{3+}、Fe^{3+}等。在红外反射光谱中,钙铝榴石样品显示 950cm^{-1}、869cm^{-1}、847cm^{-1}、618cm^{-1}、556cm^{-1}附近的与[SiO_4]有关的红外吸收峰,487cm^{-1}、459cm^{-1}附近的红外吸收峰与 Al—O 有关。铁钙铝榴石样品显示 953cm^{-1}、866cm^{-1}、843cm^{-1}、617cm^{-1}、553cm^{-1}等与[SiO_4]有关的红外吸收峰,485cm^{-1}、457cm^{-1}等红外吸收峰与 Al—O 有关。当钙铝榴石含有一定量的钙铁榴石时,红外吸收峰可向低波数移动。锰铝榴石样品显示 991cm^{-1}、906cm^{-1}、876cm^{-1}、582cm^{-1}等与[SiO_4]有关的红外吸收峰,493cm^{-1}、459cm^{-1}附近的红外吸收峰与 Al—O 有关。镁铝榴石样品显示 999cm^{-1}、908cm^{-1}、876cm^{-1}、588cm^{-1}、536cm^{-1}等与[SiO_4]有关的红外吸收峰,494cm^{-1}、465cm^{-1}附近的红外吸收峰与 Al—O 有关。铁铝榴石样品显示 991cm^{-1}、906cm^{-1}、876cm^{-1}、582cm^{-1}等与[SiO_4]有关的红外吸收峰,493cm^{-1}、459cm^{-1}等红外吸收峰与 Al—O 有关。样品未见 638cm^{-1}附近的红外吸收峰,可能与含有一定量的镁铝榴石有关,镁铝榴石含量越高,638cm^{-1}附近的红外吸收峰越弱。

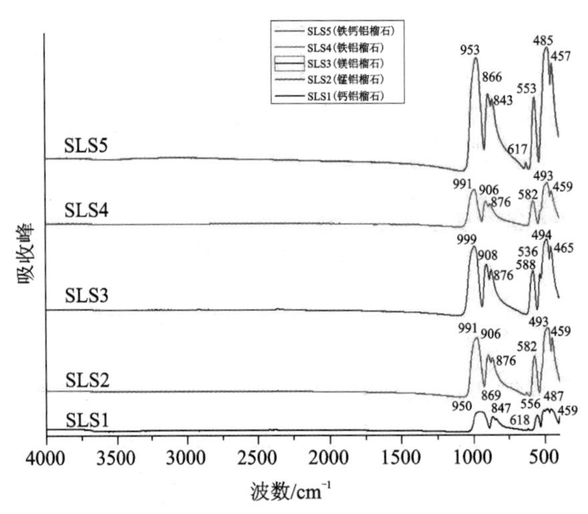

图 1-4　石榴石样品的红外光谱

4)红柱石与蓝晶石($Al_2[SiO_4]O$)(图 1-5、图 1-6)

在红柱石红外光谱中,1000~800cm^{-1}内为 Si—O 伸缩振动,主要分布在 993cm^{-1}、952cm^{-1}附近,强度相近。小于 500cm^{-1}的谱带为 Si—O 弯曲振动,分别在 498cm^{-1}、457cm^{-1}处附近。

红柱石中阳离子 Al^{3+}有两种配位方式,分别是构成八面体的六次配位和构成三方双锥多面体的五次配位。配位方式增多,导致红外光谱频带增多,主要范围在 735~500cm^{-1}之间,为 Al—O 伸缩振动,544cm^{-1}和 685cm^{-1}归属于 Al—O 六次配位伸缩振动,640cm^{-1}归属于 Al—O 五次配位伸缩振动。黑色部分的红外光谱多了大于 1000cm^{-1}的红外吸收峰,位于 1198cm^{-1}、1072cm^{-1}处。

在红外反射光谱中,蓝晶石样品可见 1024cm^{-1}、976cm^{-1}、692cm^{-1}、640cm^{-1}、434cm^{-1}等典型红外吸收峰。1040~900cm^{-1}之间为 Si—O 伸缩振动,730~600cm^{-1}之间为 Si—O 弯曲振动,570~430cm^{-1}之间为 Si—O—Si 弯曲振动。

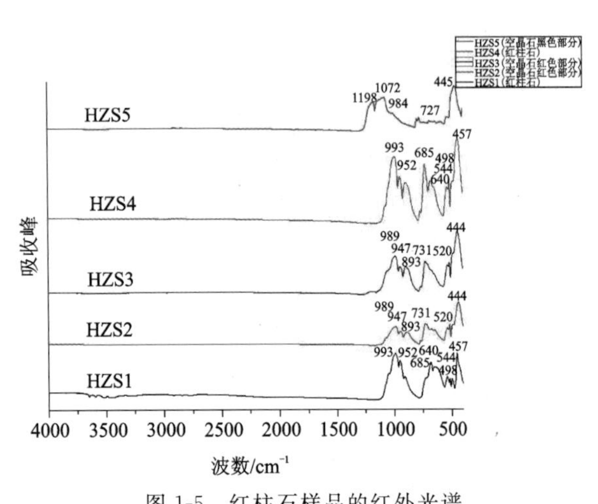

图 1-5　红柱石样品的红外光谱

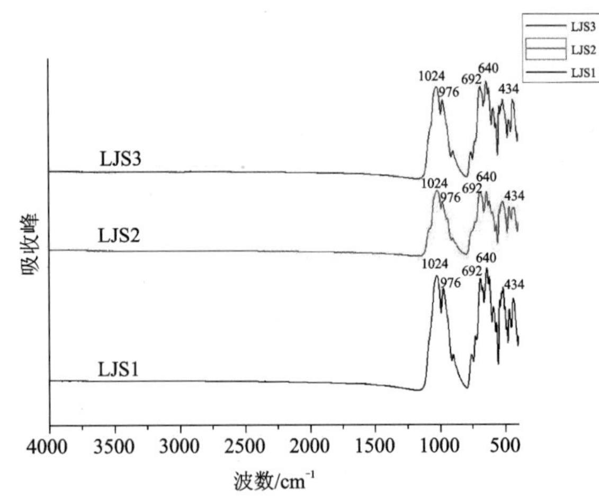

图 1-6　蓝晶石样品的红外光谱

5)托帕石($Al_2SiO_4(F,OH)_2$)(图 1-7)

$[SiO_4]^{4-}$四面体骨干呈孤立状,与$[AlO_4(F,OH)_2]$八面体相联系,F 可被 OH 替代,F∶OH=3∶1~1∶1.2,其比值与托帕石的生成条件(出产温度)有关[1-2]。在托帕石样品的红外反射光谱中,1200~900cm^{-1}红外吸收峰由 Si—O—Si 反对称伸缩振动引起,具体峰位为 1080cm^{-1}、951cm^{-1}、922cm^{-1};900~700cm^{-1}之间为 Al—O 伸缩振动,峰位为 881cm^{-1};700~584cm^{-1}红外吸收峰由 Si—O 对称伸缩振动引起,特征峰为 627cm^{-1}、584cm^{-1};584cm^{-1}以下范围内红外吸收峰由 Al—O—Al 弯曲振动引起,峰位有 542cm^{-1}、484cm^{-1}、459cm^{-1}。

6)榍石($CaTi[SiO_4]O$)(图 1-8)

在红外反射光谱中,榍石样品可见 955cm^{-1}、746cm^{-1}、567cm^{-1}、432cm^{-1}等典型红外吸收峰。其中 1000～800cm^{-1}区域内的谱带由$[SiO_4]^{4-}$四面体及阳离子配位多面体的振动引起。

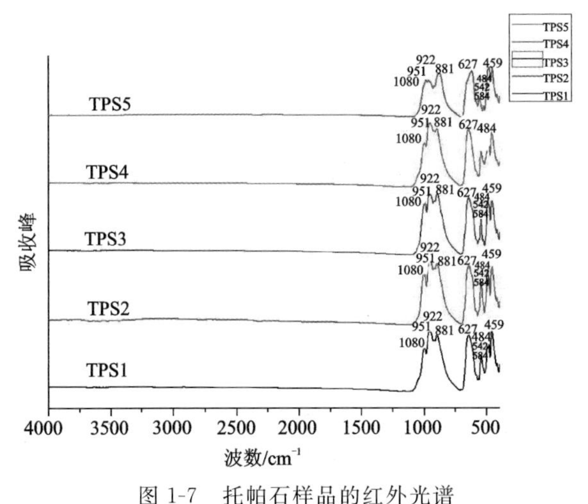

图 1-7 托帕石样品的红外光谱

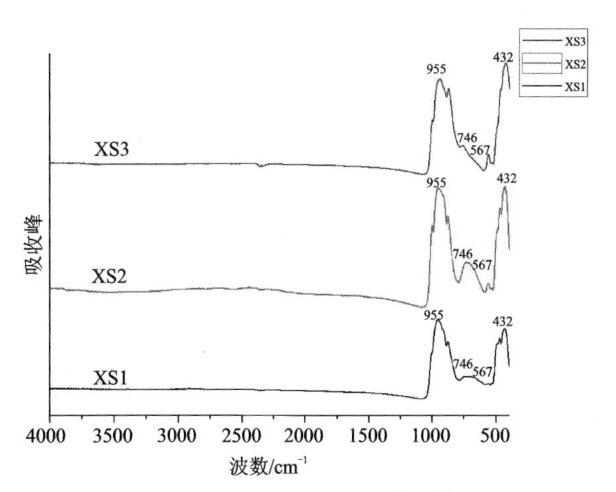

图 1-8 榍石样品的红外光谱

2. $[Si_2O_7]$双四面体矿物的岛状硅酸盐宝石矿物红外光谱分析

1)绿帘石($Ca_2(Al,Fe)_3[SiO_4][Si_2O_7]O(OH)$)(图 1-9)

绿帘石结构特点为:单、双四面体硅氧骨干共存于其晶体结构中。在绿帘石样品的红外反射光谱中,可见 1123cm^{-1}、1058cm^{-1}、958cm^{-1}、653cm^{-1}、581cm^{-1}、523cm^{-1}等典型红外吸收峰。

2)符山石($Ca_{10}(Mg,Fe)Al_4[Si_2O_7][SiO_4](OH,F)_4$)(图 1-10)

在符山石样品的红外反射光谱中,1024cm^{-1}、962cm^{-1}、914cm^{-1}归属于 Si—O—Si 反对称伸缩振动,792cm^{-1}、630cm^{-1}归属于 Si—O—Si 对称伸缩振动,486cm^{-1}、436cm^{-1}归属于 Si—O 弯曲振动。

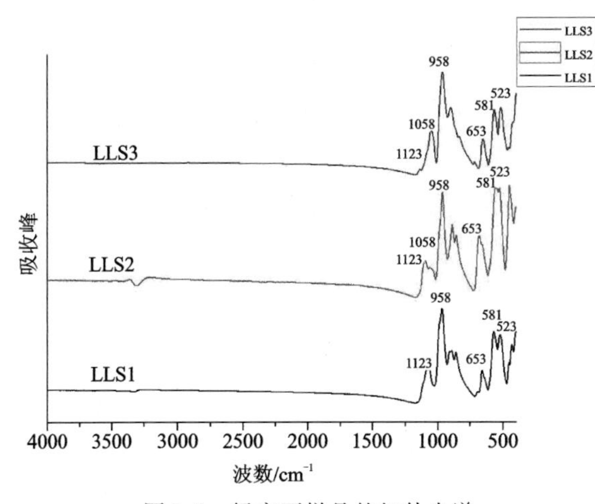

图 1-9 绿帘石样品的红外光谱

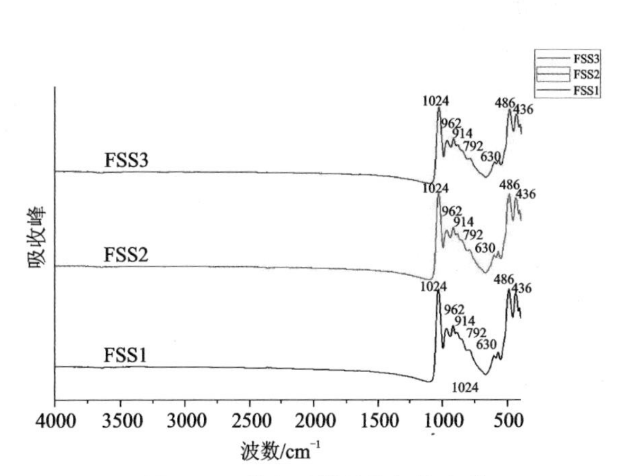

图 1-10 符山石样品的红外光谱

3. 岛状结构硅酸盐矿物中类质同象对红外光谱的影响

1)岛状结构硅酸盐矿物中的类质同象极为普遍

根据 A^{2+}、B^{3+}阳离子替代的不同,可以将石榴石族矿物($A_3B_2[SiO_4]_3$)划分为两个系列:铁铝榴石系列(包括镁铝石榴石、铁铝石榴石、锰铝石榴石等矿物)和钙铁石榴石系列(包括钙铝石榴石、钙铁石榴石、钙铬石榴石、钙钒石榴石、钙锆石榴石等矿物)。A^{2+}、B^{3+}离子中及其相互间类质同象替代广泛,自然界中纯端元矿物成分的石榴石极为少见，一般以若干端元组分“混合物”的矿物形式出现。

石榴石族矿物红外反射谱图形状相对稳定，而峰位的漂移主要取决于类质同象替代。从图 1-4 中的红外反射光谱中可见，钙铝榴石样品显示 950cm^{-1}、869cm^{-1}、847cm^{-1}、618cm^{-1}、556cm^{-1}附近与[SiO_4]有关的红外吸收峰，487cm^{-1}、459cm^{-1}附近红外吸收峰与 Al—O 有关。铁钙铝榴石样品显示 953cm^{-1}、866cm^{-1}、843cm^{-1}、617cm^{-1}、553cm^{-1}等与[SiO_4]有关的红外吸收峰，485cm^{-1}、457cm^{-1}等红外吸收峰与 Al—O 有关。当钙铝榴石含有一定量的钙铁榴石时，红外吸收峰可向低波数移动。锰铝榴石样品显示 991cm^{-1}、906cm^{-1}、876cm^{-1}、582cm^{-1}等与[SiO_4]有关的红外吸收峰，493cm^{-1}、459cm^{-1}附近的红外吸收峰与 Al—O 有关。镁铝榴石样品显示 999cm^{-1}、908cm^{-1}、876cm^{-1}、588cm^{-1}、536cm^{-1}等与[SiO_4]有关的红外吸收峰，494cm^{-1}、465cm^{-1}附近的红外吸收峰与 Al—O 有关。铁铝榴石样品显示 991cm^{-1}、906cm^{-1}、876cm^{-1}、582cm^{-1}等与[SiO_4]有关的红外吸收峰，493cm^{-1}、459cm^{-1}等红外吸收峰与 Al—O 有关。样品未见 638cm^{-1}附近的红外吸收峰，可能与含有一定量的镁铝榴石有关，镁铝榴石含量越高，638cm^{-1}附近的红外吸收峰越弱。

橄榄石族（$R_2[SiO_4]$，R＝Mg、Fe^{2+}、Mn、Ca、Zn 等二价阳离子）矿物根据阳离子替代的不同，可以形成 $Mg_2[SiO_4]$—$Fe_2[SiO_4]$、$CaMg[SiO_4]$—$CaFe[SiO_4]$间完全类质同象系列，以及根据不同端元矿物成分可以形成多种不完全的类质同象系列。橄榄石的红外光谱反射图谱因受类质同象系列的影响，在 1100～800cm^{-1}间的吸收谱带存在差异。

因类质同象替代而导致的矿物红外光谱的差异其实是比较小的，我们常常将肉眼观察数据与数据库中标准图谱进行对比，以及利用 X 射线荧光分析法检测矿物所含的替代元素来对矿物进行判定和命名，但效果不是很理想。红外光谱检测法对于较难进行鉴定和命名的矿物具有重要的意义。

2）岛状结构硅酸盐矿物中同质多象对红外光谱的影响

红柱石、蓝晶石的矿物分子式均为 $Al_2[SiO_4]O$，属于同质多象变体。在红柱石的晶体结构中，Si 全部为四面体配位，并呈孤立的[SiO_4]四面体，1/2 的 Al^{3+}离子与氧呈六次配位的八面体，并以共棱的方式联结，呈平行 *c* 轴方向延伸的[AlO_6]八面体链，另 1/2 的 Al^{3+}离子呈五次配位，形成[AlO_5]三方双锥多面体。在蓝晶石的晶体结构中，Si 全部为四面体配位，并呈孤立的[SiO_4]四面体，在 *c* 轴方向上 1/2 的 Al^{3+}离子与氧呈八面体配位（六次配位），并以共棱的方式联结，呈[AlO_6]八面体链，另 1/2 的 Al^{3+}离子形成[AlO_6]八面体，[AlO_6]八面体链与[AlO_6]八面体以共角顶、共棱的方式联结成八面体复杂层，层间以[SiO_4]四面体相联结。在矽线石的晶体结构中，Si 全部为四面体配位，并呈孤立的[SiO_4]四面体，1/2 的 Al^{3+}离子与氧呈六次配位的八面体，并以共棱的方式联结，呈平行 *c* 轴方向延伸的[AlO_6]八面体链，另 1/2 的 Al^{3+}离子四次配位形成的四面体[AlO_4]与[SiO_4]四面体在 *c* 轴方向交替排列、共角顶联结，形成平行 *c* 轴的[$AlSiO_5$]双链，双链间由[AlO_6]八面体相联结。其中矽线石属于链状结构硅酸盐矿物。

图 1-11 是红柱石和蓝晶石的红外反射光谱，在红柱石红外光谱中，1000～800cm^{-1}区域内的谱带归属于 Si—O 伸缩振动，主要分布在 993cm^{-1}、952cm^{-1}附近，强度相近。小于 500cm^{-1}的谱带归属于 Si—O 弯曲振动，分别在 498cm^{-1}、457cm^{-1}处附近。蓝晶石样品可见 1024cm^{-1}、976cm^{-1}、692cm^{-1}、640cm^{-1}、434cm^{-1}等典型红外吸收峰。1040～900cm^{-1}区域内的谱带归属于 Si—O 伸缩振动，730～600cm^{-1}区域内的谱带归属于 Si—O 弯曲振动，570～430cm^{-1}区域内的谱带归属于 Si—O—Si 弯曲振动。排除可能存在的包裹体、微量元素、杂质矿物、充填物的影响，两种同质

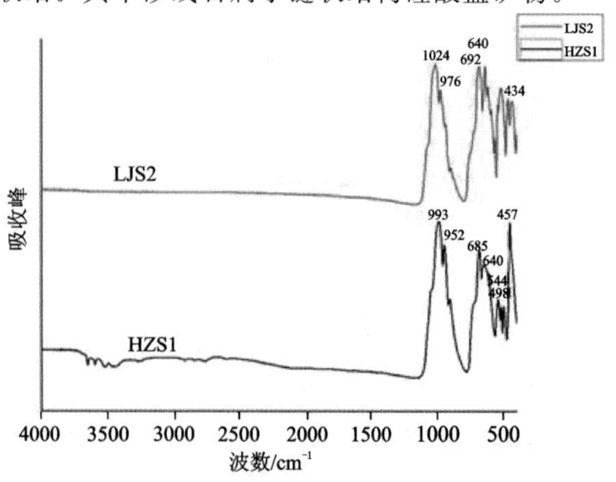

图 1-11　红柱石和蓝晶石的红外反射光谱

多象矿物的红外反射光谱的差异极大，这说明虽然矿物成分一样，但分子结构、化学键或基团的不同对红外光谱的影响是极大的。

4.结论

(1)研究岛状结构硅酸盐矿物的红外光谱中可能存在的Si—O振动频率、硅氧四面体中的Si—O—Si振动频率、四面体阳离子振动频率、配位多面体阳离子振动频率的特点，研究矿物的红外光谱的吸收峰位置振动频率、谱带形状、谱带相对强度特点，分析不同硅氧骨干[SiO_4]、[Si_2O_7]、[SiO_3]n的基团频率特点。通过分析分子中振动频率、基团频率与分子结构的关系可知，岛状结构硅酸盐矿物中虽然具有相同的[SiO_4]、[Si_2O_7]、[SiO_3]n的基团，但受多种因素的影响，不同矿物分子中相同基团的振动频率也不尽相同。托帕石具体峰位为1080cm^{-1}、951cm^{-1}、922cm^{-1}、627cm^{-1}、584cm^{-1}、542cm^{-1}、484cm^{-1}、459cm^{-1}。绿帘石样品显示1123cm^{-1}、1058cm^{-1}、958cm^{-1}、653cm^{-1}、581cm^{-1}、523cm^{-1}等典型红外吸收峰。符山石样品显示1024cm^{-1}、962cm^{-1}、914cm^{-1}、792cm^{-1}、630cm^{-1}、486cm^{-1}、436cm^{-1}特征吸收峰。锆石在1100～800cm^{-1}区域内的谱带为[SiO_4]$^{4-}$四面体的三重简并伸缩振动带，610～400cm^{-1}附近的锐吸收带为[SiO_4]$^{4-}$四面体的三重简并弯曲振动带。橄榄石样品显示1024cm^{-1}、987cm^{-1}、949cm^{-1}、530cm^{-1}、420cm^{-1}等典型红外吸收峰。红柱石样品显示993cm^{-1}、952cm^{-1}、498cm^{-1}、457cm^{-1}典型红外吸收峰。蓝晶石样品显示1024cm^{-1}、976cm^{-1}、692cm^{-1}、640cm^{-1}、434cm^{-1}等典型红外吸收峰。榍石样品显示955cm^{-1}、746cm^{-1}、567cm^{-1}、432cm^{-1}等典型红外吸收峰。

(2)1000～800cm^{-1}区域内的谱带由[SiO_4]$^{4-}$四面体及阳离子配位多面体的振动引起。610～400cm^{-1}区域内的谱带为[SiO_4]^{4}四面体的三重简并弯曲振动带。790～580cm^{-1}区域内的谱带归属于Si—O对称伸缩振动。石榴石、托帕石红外光谱中550cm^{-1}以下范围内的谱带与由Al—O引起的振动有关。

(3)岛状结构硅酸盐矿物(主要为石榴石族)中类质同象较为常见，石榴石品种多，用常规仪器较难区分，而石榴石族矿物红外反射光谱形状相对稳定，利用红外光谱可以无损快速地检测石榴石的品种。

(4)岛状结构硅酸盐矿物中两种同质多象矿物(主要针对红柱石、蓝晶石等)的红外反射光谱的差异极大，说明虽然矿物成分一样，但分子结构、化学键或基团的不同对红外光谱的影响是极大的。

1.2.2 石林彩玉的红外光谱特征及解谱研究

石林彩玉是云南省近年来新发现的一种玉石新品种，产自石林县大可乡。石林彩玉具有红、黄、蓝、灰、绿、紫等多种色彩，呈透明、半透明、不透明状产出，绚丽多彩的颜色和迷离神奇的花纹正是其价值所在。2017年3月，云南省颁布了石林彩玉的地方标准。但目前对石林彩玉的地质背景、矿床特征、矿物组成、宝石学性质、谱学分析、颜色成因及商业价值等尚缺少系统研究。笔者利用红外光谱仪重点对云南石林彩玉的宝石学及谱学特征进行研究和分析，以期揭示石林彩玉的主要矿物组成及内部结构特征，为石林彩玉的实际检测及进一步研究提供系统的基础资料。

笔者利用显微红外光谱仪对研究样品的不同颜色区域进行显微红外光谱反射法测试，并对所有测试谱图进行K-K变换予以校正。样品B-1、B-2、B-3、B-4、B-5、B-6测试结果如图1-12所示。

1200～600cm^{-1}区域附近的谱带反映的是Si—O伸缩振动，其中包括位于1200～900cm^{-1}高频区的Si—O—Si对称伸缩振动和位于800～600cm^{-1}低频区的Si—O—Si对称伸缩振动[11]。1165cm^{-1}、1093cm^{-1}处的强而宽的吸收带是Si—O—Si反对称伸缩振动峰，802cm^{-1}、778cm^{-1}、694cm^{-1}、519cm^{-1}、468cm^{-1}处的吸收峰为Si—O对称伸缩振动峰[12]。结果表明，在2000～400cm^{-1}区域内，石林彩玉样品均表现为石英质矿物特征谱峰。由Si—O非对称伸缩振动引起的特征红外反射谱峰位于1185cm^{-1}、1107cm^{-1}处的强而宽的吸收带，由Si—O—Si对称伸缩振动引起的一对特征分裂谱带位于797cm^{-1}、

681cm⁻¹处。在700～400cm⁻¹区域内，由Si—O弯曲振动引起的474cm⁻¹处的较强谱带和542cm⁻¹处的弱谱带，证实了石林彩玉样品为石英质玉石。

为了进一步说明石林彩玉样品的红外光谱与其矿物结晶度之间的关系，在前人研究的基础上，笔者选取了水晶（样品SJ）和南红玛瑙（样品YS）进行了红外光谱测试对比（图1-12）。显晶质石英在801cm⁻¹、778cm⁻¹处分裂明显，隐晶质玛瑙在该处呈弱分裂，多数情况仅一个肩峰被吸收。南红玛瑙（样品YS）红外光谱为典型的玛瑙红外光谱。石林彩玉B1、B2、B3、B4、B6与南红玛瑙的红外光谱更为接近，不仅在1200～1000cm⁻¹范围内具明显分裂，同时在800～700cm⁻¹区域内的次级红外谱峰分裂不明显。石林彩玉（样品B5）和水晶（样品SJ）的结晶程度相对较高，两者不仅在1200～1000cm⁻¹区域内具明显分裂强谱峰，同时在800～700cm⁻¹范围内的次级红外谱峰分裂较明显，并伴有691cm⁻¹、542cm⁻¹附近的弱谱带。对比红外光谱可以发现，石林彩玉和南红玛瑙的红外光谱较为相似，不仅在1200～1000cm⁻¹区域内具明显分裂强谱峰，同时在800～700cm⁻¹区域内的次级红外谱峰分裂不明显。结合测试结果分析，石林彩玉是石英质玉，并且大多数是由隐晶质的玉髓组成，少量部分由显晶质石英组成。

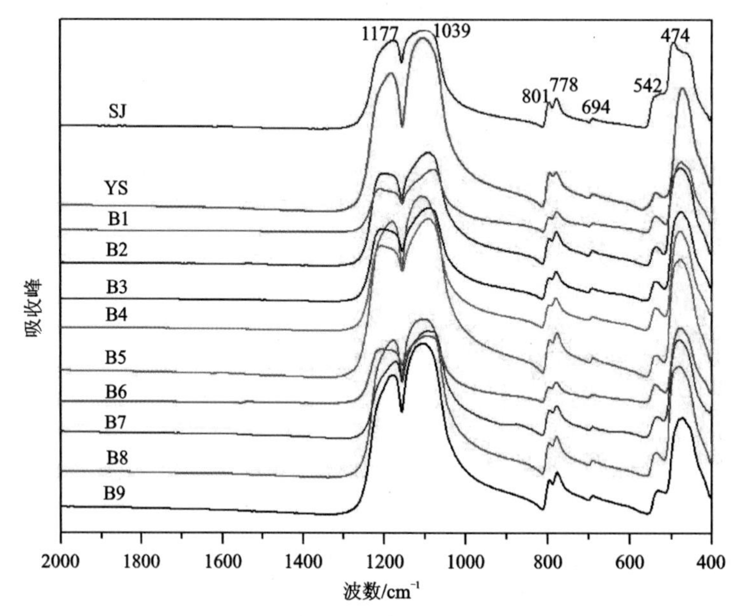

图1-12　水晶、南红玛瑙、石林彩玉等样品的红外光谱

1.2.3　缅甸琥珀的红外光谱特征及解谱研究

腾冲、瑞丽的珠宝市场出现了大量的缅甸琥珀。缅甸琥珀产自缅甸克钦邦北部的胡康河谷[13]。缅甸琥珀属于矿珀，它附生于煤层之中，这种特殊的形成环境造就了缅甸琥珀内含物丰富的特点。每一块琥珀都是独一无二的。琥珀是不可再生资源，它的产量越来越少，而却有越来越多的人开始佩戴、收藏琥珀，因此，珠宝市场上出现了形形色色外观与琥珀相似的仿制品以及优处理琥珀。王瑛等测试了缅甸琥珀的宝石学特征，认为不能简单地依据常规宝石学特征来区分缅甸琥珀与其仿制品[14-17]。基于此，笔者对天然琥珀及其仿制品进行常规宝石学鉴定、红外光谱对比研究，以期探索出系统简便的鉴别天然琥珀及其仿制品的方法。

笔者所选的测试样品均为缅甸琥珀，共有8块天然缅甸琥珀标本（YP1-8），以及热处理缅甸琥珀标本、柯巴树脂标本、塑料标本、再造琥珀标本各1块。

1.缅甸琥珀红外光谱测试

缅甸琥珀红外光谱测试结果见图1-13。对8块天然缅甸琥珀红外测试的结果表明，缅甸琥珀的红外光谱基本一致，明显可见在 1377cm^{-1}、1458cm^{-1}、2866cm^{-1}、2926cm^{-1}处有烷烃(C—H)的强吸收峰，在 1227～976cm^{-1}之间有一系列红外吸收谱带。

其中，2926cm^{-1}处主吸收峰由甲基(—CH_3)的不对称伸缩振动吸收所致，2866cm^{-1}附近的双峰由亚甲基(—CH_2—)的对称伸缩振动所致，且 2926cm^{-1}处甲基的不对称伸缩振动比 2866cm^{-1}附近亚甲基的对称伸缩振动强。C—H 弯曲振动发生在 1500～1300cm^{-1}处，其中 1458cm^{-1}处为 C—H 不对称弯曲振动吸收峰，1377cm^{-1}处为 C—H 对称弯曲振动吸收峰，这说明琥珀的基本分子骨架为脂肪族结构。在 1724cm^{-1}处有羰基(C=O)伸缩振动吸收峰，在 1227～976cm^{-1}之间有一系列红外吸收谱带，这表明缅甸琥珀内含有醇、酯、醚等含氧结构。缅甸琥珀红外光谱中均出现 1651cm^{-1}芳香结构弱吸收峰，说明缅甸琥珀存在少量的芳族结构，由琥珀中含有少量煤屑等杂质所致[18]。

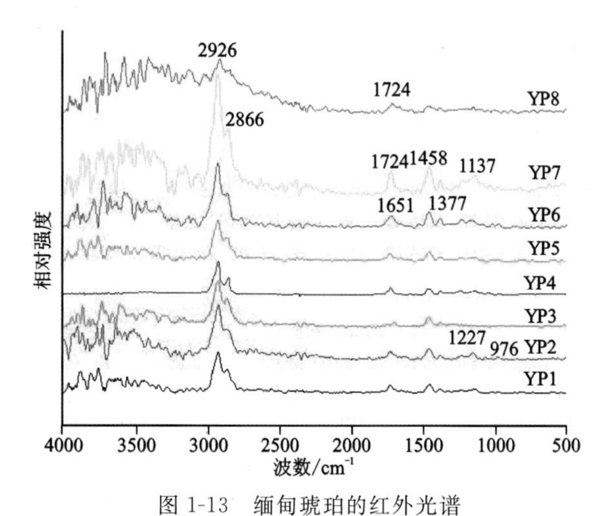

图 1-13 缅甸琥珀的红外光谱

2. 缅甸琥珀优化处理鉴别

热处理后的琥珀颜色较深，呈现黄—橘色。在紫外荧光灯下荧光较弱，出现无色至弱的黄绿色。这是因为加热氧化作用导致的 C 基团和 O 基团浓度的增加对荧光起到一定的猝灭作用。琥珀荧光强度的降低或湮灭，同时伴随着黄色荧光白垩化转变是热处理琥珀的重要佐证[19]。

由热处理缅甸琥珀样品的红外光谱测试结果可知(图 1-14)，对缅甸琥珀热处理越深入，其谱图变化越显著。随着热处理的深入，1720cm^{-1}峰型变得尖锐陡峭，1457cm、1383cm^{-1}处的吸收峰也逐渐升高。1720cm^{-1}处的峰值随温度升高，尖锐程度更加明显。以上热处理琥珀红外光谱的变化仅限于表面氧化层。

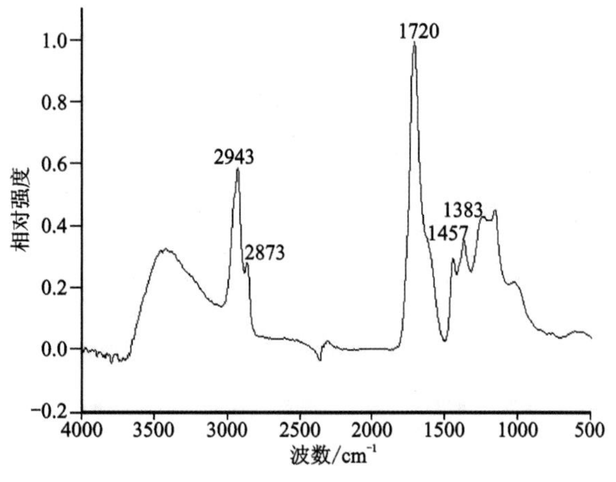

图 1-14 热处理琥珀的红外光谱

3. 缅甸琥珀与再造琥珀的鉴别

由图 1-15 可知，再造琥珀具备天然琥珀的大体性质，呈现 1719cm^{-1}、1459cm^{-1}、979cm^{-1}的较高单峰值，而且 888cm^{-1}为固定峰值。

4. 缅甸琥珀与其仿制品鉴别

1)缅甸琥珀与柯巴树脂的鉴别

由红外测试结果可知(图 1-16)，柯巴树脂在 2930cm^{-1}、1746cm^{-1}、1685cm^{-1}、1378cm^{-1}等处有异常峰值。其中 1746cm^{-1}、1685cm^{-1}处同时显现强吸收峰说明该样品为柯巴树脂。

2)缅甸琥珀与塑料的鉴别

由图 1-17 可知，该塑料样品在 2000cm^{-1}以下有一系列杂乱的吸收峰，可以此将它与琥珀区分开。

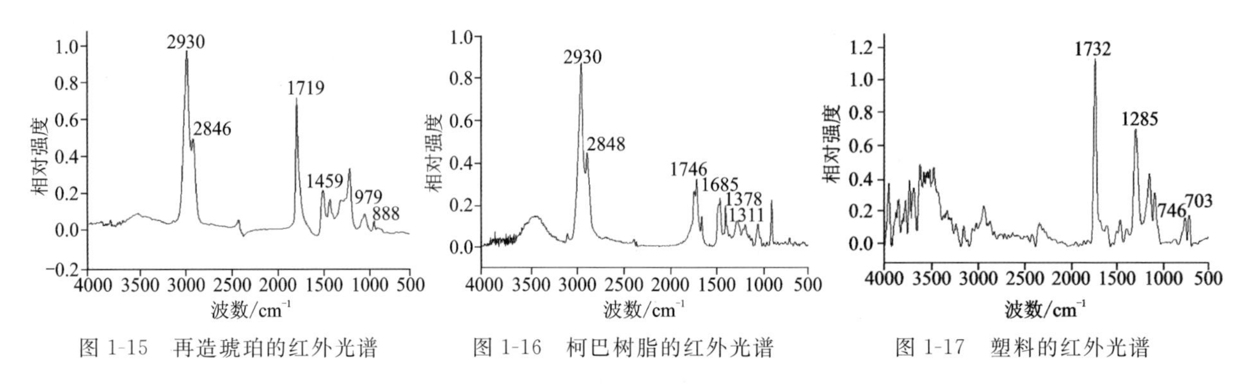

图 1-15　再造琥珀的红外光谱　　图 1-16　柯巴树脂的红外光谱　　图 1-17　塑料的红外光谱

5. 结论

(1)在缅甸琥珀红外光谱中，1377cm^{-1}、1458cm^{-1}、2866cm^{-1}、2926cm^{-1}处有烷烃(C—H)的强吸收峰，在 1227～976cm^{-1}之间有一系列红外吸收谱带。其中，1458cm^{-1}具有一定的产地意义。

(2)热处理缅甸琥珀、再造琥珀较难检测，可以通过红外光谱进行鉴定区分。随着热处理的深入，1720cm^{-1}峰型变得尖锐陡峭，1457cm^{-1}、1383cm^{-1}处的吸收峰也逐渐升高。1720cm^{-1}处的峰值随温度升高，尖锐程度更加明显。再造琥珀具备天然琥珀的大体性质，呈现 1719cm^{-1}、1459cm^{-1}、979cm^{-1}的较高单峰值，而且 888cm^{-1}为固定峰值。

(3)天然缅甸琥珀与柯巴树脂、塑料等琥珀仿制品可以通过常规检测以及红外光谱进行鉴定。柯巴树脂在 1746cm^{-1}、1685cm^{-1}、1378cm^{-1}、1311cm^{-1}处有异常峰值，其中 1746cm^{-1}、1685cm^{-1}处同时显现强吸收峰说明该样品为柯巴树脂。塑料在 1732cm^{-1}处出现较高峰值，1285cm^{-1}处有异常峰值，746cm^{-1}、703cm^{-1}处为两项特殊峰值，与天然缅甸琥珀存在较大差异。

1.2.4　黑色翡翠的矿物成分与相似玉石检测方法研究

翡翠以其鲜艳的颜色受到人们的广泛喜爱。翡翠市场的发展加速了人们对翡翠的开采，致使优质翡翠急剧减少，原先不被消费者关注的黑色翡翠逐渐走进市场[20]。在对昆明的玉器市场调研后发现，昆明市场上出现了好几种和黑色翡翠外观特别相似的黑色玉石品种，如墨翠、墨玉(黑色软玉)、深色水沫子玉、黑色蛇纹石玉、黑色角闪石玉、黑色玉髓等。商家往往冠之以墨翠的名称出售，极大地误导了普通消费者，不利于规范和发展翡翠市场，玉石销售市场也处于混乱的状态。

在当前实验室常规检测过程中，由于受样品颜色、透明度、杂质元素等多种因素的影响，黑色翡翠与其相似玉石的鉴别一直是珠宝玉石常规鉴定的难点，各个实验室对黑色翡翠的鉴定无有效、快速的检测方法。目前，人们常利用宝石鉴定常规仪器并结合大型仪器等对常见的黑色玉石的成分、常规宝石学特征等方面进行对比研究，从而提供较为全面的鉴定依据。

常用测试仪器为 IRPrestige-21 傅里叶变换红外光谱仪，测试结果如下。

(1)墨翠红外光谱测量结果显示了典型的绿辉石光谱(图 1-18)。

(2)由和田玉(青玉)的红外光谱(图 1-19)可知：3700～3600cm^{-1}区域内的谱带归属于 OH 伸缩振动，1100～960cm^{-1}区域内的谱带归属于 Si—O 伸缩振动，为最强吸收带频率；800～600cm^{-1}区域内的谱带归属于 Si—O—Si 对称伸缩振动，600～400cm^{-1}区域内的谱带归属于 Si—O 弯曲振动和 Mg—O 伸缩振动。

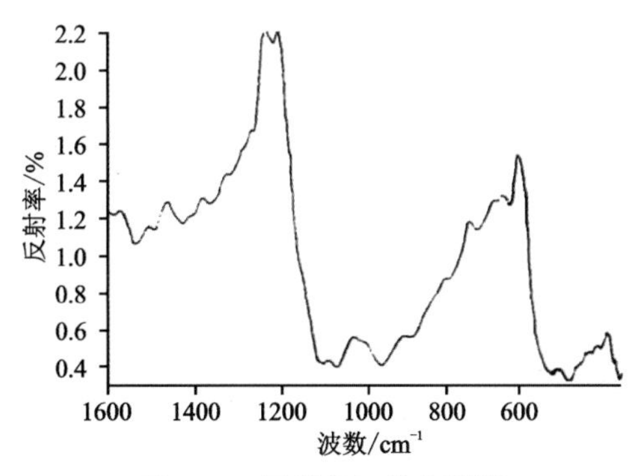

图 1-18 墨翠的红外光谱[20]

(引自《黑色翡翠的宝石学及矿物学特征》，张梅等，2004 年，《江苏地质》)

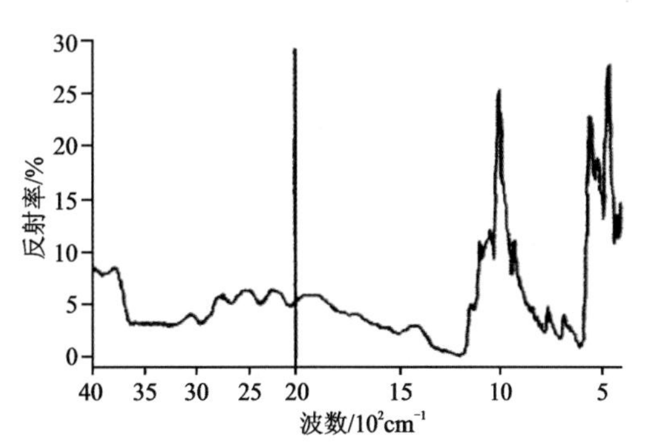

图 1-19 黑色和田玉的红外光谱[21]

(引自《常见黑色玉石的红外反射光谱测试及鉴定》，申晓萍，2009 年，《分析试验室》)

(3)由岫玉的红外光谱(图 1-20)可知：1050cm^{-1}归属于 Si—O 伸缩振动，675cm^{-1}归属于 OH 振动，555cm^{-1}归属于 Mg—O 伸缩振动和弯曲振动，480cm^{-1}归属于 Si—O 弯曲振动。

(4)由水沫子(钠长石玉)的红外光谱(图 1-21)可知：1200～900cm^{-1}区域内的谱带归属于$[SiO_4]^{4-}$的 Si—O 伸缩振动，800～700cm^{-1}区域内的谱带归属于$[SiO_4]^{4-}$的 Si—O 弯曲振动。

红外反射光谱法可以准确地测定出玉石的主要成分类型，而且较易得到样品的红外反射光谱，具有无须专门制样、仪器操作简便、测试速度快捷等特点。更重要的是不同矿物成分基团的红外光谱指纹区各不相同，因此红外光谱仪可以作为玉石鉴定最有效的工具，在日常的鉴定工作中有很大的实际意义。

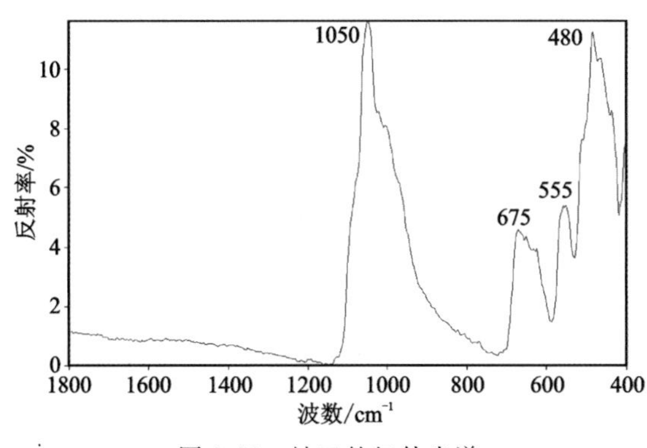

图 1-20 岫玉的红外光谱

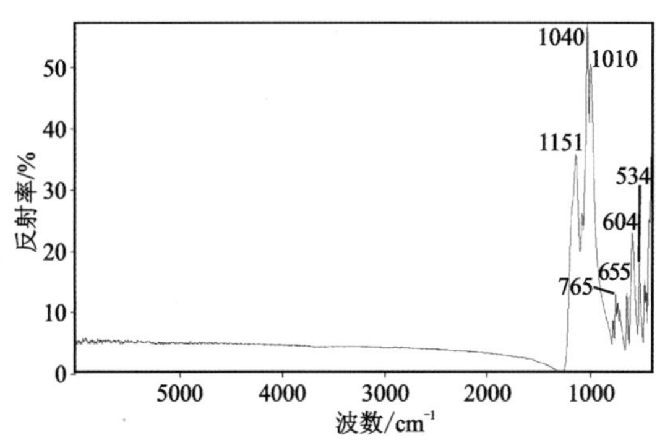

图 1-21 水沫子(钠长石玉)的红外光谱

2

常见宝石的红外光谱

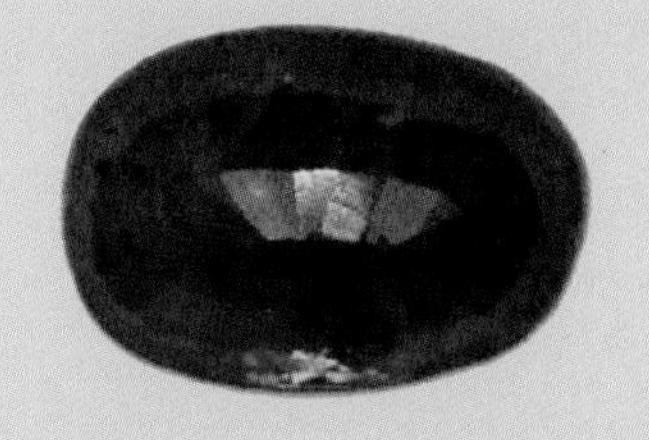

2.1 钻石

编号:1

样品信息（含肉眼观察）	宝石种类	钻石	饰品名称	戒面
	颜色	无色	形状(琢型)	圆形刻面
	光泽	金刚光泽	透明度	透明
	质量	0.051 3g	尺寸(长×宽×高)	4mm×4mm×2.5mm
实验参数	(1)放大检查:内凹原始晶面;(2)折射率/双折射率(RI/DR):RI,>1.78;(3)密度(g/cm^3):3.52;(4)多色性:无;(5)光性特征:均质体(偏光镜下显示全暗);(6)荧光观察(长波 LW/短波 SW):无;(7)吸收光谱:无;(8)其他:无			

样品照片(正面)	样品照片(背面)	放大观察(正面)	放大观察(背面)
		可见火彩,内部干净,腰上有内凹原始晶面	可见亭表面灰尘

红外反射图谱

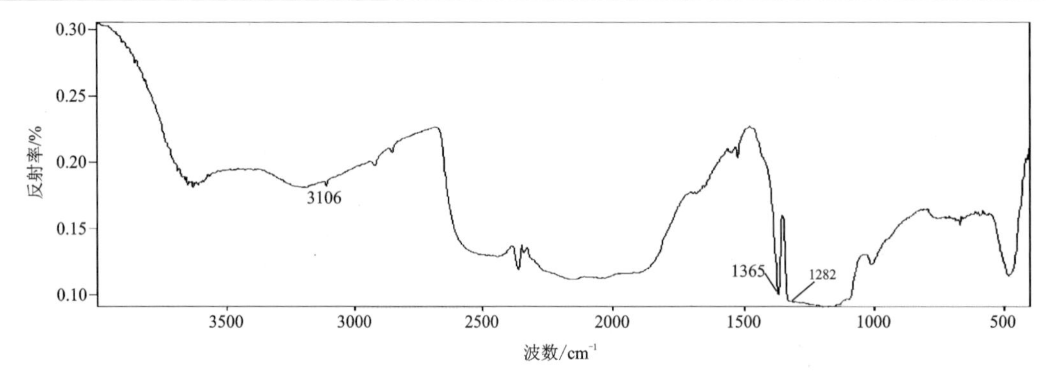

红外反射图谱显示:1282cm^{-1}为双原子氮红外吸收峰,1365cm^{-1}为集合体氮(片晶氮)红外吸收峰,可判断钻石为 IaAB 型。3106cm^{-1}红外吸收峰由氢缺陷(C_2H_2)造成,但不影响钻石的类型判断。

红外透射图谱

该样品检测不出红外透射图谱。

备注	

2.2 钻石

编号:2

样品信息（含肉眼观察）	宝石种类	钻石	饰品名称	戒面
	颜色	无色	形状（琢型）	圆形刻面
	光泽	金刚光泽	透明度	透明
	质量	0.051 4g	尺寸（长×宽×高）	4mm×4mm×2.5mm
实验参数	(1)放大检查:深色包体;(2)折射率/双折射率(RI/DR):RI,＞1.78;(3)密度(g/cm^3):3.52;(4)多色性:无;(5)光性特征:均质体(偏光镜下显示全暗);(6)荧光观察:无;(7)吸收光谱:无;(8)其他:无			

样品照片（正面）	样品照片（背面）	放大观察（正面）	放大观察（背面）
		可见深色包体	

红外反射图谱

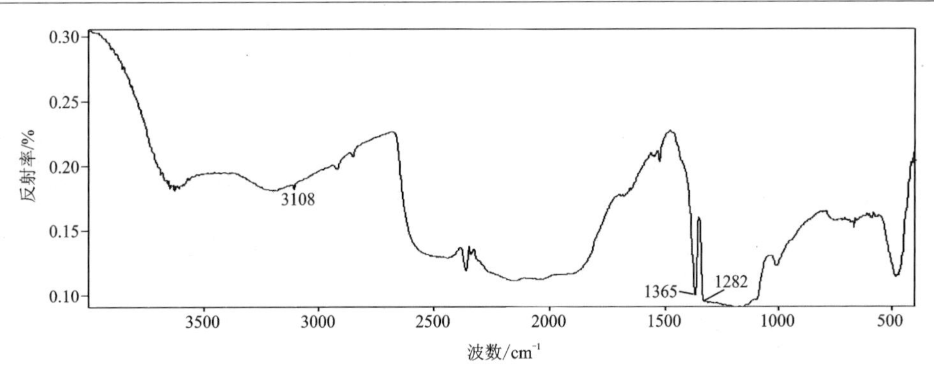

红外反射图谱显示:1282cm^{-1}为双原子氮红外吸收峰,1365cm^{-1}为集合体氮(片晶氮)红外吸收峰,可判断钻石为IaAB型。

红外透射图谱

该样品检测不出红外透射图谱。

备注	

2.3 红宝石

编号:3

样品信息（含肉眼观察）	宝石种类	红宝石	饰品名称	戒面
	颜色	红色	形状(琢型)	椭圆形刻面
	光泽	玻璃光泽	透明度	半透明
	质量	0.248 8g	尺寸(长×宽×高)	7mm×5mm×3mm
实验参数	(1)放大检查:晶体包体,暗色矿物包体,愈合裂隙;(2)折射率/双折射率(RI/DR):RI 为 1.762～1.770,DR 为 0.008,一轴晶负光性;(3)密度(g/cm^3):3.98;(4)多色性:二色性,中等,紫红—橙红色;(5)光性特征:非均质体(偏光镜下显示四明四暗);(6)荧光观察:LW 显示弱红色荧光,SW 无显示;(7)吸收光谱:694nm、692nm、668nm、659nm 吸收线,620～540nm 吸收带,476nm、475nm 强吸收线,468nm 弱吸收线,440～400nm 全吸收;(8)其他:无			

样品照片(正面)	样品照片(背面)	放大观察(正面)	放大观察(背面)
			可见晶体包体、矿物包体

红外反射图谱

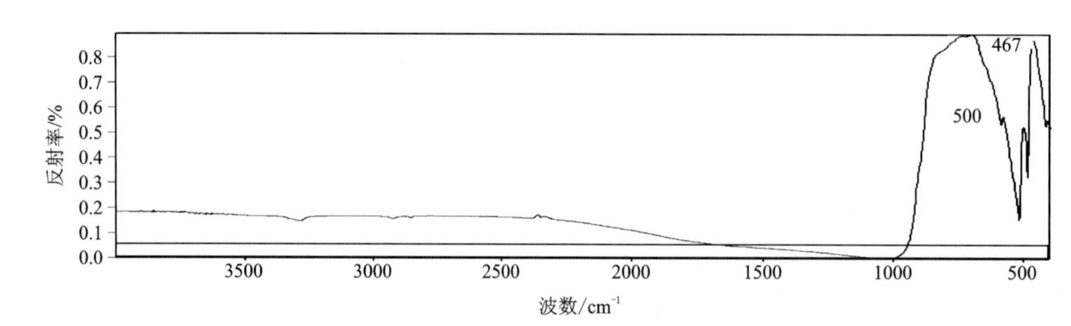

红外反射图谱显示:1000～500cm^{-1}区域内强且宽的谱带,500cm^{-1}、467cm^{-1}附近的红外吸收峰。

红外透射图谱

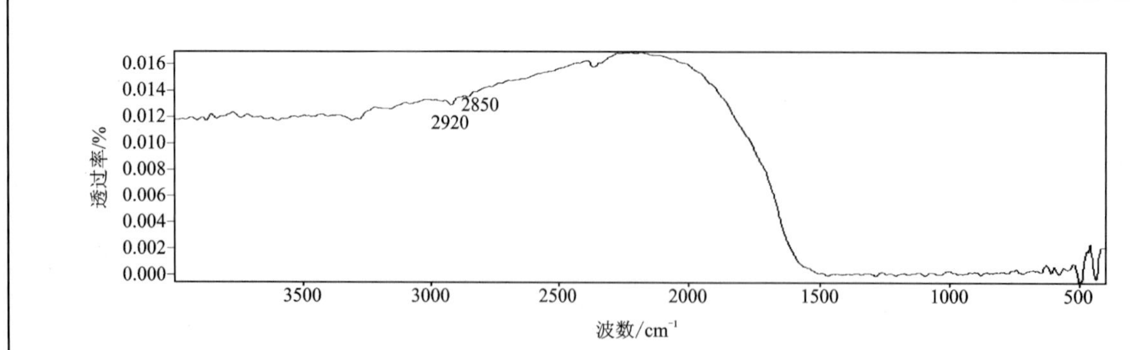

红外透射图谱显示:2920cm^{-1}、2850cm^{-1}附近明显吸收。

备注	

2.4 蓝宝石

编号:4

样品信息（含肉眼观察）	宝石种类	蓝宝石	饰品名称	戒面
	颜色	深蓝色	形状(琢型)	水滴形刻面
	光泽	玻璃光泽	透明度	半透明
	质量	0.172 7g	尺寸(长×宽×高)	7mm×5mm×3mm
实验参数	(1)放大检查:角状色带,暗色矿物包体,愈合裂隙,多面腰棱;(2)折射率/双折射率(RI/DR):RI 为 1.762～1.770,DR 为 0.008,一轴晶负光性;(3)密度(g/cm³):3.98;(4)多色性:二色性,中等,深蓝—紫蓝色;(5)光性特征:非均质体(偏光镜下显示四明四暗);(6)荧光观察:无;(7)吸收光谱:450nm、460nm、470nm 吸收线;(8)其他:无			
样品照片(正面)	样品照片(背面)	放大观察(正面)	放大观察(背面)	
			可见色带	

红外反射图谱

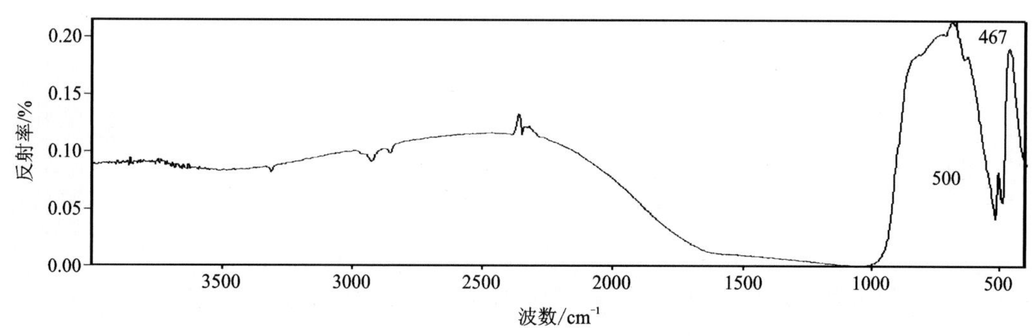

红外反射图谱显示:Al—O 振动吸收峰集中于 1000cm^{-1} 以下的区域。显示刚玉典型的红外吸收峰,主要表现为 1000～500cm^{-1} 区域内强且宽的谱带,500cm^{-1}、467cm^{-1} 附近的红外吸收峰。

红外透射图谱

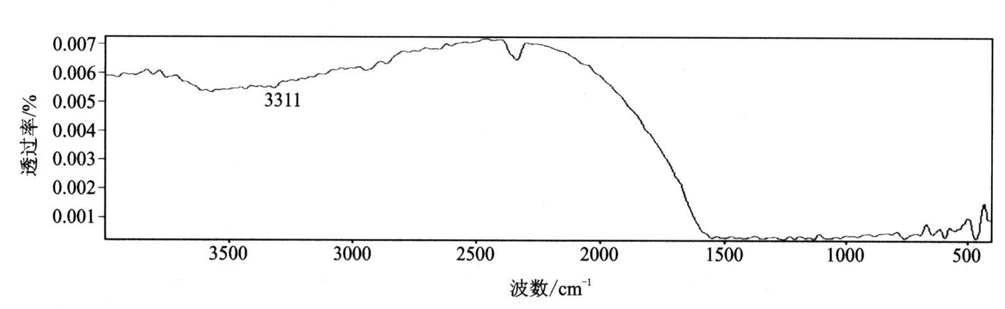

红外透射图谱显示:3311cm^{-1} 红外吸收峰。

备注	

2.5 蓝宝石

编号:5

样品信息(含肉眼观察)	宝石种类	蓝宝石	饰品名称	戒面
	颜色	深蓝色	形状(琢型)	水滴形刻面
	光泽	玻璃光泽	透明度	半透明
	质量	0.142 6g	尺寸(长×宽×高)	7mm×5mm×3mm
实验参数	(1)放大检查:无色透明晶体包体,大量愈合裂隙;(2)折射率/双折射率(RI/DR):RI 为1.762~1.770,DR 为 0.008,一轴晶负光性;(3)密度(g/cm^3):3.97;(4)多色性:二色性,中等,无色—浅蓝色;(5)光性特征:非均质体(偏光镜下显示四明四暗);(6)荧光观察:LW 无显示,SW 显示弱白色荧光;(7)吸收光谱:450nm 吸收带;(8)其他:无			

样品照片(正面)	样品照片(背面)	放大观察(正面)	放大观察(背面)
			可见晶体包体、愈合裂隙

红外反射图谱

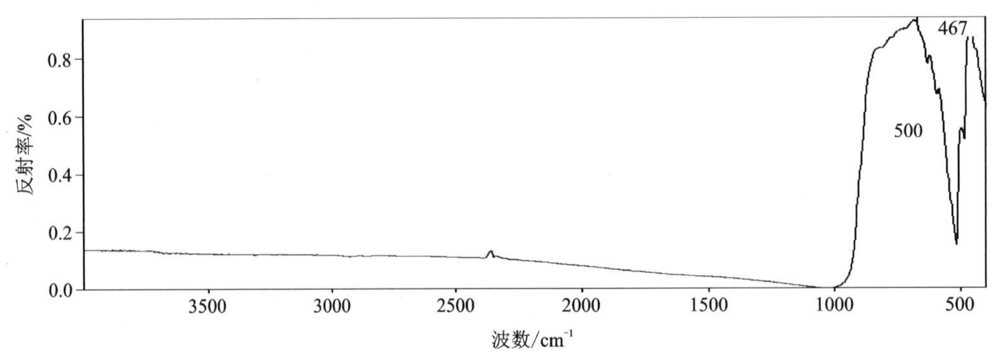

红外反射图谱显示:Al—O 振动吸收峰集中于 $1000cm^{-1}$ 以下的区域。显示刚玉典型的红外吸收峰,主要表现为 1000~$500cm^{-1}$ 区域内强且宽的谱带,$500cm^{-1}$、$467cm^{-1}$ 附近的红外吸收峰。

红外透射图谱

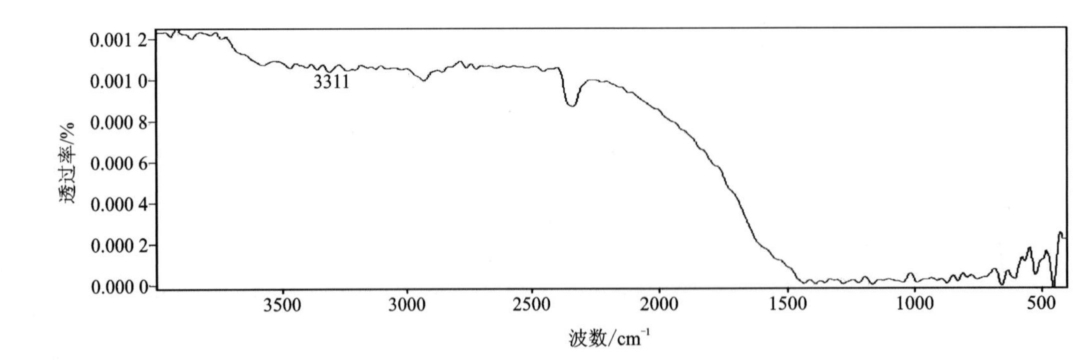

红外透射图谱显示:$3311cm^{-1}$ 红外吸收峰。

备注	

2.6　星光蓝宝石

编号:6

样品信息（含肉眼观察）	宝石种类	星光蓝宝石	饰品名称	戒面
	颜色	黑色	形状(琢型)	椭圆形弧面
	光泽	玻璃光泽	透明度	不透明
	质量	0.311 5g	尺寸(长×宽×高)	7mm×5mm×4mm
实验参数	(1)放大检查:角状色带,大量点状絮状矿物包体,三组定向排列的短针状包体;(2)折射率/双折射率(RI/DR):RI,1.76(点测);DR,无;(3)密度(g/cm^3):4.00;(4)多色性:不可测;(5)光性特征:不可测;(6)荧光观察:无;(7)吸收光谱:无;(8)其他:星光效应			
样品照片(正面)	样品照片(背面)	放大观察(正面)	放大观察(背面)	
		可见星光效应	可见色带	

红外反射图谱

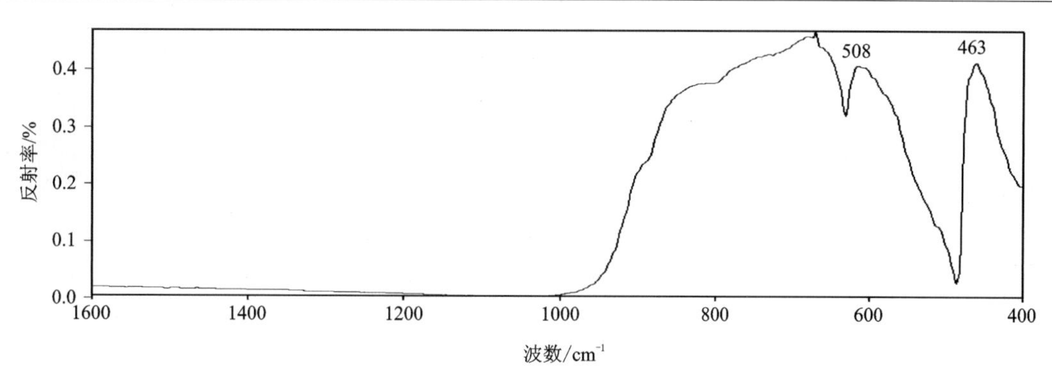

红外反射图谱显示:Al—O振动的吸收峰集中于1000cm^{-1}以下的区域。显示刚玉典型的红外吸收峰,主要表现为1000～500cm^{-1}区域内强且宽的谱带,508cm^{-1}、463cm^{-1}附近的红外吸收峰。

红外透射图谱

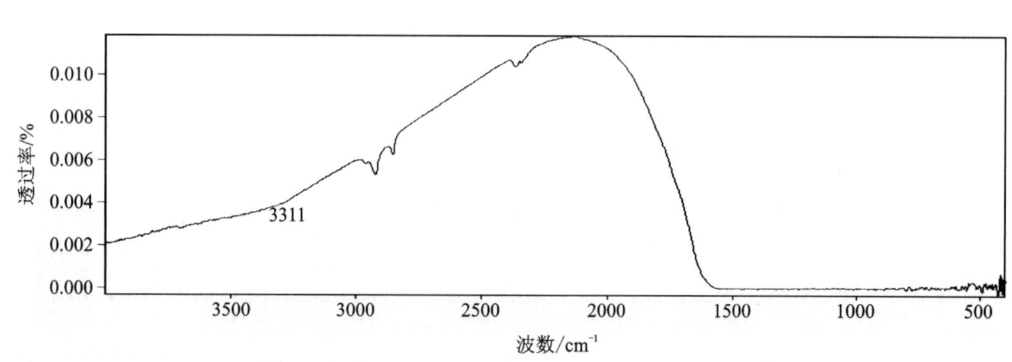

红外透射图谱显示:3311cm^{-1}红外吸收峰。

备注	星光蓝宝石

2.7 猫眼

编号:7

样品信息（含肉眼观察）	宝石种类	猫眼	饰品名称	戒面
	颜色	绿色	形状(琢型)	圆形弧面
	光泽	玻璃光泽	透明度	半透明
	质量	0.139 5g	尺寸(长×宽×高)	5mm×4.5mm×3mm
实验参数	(1)放大检查:大量定向排列的片状包体,愈合裂隙;(2)折射率/双折射率(RI/DR):RI,1.75(点测);(3)密度(g/cm^3):3.75;(4)多色性:三色性,弱,绿—黄—浅绿色;(5)光性特征:非均质体(偏光镜下显示四明四暗);(6)荧光观察:LW 显示弱白色荧光,SW 显示强白色荧光;(7)吸收光谱:445nm 吸收带;(8)其他:猫眼效应			

样品照片(正面)	样品照片(背面)	放大观察(正面)	放大观察(背面)
		可见猫眼效应	

红外反射图谱

红外反射图谱显示:783cm^{-1}、653cm^{-1}、534cm^{-1}、443cm^{-1}典型红外吸收峰。

红外透射图谱

红外透射图谱显示:未见明显典型吸收峰。

备注	

2.8 变石猫眼

编号:8

样品信息（含肉眼观察）	宝石种类	变石猫眼	饰品名称	戒面
	颜色	蓝色	形状(琢型)	椭圆形弧面
	光泽	玻璃光泽	透明度	半透明
	质量	0.127 1g	尺寸(长×宽×高)	6mm×5mm×4mm
实验参数	(1)放大检查:晶体包体,深色矿物包体,大量定向排列的纤维状包体;(2)折射率/双折射率(RI/DR):RI,1.75(点测);(3)密度(g/cm^3):3.73;(4)多色性:三色性,强,紫—绿—黄绿色;(5)光性特征:非均质体(偏光镜下显示四明四暗);(6)荧光观察:LW 无显示,SW 显示中等强度白色荧光;(7)吸收光谱:680nm 和 678nm 强吸收线,665nm、655nm、645nm 弱吸收线,476nm、473nm、468nm 弱吸收线;(8)其他:变色效应、猫眼效应			

样品照片(正面)	样品照片(背面)	放大观察(正面)	放大观察(背面)

红外反射图谱

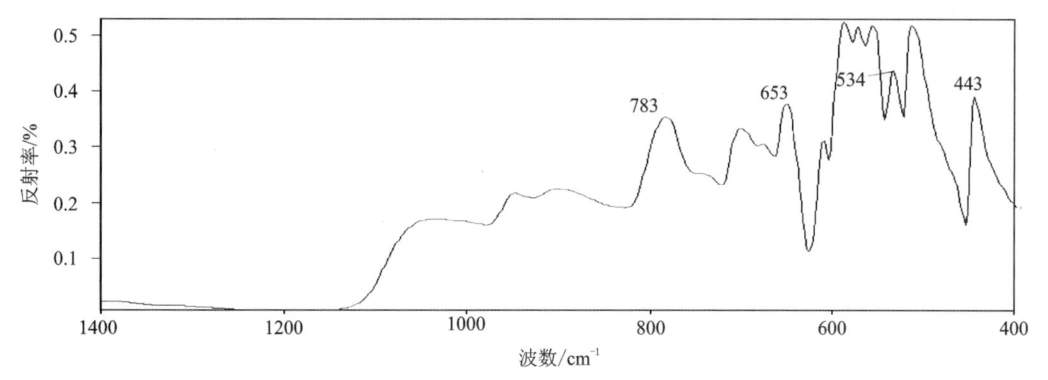

红外反射图谱显示:783cm^{-1}、653cm^{-1}、534cm^{-1}、443cm^{-1}附近的典型红外吸收峰。

红外透射图谱

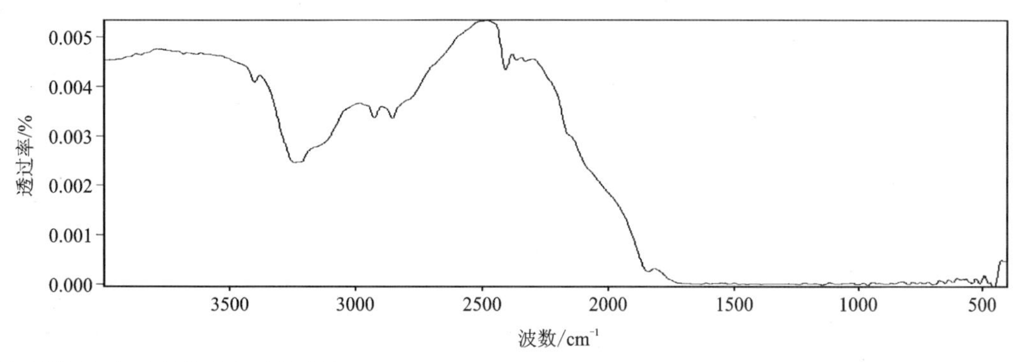

红外透射图谱显示:未见明显典型吸收峰。

备注	

2.9 祖母绿

编号:9

样品信息（含肉眼观察）	宝石种类	祖母绿	饰品名称	戒面
	颜色	绿色	形状(琢型)	椭圆形刻面
	光泽	玻璃光泽	透明度	亚透明
	质量	0.143 3g	尺寸(长×宽×高)	7mm×5mm×3mm
实验参数	(1)放大检查:大量晶体包体,暗色矿物包体,愈合裂隙;(2)折射率/双折射率(RI/DR):RI为1.586～1.592,DR为0.008,一轴晶负光性;(3)密度(g/cm^3):2.75;(4)多色性:二色性,中等,绿—蓝色;(5)光性特征:非均质体(偏光镜下显示四明四暗);(6)荧光观察:无;(7)吸收光谱:红区683nm、680nm强吸收,662nm、646nm弱吸收线,580～630nm部分吸收带,紫区全吸收;(8)其他:无			
样品照片(正面)	样品照片(背面)	放大观察(正面)	放大观察(背面)	
	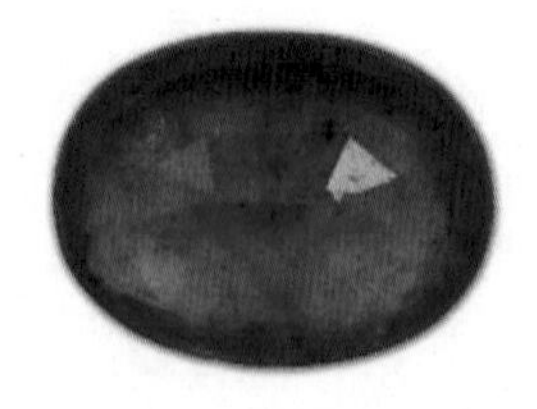	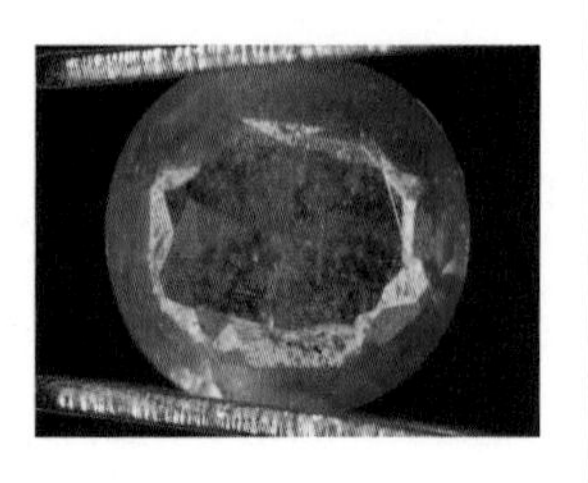	 可见矿物包体	

红外反射图谱

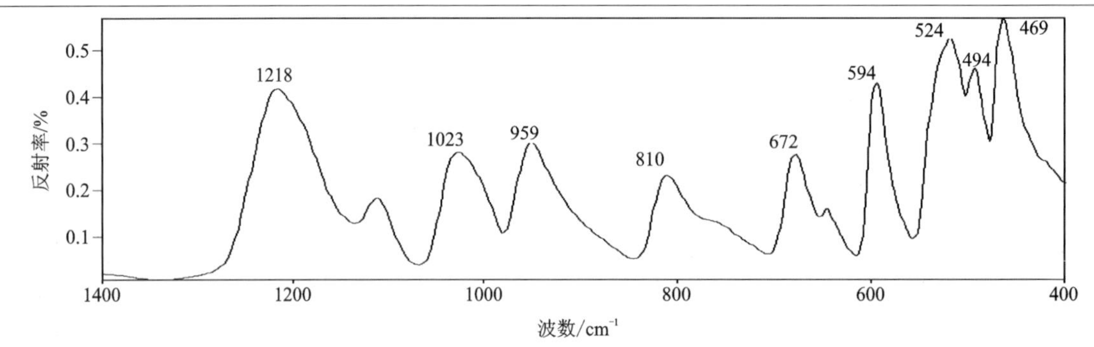

红外反射图谱显示:1218cm^{-1}、810cm^{-1}、672cm^{-1}或附近的红外吸收峰归属于Si—O—Si伸缩振动,1023cm^{-1}、959cm^{-1}或附近的红外吸收峰归属于O—Si—O伸缩振动,594cm^{-1}、524cm^{-1}、494cm^{-1}、469cm^{-1}或附近的红外吸收峰归属于Si—O弯曲振动。

红外透射图谱

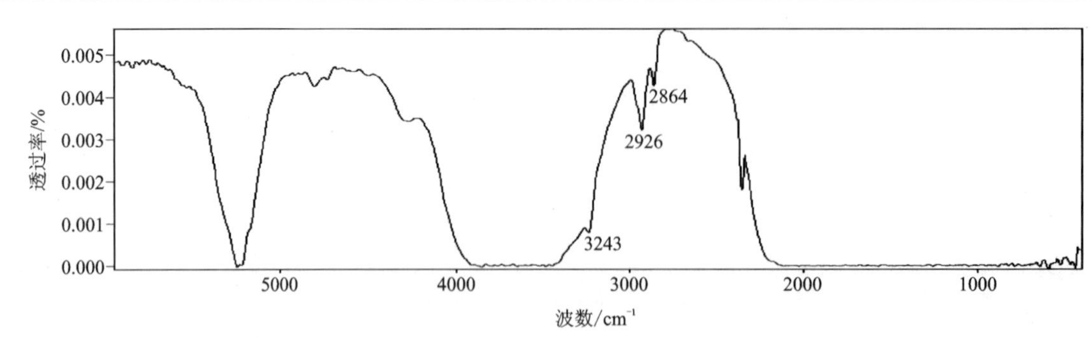

红外透射图谱显示:3800～3000cm^{-1}区域内显示羟基和水(H_2O)的红外吸收峰,2926cm^{-1}、2864cm^{-1}附近的吸收峰归属于(CH_2)不对称伸缩振动和对称振动,表明样品充蜡。

备注	

2.10 祖母绿

编号:10

样品信息（含肉眼观察）	宝石种类	祖母绿	饰品名称	戒面
	颜色	绿色	形状(琢型)	椭圆形弧面
	光泽	玻璃光泽	透明度	半透明
	质量	0.108 0g	尺寸(长×宽×高)	6mm×4mm×2mm
实验参数	(1)放大检查:黑色片状矿物包体,愈合裂隙,大量点状矿物包体,绿色片状矿物包体;(2)折射率/双折射率(RI/DR):RI,1.57(点测);(3)密度(g/cm^3):2.76;(4)多色性:二色性,中等,绿—黄绿色;(5)光性特征:非均质体(偏光镜下显示四明四暗);(6)荧光观察:无;(7)吸收光谱:683nm、680nm强吸收线,662nm、646nm弱吸收线,630～580nm吸收带,紫区全吸收;(8)其他:无			
样品照片(正面)	样品照片(背面)	放大观察(正面) 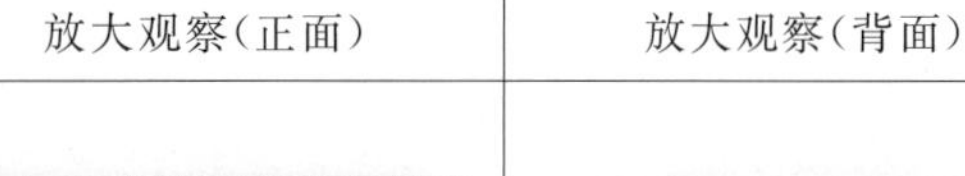	放大观察(背面)	
		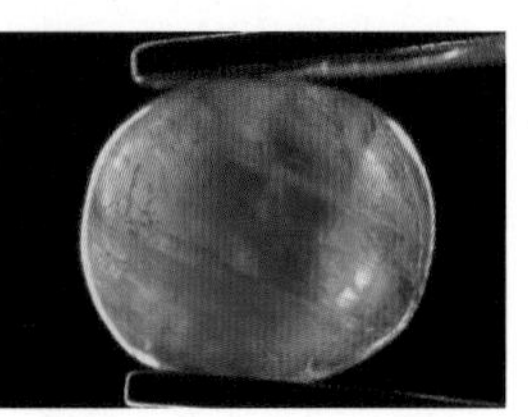	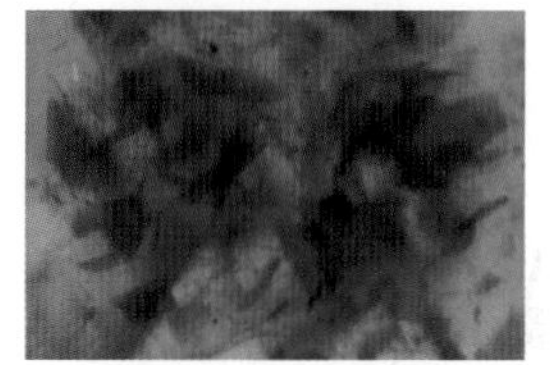 可见黑色矿物包体	

红外反射图谱

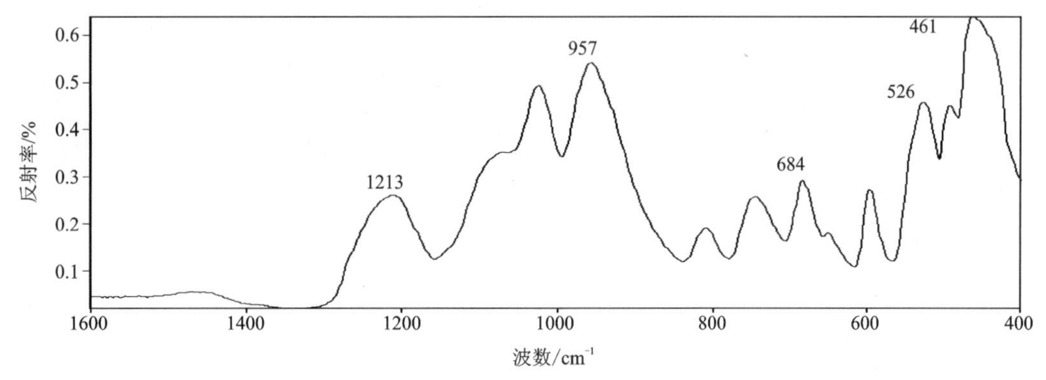

红外反射图谱显示:1213cm^{-1}、957cm^{-1}、684cm^{-1}、526cm^{-1}、461cm^{-1}红外吸收峰。

红外透射图谱

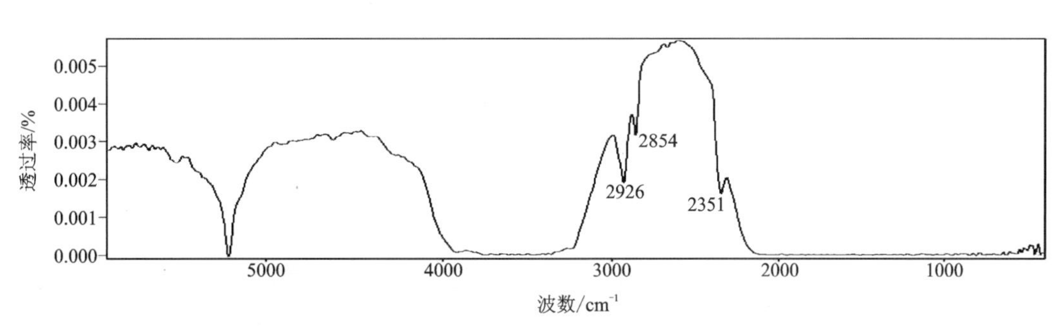

红外透射图谱显示:2926cm^{-1}、2854cm^{-1}附近的吸收峰归属于(CH_2)不对称伸缩振动和对称振动,表明样品充蜡。

备注	

2.11　海蓝宝石

编号:11

样品信息（含肉眼观察）	宝石种类	海蓝宝石	饰品名称	戒面
	颜色	浅蓝色	形状(琢型)	椭圆形刻面
	光泽	玻璃光泽	透明度	透明
	质量	0.177 1g	尺寸(长×宽×高)	7mm×5mm×4mm
实验参数	(1)放大检查:晶体包体,愈合裂隙,大量点状矿物包体;(2)折射率/双折射率(RI/DR):RI 为 1.576～1.582,DR 为 0.006,一轴晶负光性;(3)密度(g/cm³):2.72;(4)多色性:二色性,中等,无色—浅蓝色;(5)光性特征:非均质体(偏光镜下显示四明四暗);(6)荧光观察:无;(7)吸收光谱:456nm 吸收带;(8)其他:无			
样品照片(正面)	样品照片(背面)	放大观察(正面)	放大观察(背面)	
	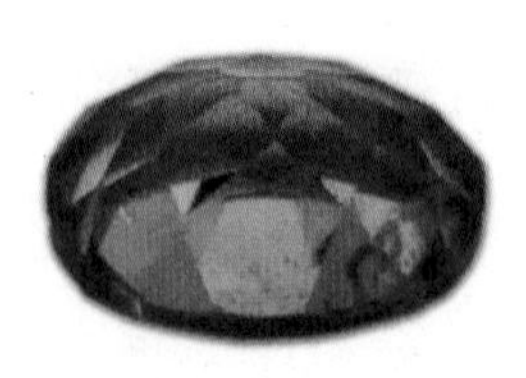	 可见晶体包体		

红外反射图谱

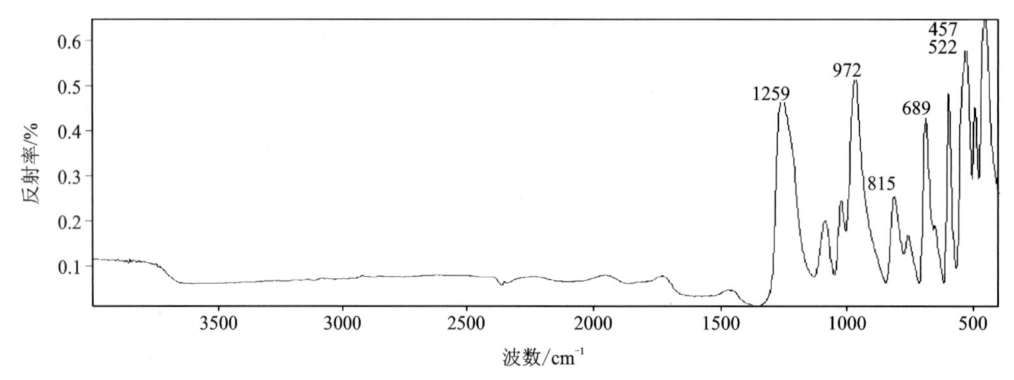

红外反射图谱显示:1259cm^{-1}、972cm^{-1}、815cm^{-1}、689cm^{-1}、522cm^{-1}红外吸收峰。

红外透射图谱

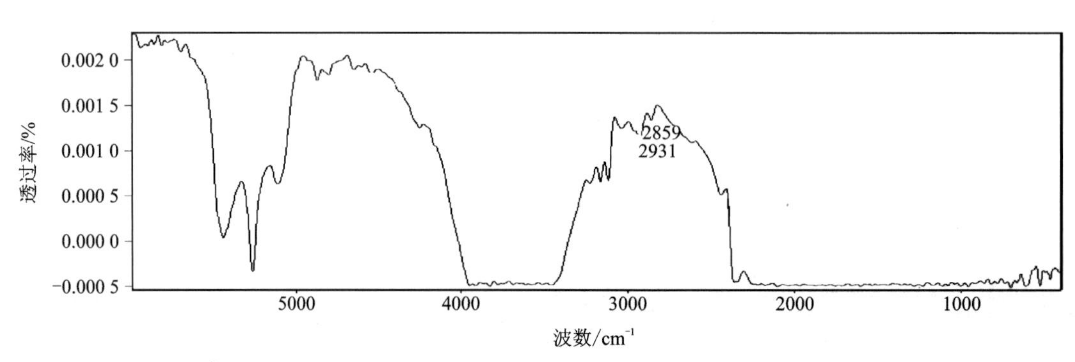

红外透射图谱显示:2931cm^{-1}、2859cm^{-1}附近的吸收峰归属于(CH_2)不对称伸缩振动和对称振动,表明样品充蜡。

备注	

2.12 海蓝宝石猫眼

编号:12

样品信息（含肉眼观察）	宝石种类	海蓝宝石猫眼	饰品名称	戒面
	颜色	浅蓝色	形状(琢型)	椭圆形弧面
	光泽	玻璃光泽	透明度	透明
	质量	0.382 3g	尺寸(长×宽×高)	9mm×7mm×3mm
实验参数	(1)放大检查:一组定向排列的针状包体,愈合裂隙,暗色矿物包体,晶体包体;(2)折射率/双折射率(RI/DR):RI,1.58(点测);(3)密度(g/cm^3):2.71;(4)多色性:二色性,中等,无色—浅蓝色;(5)光性特征:非均质体(偏光镜下显示四明四暗);(6)荧光观察:无;(7)吸收光谱:456nm 吸收带;(8)其他:猫眼效应			
样品照片(正面)	样品照片(背面)	放大观察(正面)	放大观察(背面)	
		可见一组平行排列的针状包体、矿物包体		

红外反射图谱

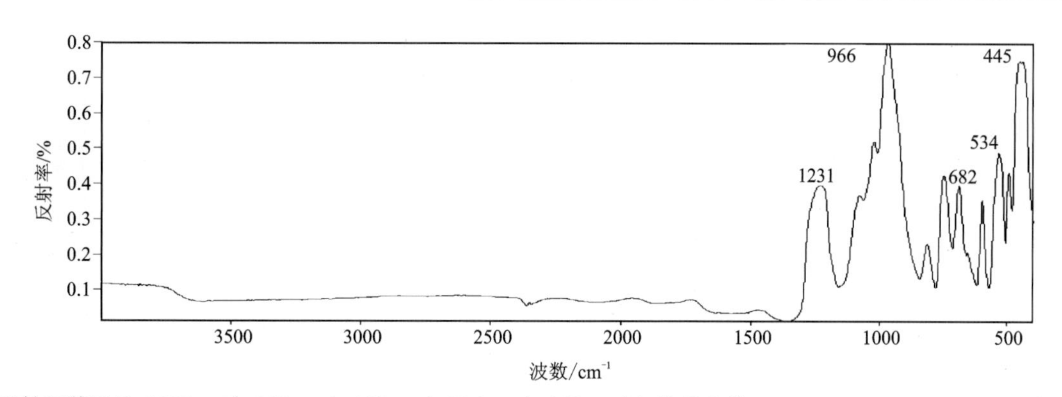

红外反射图谱显示:$1231cm^{-1}$、$966cm^{-1}$、$682cm^{-1}$、$534cm^{-1}$、$445cm^{-1}$红外吸收峰。

红外透射图谱

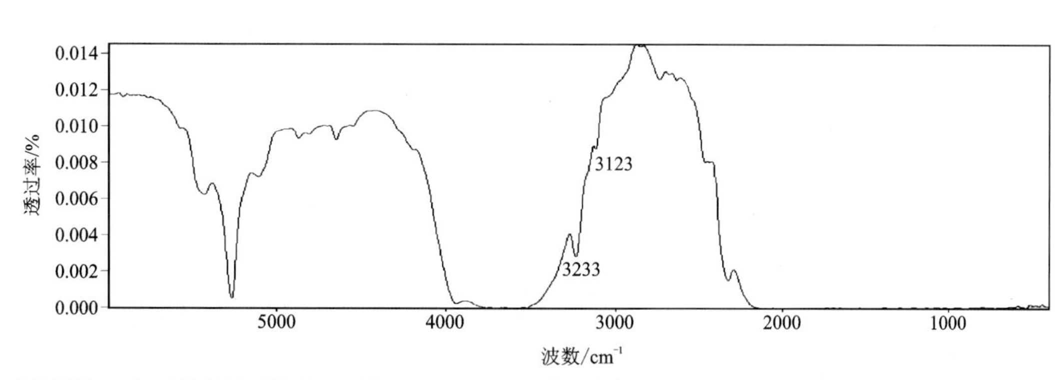

红外透射图谱显示:天然绿柱石族的宝石在 $3800\sim3000cm^{-1}$ 区域内显示羟基和 H_2O 的红外吸收峰。

备注	

2.13 绿柱石

编号:13

<table>
<tr><td rowspan="4">样品信息
(含肉眼观察)</td><td>宝石种类</td><td>绿柱石</td><td>饰品名称</td><td>戒面</td></tr>
<tr><td>颜色</td><td>浅黄色</td><td>形状(琢型)</td><td>方形刻面</td></tr>
<tr><td>光泽</td><td>玻璃光泽</td><td>透明度</td><td>透明</td></tr>
<tr><td>质量</td><td>0.247 4g</td><td>尺寸(长×宽×高)</td><td>6mm×6mm×6mm</td></tr>
<tr><td>实验参数</td><td colspan="4">(1)放大检查:愈合裂隙,纤维状矿物包体,大量粒状矿物包体;(2)折射率/双折射率(RI/DR):RI 为 1.588~1.594,DR 为 0.006,一轴晶负光性;(3)密度(g/cm³):2.80;(4)多色性:二色性,中等,无色—浅黄色;(5)光性特征:非均质体(偏光镜下显示四明四暗);(6)荧光观察:无;(7)吸收光谱:无;(8)其他:无</td></tr>
<tr><td>样品照片(正面)</td><td>样品照片(背面)</td><td>放大观察(正面)</td><td colspan="2">放大观察(背面)</td></tr>
<tr><td colspan="5">红外反射图谱</td></tr>
<tr><td colspan="5">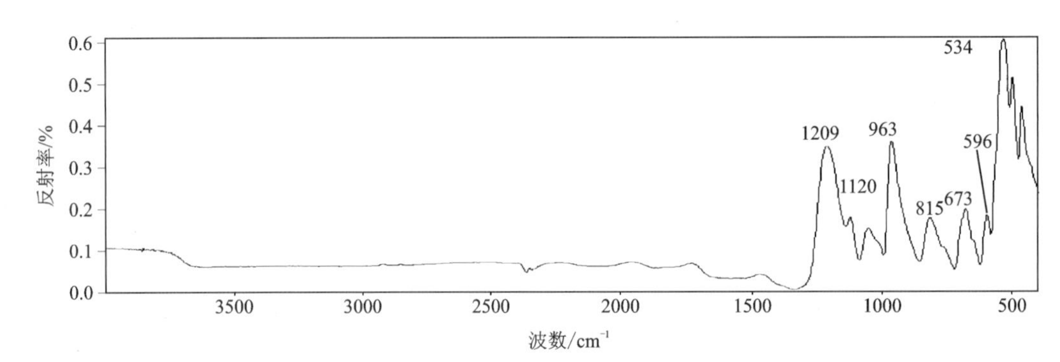

红外反射图谱显示:1209cm⁻¹、1120cm⁻¹、963cm⁻¹、815cm⁻¹、673cm⁻¹、596cm⁻¹、534cm⁻¹附近的吸收峰。</td></tr>
<tr><td colspan="5">红外透射图谱</td></tr>
<tr><td colspan="5">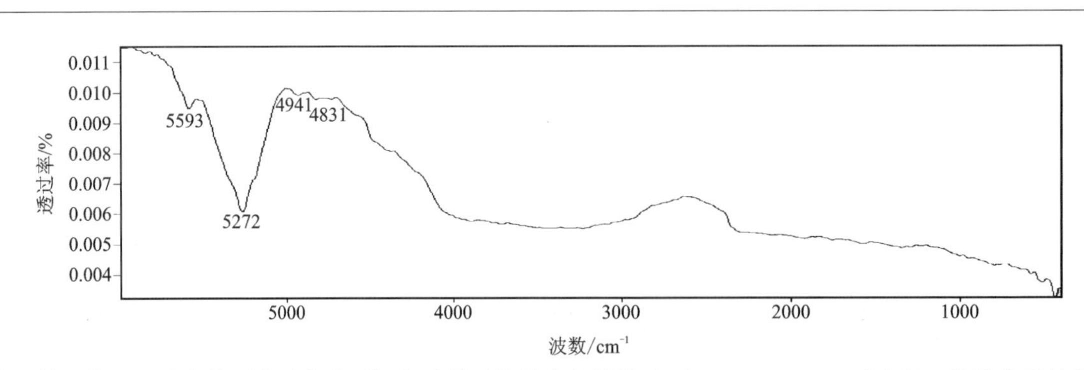

红外透射图谱显示:当绿柱石中不含油、蜡、胶、人体油脂等有机材料时,在 2960~2800cm⁻¹之间一般没有明显的红外吸收峰。</td></tr>
<tr><td>备注</td><td colspan="4"></td></tr>
</table>

2.14 绿柱石

编号:14

样品信息（含肉眼观察）	宝石种类	绿柱石	饰品名称	戒面
	颜色	浅粉色	形状（琢型）	水滴形刻面
	光泽	玻璃光泽	透明度	透明
	质量	0.121 3g	尺寸（长×宽×高）	7mm×5mm×5mm
实验参数	(1)放大检查:愈合裂隙,晶体包体;(2)折射率/双折射率(RI/DR):RI 为 1.581～1.588,DR 为 0.007,一轴晶负光性;(3)密度(g/cm^3):2.73;(4)多色性:二色性,弱,无色—浅粉色;(5)光性特征:非均质体(偏光镜下显示四明四暗);(6)荧光观察:无;(7)吸收光谱:无;(8)其他:无			

样品照片（正面）	样品照片（背面）	放大观察（正面）	放大观察（背面）
	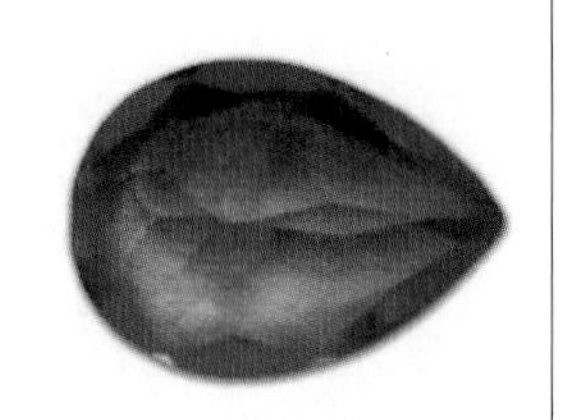		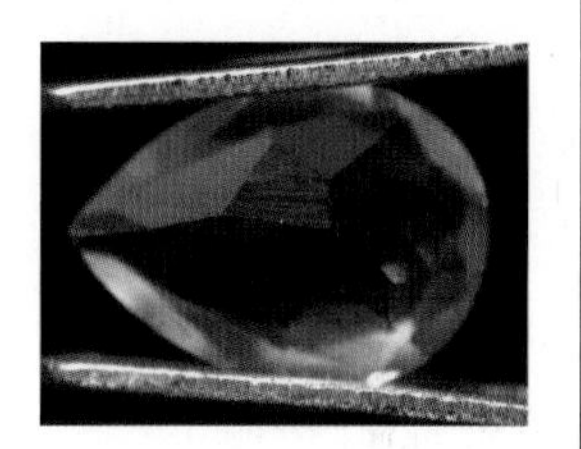

红外反射图谱

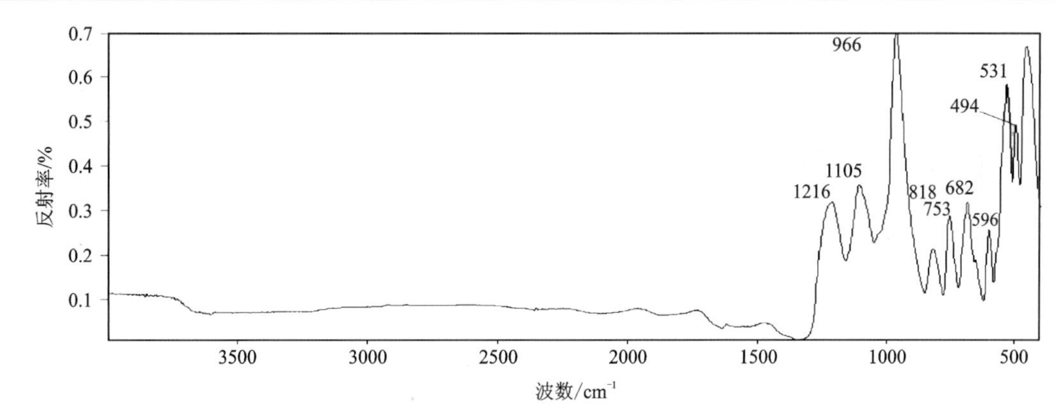

红外反射图谱显示:类质同象替代导致摩根石与一般绿柱石的红外反射图谱存在差异。

红外透射图谱

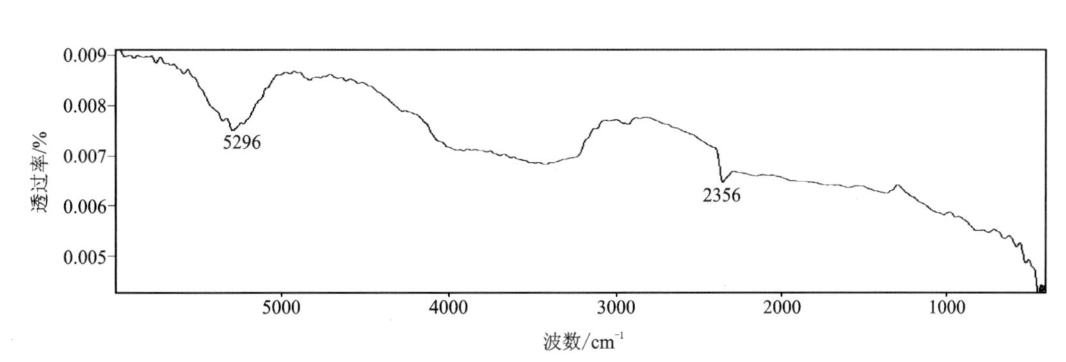

红外透射图谱显示:3800～3000cm^{-1}区域内显示羟基和 H_2O 的红外吸收峰。

备注	

2.15 碧玺

编号:15

样品信息（含肉眼观察）	宝石种类	碧玺	饰品名称	戒面
	颜色	粉色	形状(琢型)	椭圆形刻面
	光泽	玻璃光泽	透明度	透明
	质量	0.193 4g	尺寸(长×宽×高)	7mm×5mm×3mm
实验参数	(1)放大检查:气液两相包体,愈合裂隙,大量长板状矿物包体,后刻面棱重影;(2)折射率/双折射率(RI/DR):RI为1.624～1.641,DR为0.017,一轴晶负光性;(3)密度(g/cm^3):3.05;(4)多色性:二色性,中等,浅红—紫色;(5)光性特征:非均质体(偏光镜下显示四明四暗);(6)荧光观察:无;(7)吸收光谱:无;(8)其他:无			

样品照片(正面)	样品照片(背面)	放大观察(正面)	放大观察(背面)
			可见长板状矿物包体

红外反射图谱

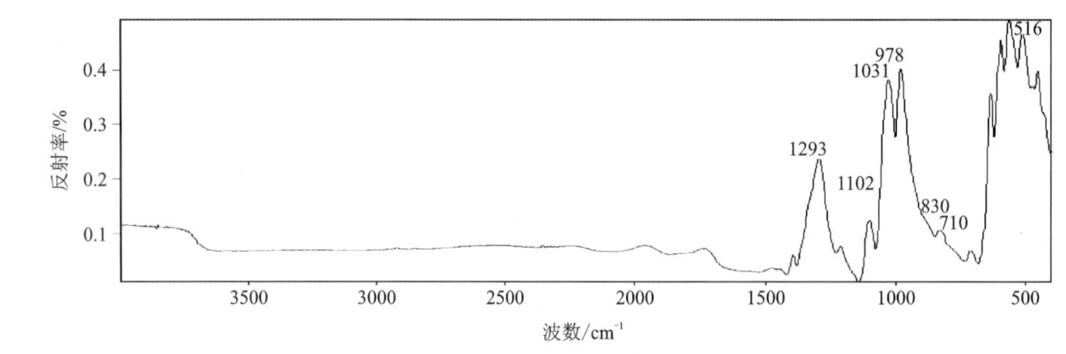

红外反射图谱显示:1293cm^{-1}归属于$[BO_3]^{3-}$振动,516cm^{-1}也由$[BO_3]^{3-}$振动引起,1102cm^{-1}、1031cm^{-1}、978cm^{-1}归属于O—Si—O振动,830cm^{-1}、710cm^{-1}归属于Si—O—Si振动。

红外透射图谱

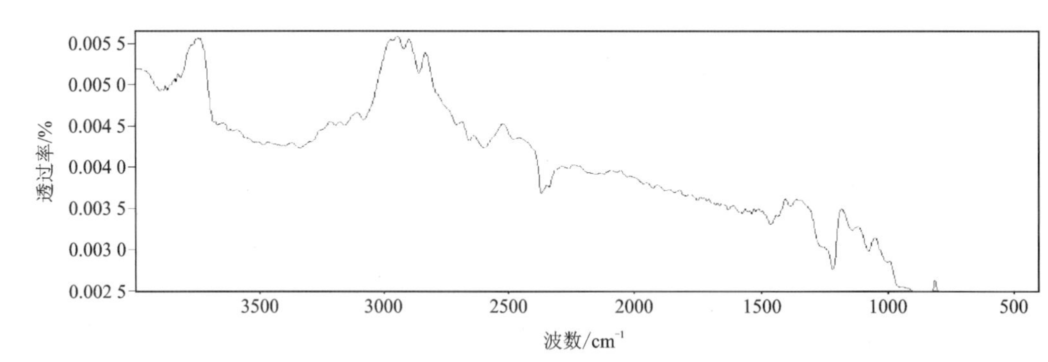

红外透射图谱显示:未见明显典型红外吸收峰。

备注	

2.16 碧玺

编号:16

样品信息（含肉眼观察）	宝石种类	碧玺	饰品名称	戒面
	颜色	黄褐色	形状（琢型）	椭圆形弧面
	光泽	玻璃光泽	透明度	透明
	质量	0.051 8g	尺寸（长×宽×高）	7mm×5mm×4mm
实验参数	(1)放大检查:愈合裂隙,无色透明晶体包体,气液两相包体;(2)折射率/双折射率(RI/DR):RI,1.64(点测);(3)密度(g/cm^3):3.03;(4)多色性:二色性,中等,无色—黄褐色;(5)光性特征:非均质体(偏光镜下显示四明四暗,黑十字干涉图);(6)荧光观察:LW 无显示,SW 显示弱白色荧光;(7)吸收光谱:无;(8)其他:无			
样品照片（正面）	样品照片（背面）	放大观察（正面）	放大观察（背面）	
			可见毛晶状包体	

红外反射图谱

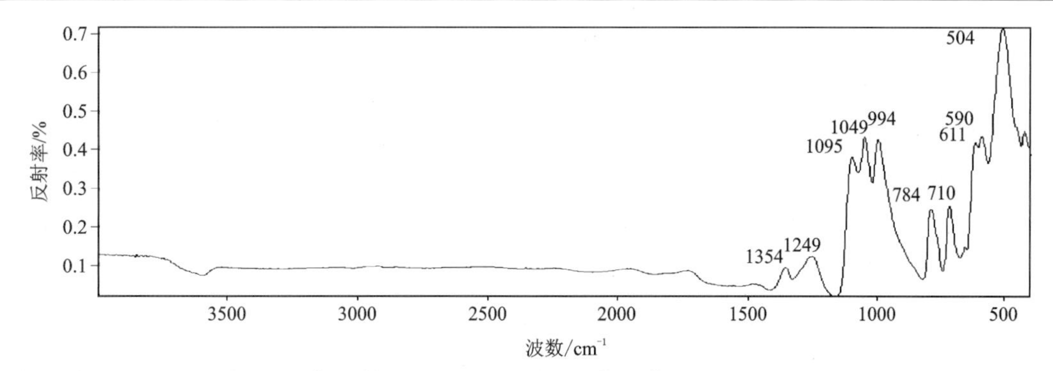

红外反射图谱显示:1354cm^{-1}归属于$[BO_3]^{3-}$振动,504cm^{-1}也由$[BO_3]^{3-}$振动引起,1095cm^{-1}、1049cm^{-1}、994cm^{-1}归属于 O—Si—O 振动,784cm^{-1}、710cm^{-1}归属于 Si—O—Si 振动。

红外透射图谱

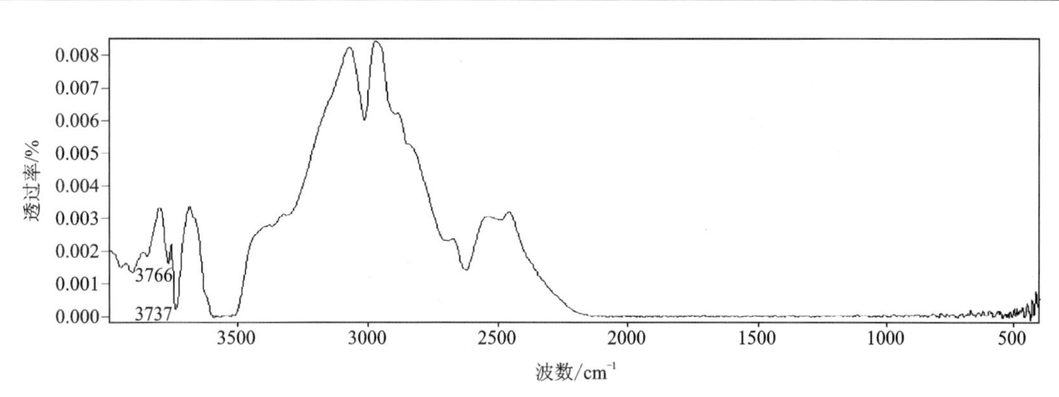

红外透射图谱显示:在 3800～3000cm^{-1}区域内与 OH^- 有关的红外吸收峰。

备注	

2.17 尖晶石

编号:17

样品信息（含肉眼观察）	宝石种类	尖晶石	饰品名称	戒面
	颜色	紫色	形状（琢型）	椭圆形刻面
	光泽	玻璃光泽	透明度	透明
	质量	0.101 9g	尺寸（长×宽×高）	5mm×4mm×3mm
实验参数	(1)放大检查:多面腰棱;(2)折射率/双折射率(RI/DR):RI,1.716(点测);(3)密度(g/cm³):3.60;(4)多色性:无;(5)光性特征:均质体(偏光镜下显示异常消光);(6)荧光观察:无;(7)吸收光谱:无;(8)其他:无			
样品照片（正面）	样品照片（背面）		放大观察（正面）	放大观察（背面）
			表面可见抛光纹	

红外反射图谱

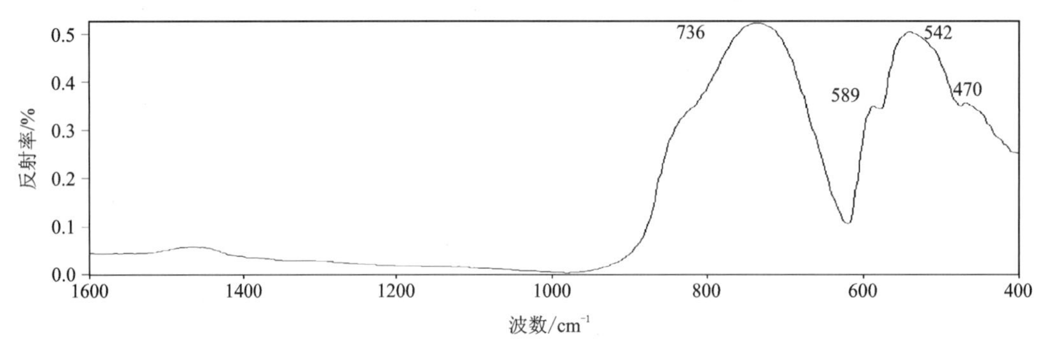

红外反射图谱显示:736cm^{-1}、589cm^{-1}、542cm^{-1}附近的典型红外吸收峰。

红外透射图谱

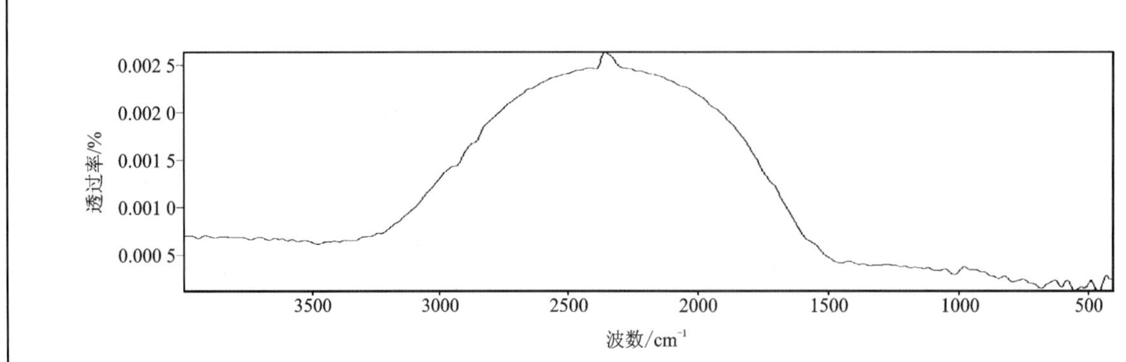

红外透射图谱显示:未见明显典型吸收峰。

备注	

2.18 锆石

编号:18

样品信息（含肉眼观察）	宝石种类	锆石	饰品名称	戒面
	颜色	浅蓝色	形状(琢型)	椭圆形刻面
	光泽	强玻璃光泽	透明度	透明
	质量	0.140 8g	尺寸(长×宽×高)	5mm×6mm×3mm
实验参数	(1)放大检查:纤维状包体,后刻面棱重影,愈合裂隙;(2)折射率/双折射率(RI/DR):RI,>1.78;(3)密度(g/cm^3):4.67;(4)多色性:二色性,中等,无色—蓝色;(5)光性特征:非均质体(偏光镜下显示四明四暗);(6)荧光观察:无;(7)吸收光谱:653.5nm吸收线,红区其他位置显示多条线;(8)其他:无			
样品照片(正面)	样品照片(背面)	放大观察(正面)	放大观察(背面)	

红外反射图谱

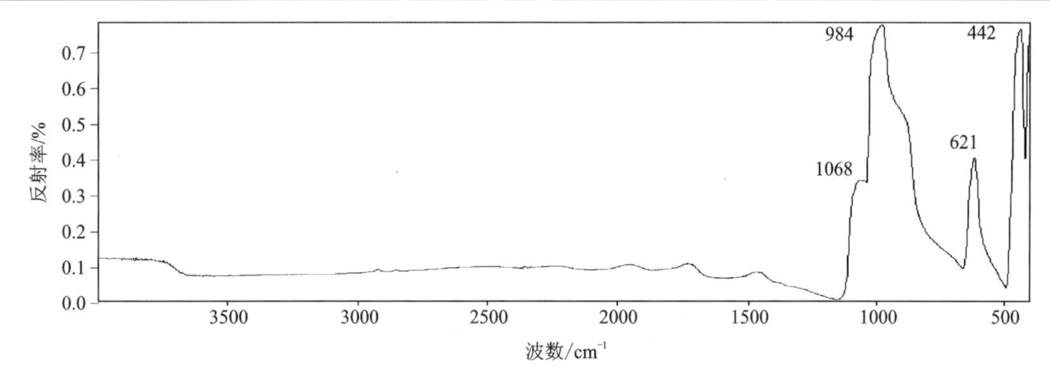

红外反射图谱显示:1100～800cm^{-1}区域内的谱带为$[SiO_4]^{4-}$四面体的三重简并伸缩振动带,610～400cm^{-1}附近的锐吸收带为$[SiO_4]^{4-}$四面体的三重简并弯曲振动带。

红外透射图谱

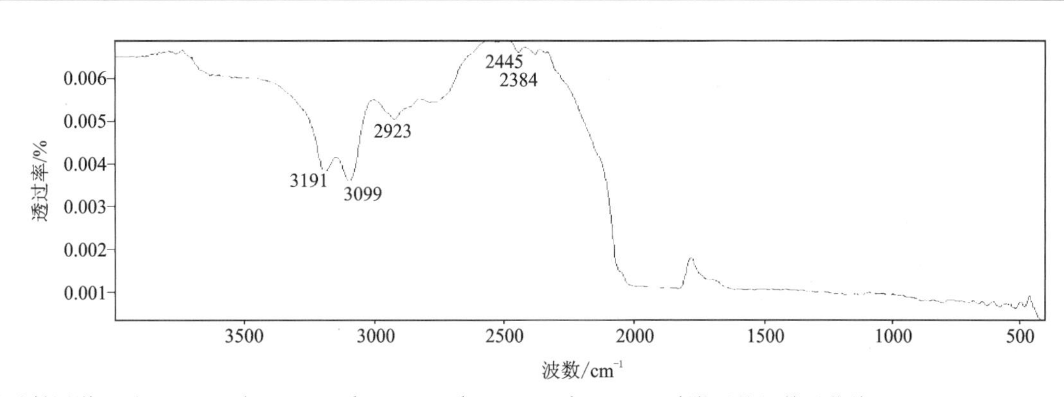

红外透射图谱显示:3191cm^{-1}、3099cm^{-1}、2923cm^{-1}、2445cm^{-1}、2384cm^{-1}附近的红外吸收峰。

备注	

2.19 托帕石

编号:19

样品信息（含肉眼观察）	宝石种类	托帕石	饰品名称	戒面
	颜色	浅蓝色	形状(琢型)	椭圆形刻面
	光泽	玻璃光泽	透明度	透明
	质量	0.230 3g	尺寸(长×宽×高)	6mm×8mm×4mm
实验参数	(1)放大检查:负晶,晶体包体,愈合裂隙;(2)折射率/双折射率(RI/DR):RI 为 1.617～1.623,DR 为 0.006,二轴晶正光性;(3)密度(g/cm^3):3.59;(4)多色性:三色性,弱,无色、浅蓝色、蓝色;(5)光性特征:非均质体(偏光镜下显示四明四暗);(6)荧光观察:无;(7)吸收光谱:无;(8)其他:特殊光学效应或无			
样品照片(正面)	样品照片(背面)	放大观察(正面)	放大观察(背面)	

红外反射图谱

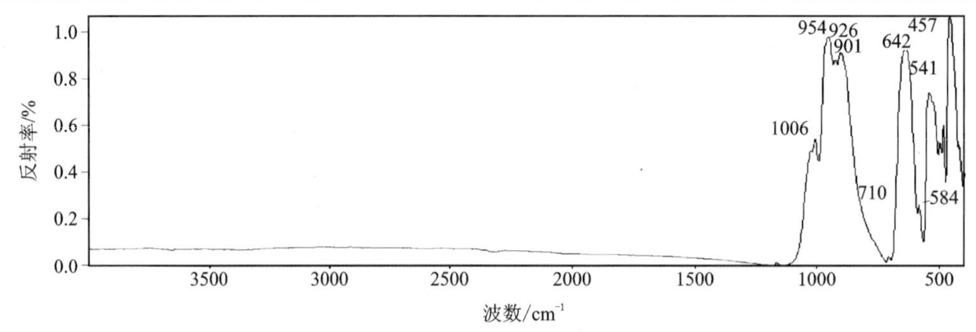

红外反射图谱显示:在 1200～900cm^{-1} 区域内(1006cm^{-1}、954cm^{-1}、926cm^{-1})的谱带归属于 Si—O—Si 反对称伸缩振动,900～700cm^{-1} 区域内(901cm^{-1})的谱带归属于 Al—O 伸缩振动,700～584cm^{-1} 区域内(642cm^{-1}、584cm^{-1})的谱带归属于 Si—O 对称伸缩振动,584cm^{-1} 以下区域(541cm^{-1}、457cm^{-1})的谱带由 Al—O—Al 弯曲振动引起。

红外透射图谱

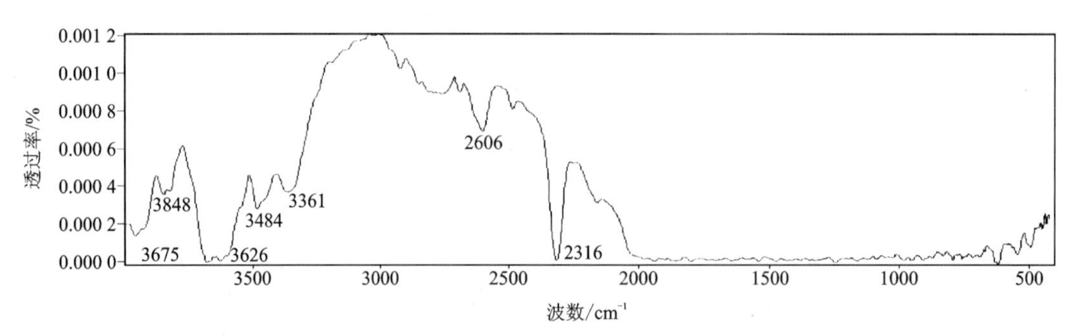

红外透射图谱显示:波数高于 3361cm^{-1} 的吸收带归属于 OH^- 基团的基频伸缩振动和合频、倍频振动,主峰为 3675cm^{-1}。

备注	

2.20 托帕石

编号:20

样品信息（含肉眼观察）	宝石种类	托帕石	饰品名称	戒面
	颜色	橙色	形状(琢型)	椭圆形刻面
	光泽	玻璃光泽	透明度	透明
	质量	0.381 7g	尺寸(长×宽×高)	6mm×9mm×5mm
实验参数	(1)放大检查:大量愈合裂隙,暗色矿物包体;(2)折射率/双折射率(RI/DR):RI 为 1.631～1.640,DR 为0.009,二轴晶正光性;(3)密度(g/cm³):3.53;(4)多色性:三色性,中等,黄色、橙色、紫红色;(5)光性特征:非均质体(偏光镜下显示四明四暗);(6)荧光观察:LW 显示弱橙黄色荧光,SW 显示弱白色荧光;(7)吸收光谱:无;(8)其他:无			
样品照片(正面)	样品照片(背面)	放大观察(正面)	放大观察(背面)	
		可见愈合裂隙、矿物包体		

红外反射图谱

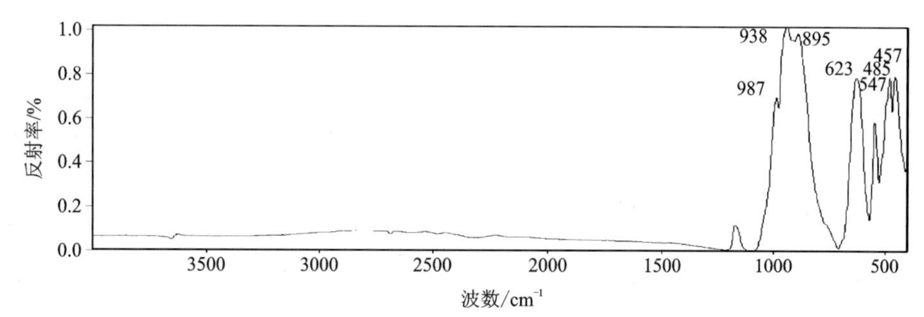

红外反射图谱显示:在 1200～900cm^{-1} 区域内(987cm^{-1}、938cm^{-1})的谱带归属于 Si—O—Si 反对称伸缩振动,900～700cm^{-1} 区域内(895cm^{-1})的谱带归属于 Al—O 伸缩振动,700～584cm^{-1} 区域内(623cm^{-1})的谱带归属于 Si—O 对称伸缩振动,585cm^{-1} 以下区域(547cm^{-1}、485cm^{-1}、457cm^{-1})的谱带由 Al—O—Al 弯曲振动引起。

红外透射图谱

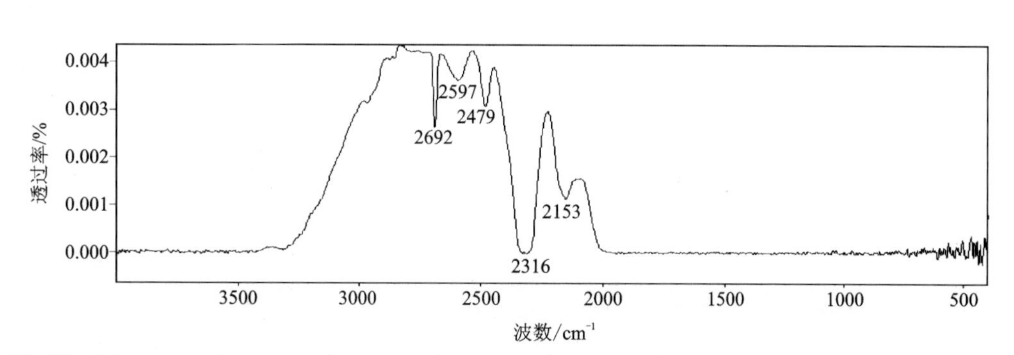

红外透射图谱显示:2153cm^{-1}、2316cm^{-1}、2479cm^{-1}、2597cm^{-1}、2692cm^{-1} 附近的吸收峰。

备注	

2.21 橄榄石

编号:21

样品信息（含肉眼观察）	宝石种类	橄榄石	饰品名称	戒面
	颜色	绿色	形状(琢型)	椭圆形刻面
	光泽	玻璃光泽	透明度	透明
	质量	0.287 6g	尺寸(长×宽×高)	8mm×6mm×5mm
实验参数	(1)放大检查:愈合裂隙,晶体包体,后刻面棱重影;(2)折射率/双折射率(RI/DR):RI 为 1.654～1.690,DR 为 0.036,二轴晶正光性;(3)密度(g/cm³):3.38;(4)多色性:三色性,弱,绿—黄绿—浅绿色;(5)光性特征:非均质体(偏光镜下显示四明四暗);(6)荧光观察:无;(7)吸收光谱:453nm、477nm、497nm 吸收线;(8)其他:无			

样品照片(正面)	样品照片(背面)	放大观察(正面)	放大观察(背面)
		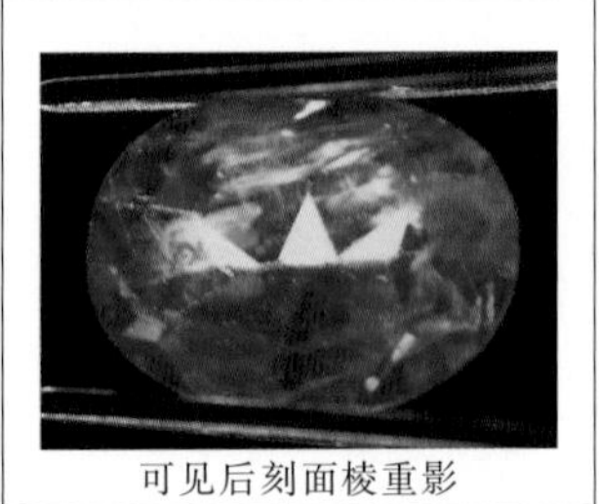 可见后刻面棱重影	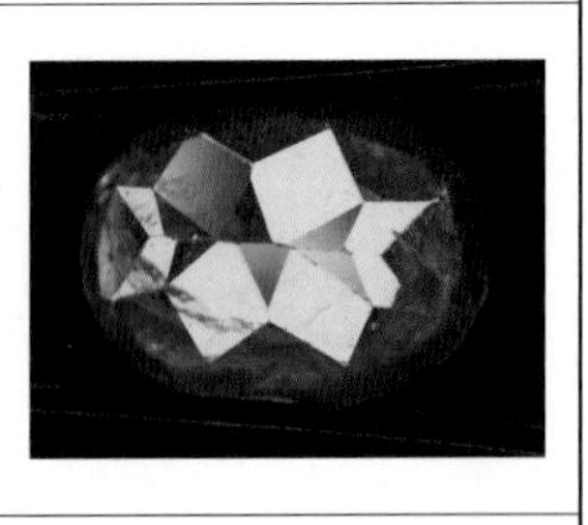

红外反射图谱

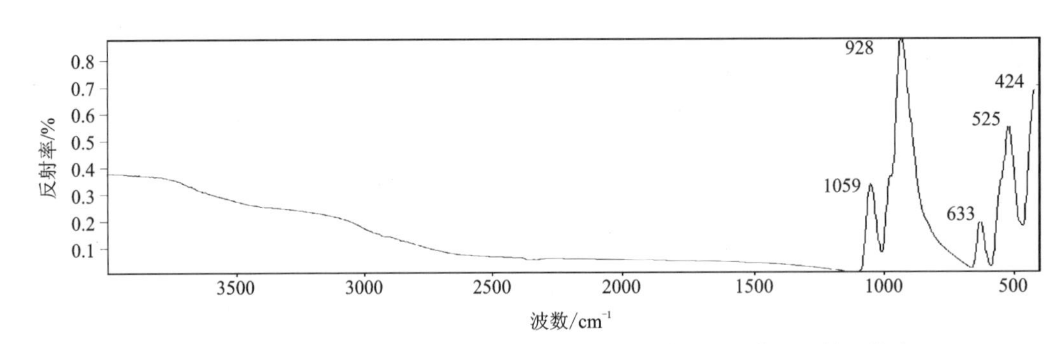

红外反射图谱显示:1059cm^{-1}、928cm^{-1}、633cm^{-1}、525cm^{-1}、424cm^{-1}及其附近的典型红外吸收峰。

红外透射图谱

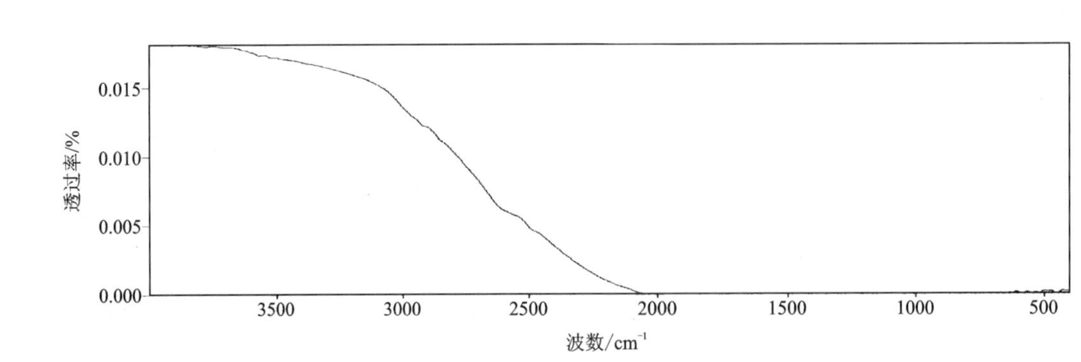

红外透射图谱显示:无水的吸收峰。

备注	

2.22 橄榄石

编号:22

样品信息（含肉眼观察）	宝石种类	橄榄石	饰品名称	戒面
	颜色	绿色	形状(琢型)	圆形弧面
	光泽	玻璃光泽	透明度	透明
	质量	0.205 8g	尺寸(长×宽×高)	6mm×6mm×3mm
实验参数	(1)放大检查:“睡莲叶”状包体,暗色矿物包体,愈合裂隙;(2)折射率/双折射率(RI/DR):RI,1.66(点测);(3)密度(g/cm^3):3.36;(4)多色性:三色性,弱,绿—黄绿—浅绿色;(5)光性特征:非均质体(偏光镜下显示四明四暗);(6)荧光观察:无;(7)吸收光谱:453nm、477nm、497nm 吸收线;(8)其他:无			

样品照片(正面)	样品照片(背面)	放大观察(正面)	放大观察(背面)
			可见“睡莲叶”状包体

红外反射图谱

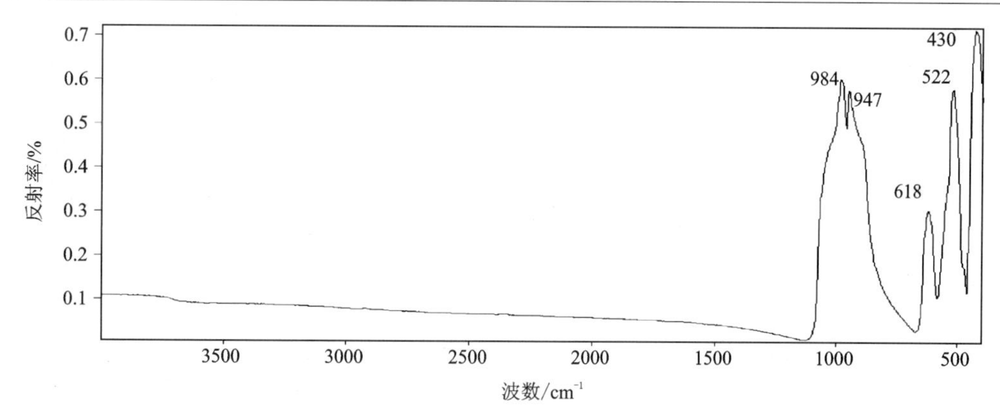

红外反射图谱显示:984cm^{-1}、947cm^{-1}、618cm^{-1}、522cm^{-1}、430cm^{-1}及其附近的典型红外吸收峰。

红外透射图谱

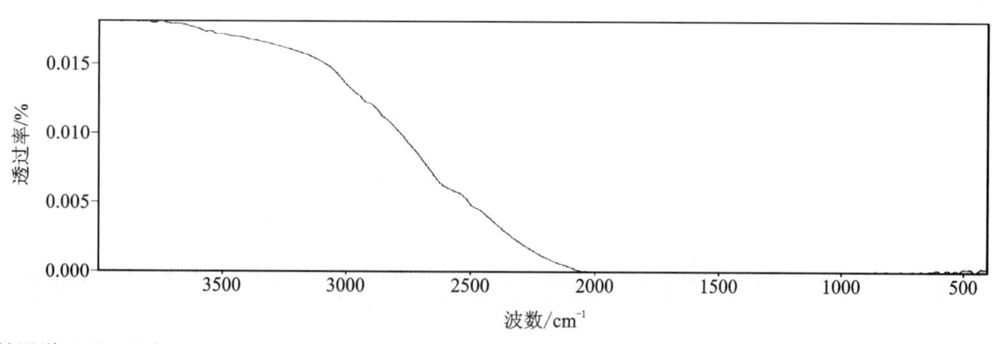

红外反射图谱显示:无水。

备注	

2.23 镁铝榴石

编号:23

样品信息（含肉眼观察）	宝石种类	镁铝榴石	饰品名称	戒面
	颜色	紫红色	形状（琢型）	垫形刻面
	光泽	玻璃光泽	透明度	亚透明
	质量	0.322 5g	尺寸（长×宽×高）	7mm×6mm×4mm
实验参数	(1)放大检查：针状包体，无色透明晶体包体；(2)折射率/双折射率(RI/DR)：RI,1.758；(3)密度(g/cm^3)：3.83；(4)多色性：无；(5)光性特征：均质体（偏光镜下显示异常消光）；(6)荧光观察：无；(7)吸收光谱：450nm、505nm、520nm、570nm 吸收线；(8)其他：无			

样品照片（正面）	样品照片（背面）	放大观察（正面）	放大观察（背面）
		可见晶体包体	

红外反射图谱

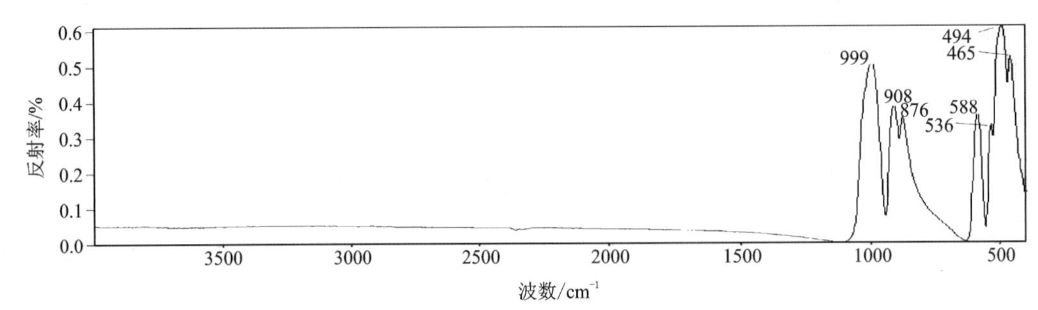

红外反射图谱显示：999cm^{-1}、908cm^{-1}、876cm^{-1}、588cm^{-1}、536cm^{-1}等与$[SiO_4]$有关的红外吸收峰，494cm^{-1}、465cm^{-1}附近的红外吸收峰与 Al—O 有关。

红外透射图谱

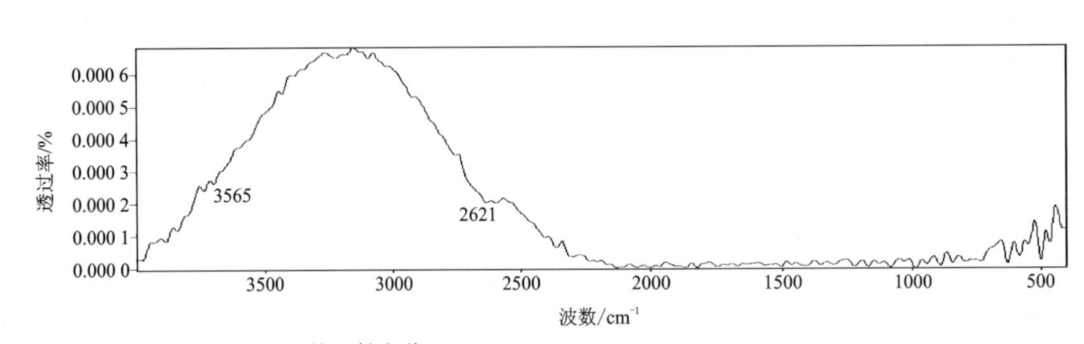

红外透射图谱显示：铝系列典型红外透射光谱。

备注	

2.24 铁铝榴石

编号:24

样品信息（含肉眼观察）	宝石种类	铁铝榴石	饰品名称	戒面
	颜色	红色	形状(琢型)	水滴形刻面
	光泽	玻璃光泽	透明度	半透明
	质量	0.256 5g	尺寸(长×宽×高)	8mm×5mm×3mm
实验参数	(1)放大检查:大量晶体包体,负晶;(2)折射率/双折射率(RI/DR):RI,>1.78;(3)密度(g/cm^3):4.20;(4)多色性:无;(5)光性特征:均质体(偏光镜下显示异常消光);(6)荧光观察:无;(7)吸收光谱:450nm、505nm、520nm、570nm 吸收线;(8)其他:无			
样品照片(正面)	样品照片(背面)	放大观察(正面)	放大观察(背面)	
			可见晶体包体	

红外反射图谱

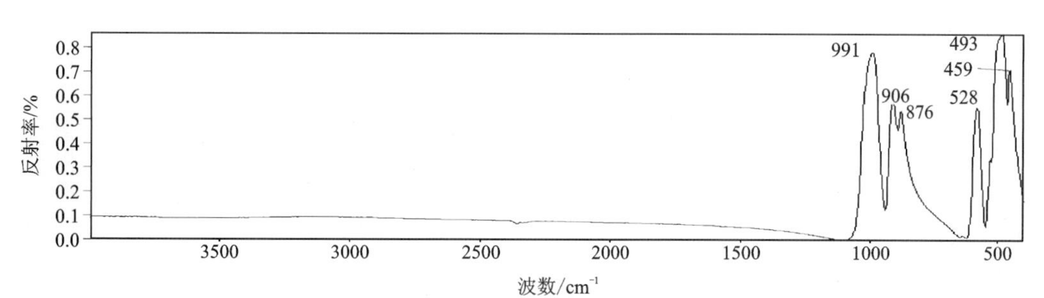

红外反射图谱显示:991cm^{-1}、906cm^{-1}、876cm^{-1}、528cm^{-1}等与[SiO_4]有关的红外吸收峰,493cm^{-1}、459cm^{-1}附近的红外吸收峰与 Al—O 有关。

红外透射图谱

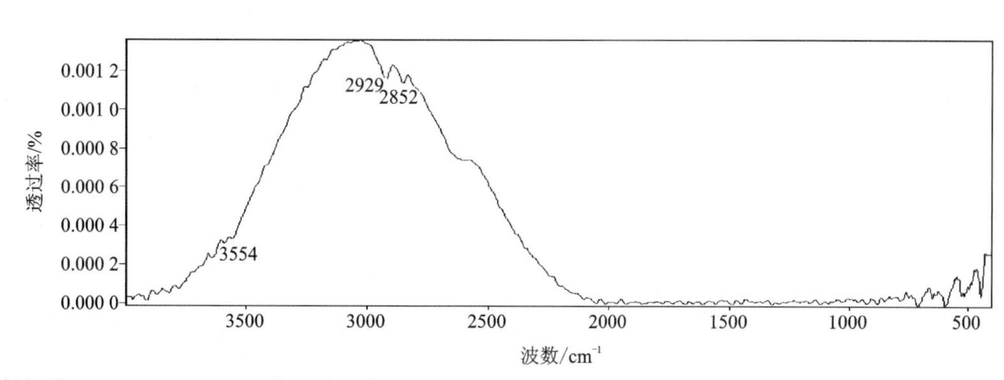

红外透射图谱显示:铝系列典型红外透射光谱。

备注	2852cm^{-1}、2929cm^{-1}红外吸收峰与大气中的甲基(—CH_3)有关。

2.25 锰铝榴石

编号:25

样品信息（含肉眼观察）	宝石种类	锰铝榴石	饰品名称	戒面
	颜色	橙色	形状(琢型)	椭圆形刻面
	光泽	玻璃光泽	透明度	亚透明
	质量	0.139 3g	尺寸(长×宽×高)	5mm×4mm×4mm
实验参数	(1)放大检查:愈合裂隙,纤维状包体,晶体包体;(2)折射率/双折射率(RI/DR):RI,>1.78;(3)密度(g/cm^3):4.21;(4)多色性:无;(5)光性特征:均质体(偏光镜下显示异常消光);(6)荧光观察:无;(7)吸收光谱:410、420、430nm吸收线,460nm、480nm、520nm吸收带;(8)其他:特殊光学效应			

样品照片(正面)	样品照片(背面)	放大观察(正面)	放大观察(背面)
		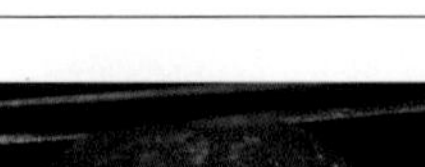 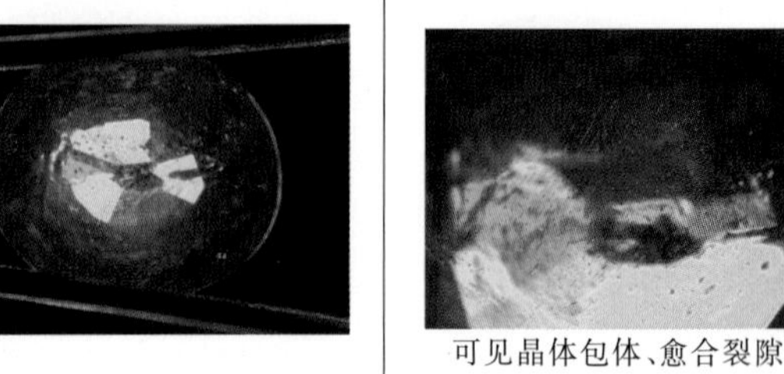	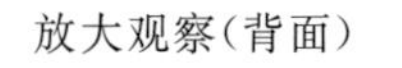 可见晶体包体、愈合裂隙

红外反射图谱

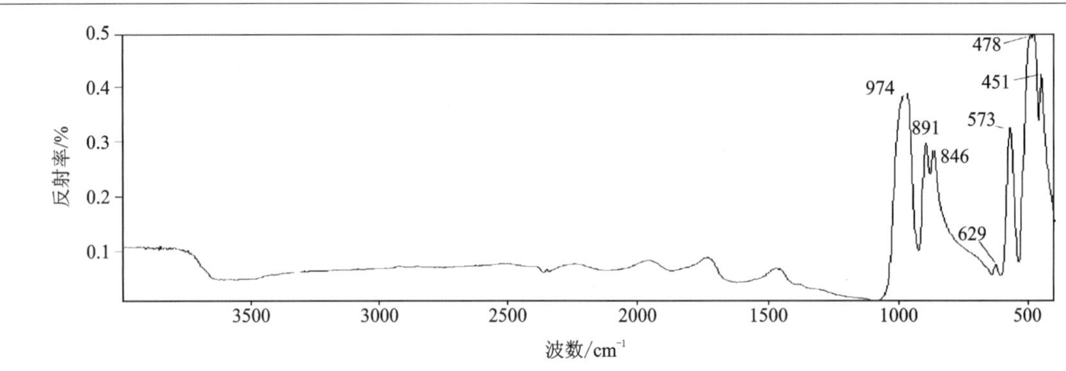

红外反射图谱显示:974cm^{-1}、891cm^{-1}、846cm^{-1}、629cm^{-1}、573cm^{-1}等与[SiO_4]有关的红外吸收峰,478cm^{-1}、451cm^{-1}附近的红外吸收峰与Al—O有关。

红外透射图谱

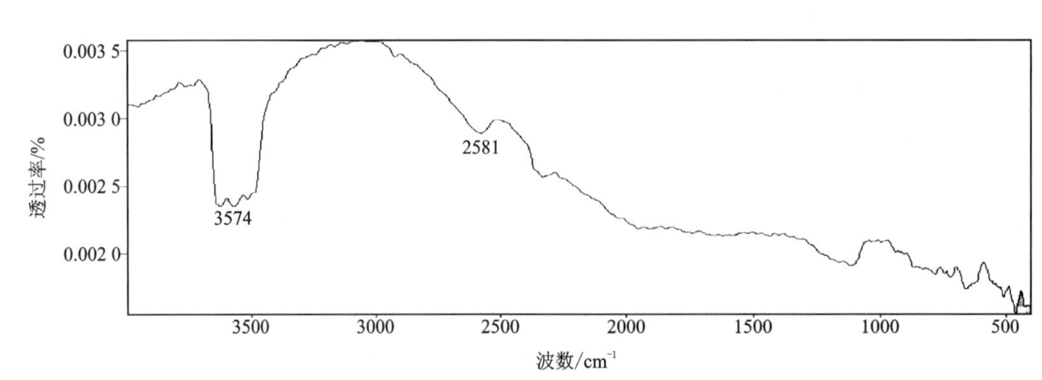

红外透射图谱显示:2581cm^{-1}、3574cm^{-1}或附近的红外吸收峰。

备注	

2.26 钙铝榴石

编号:26

样品信息（含肉眼观察）	宝石种类	钙铝榴石	饰品名称	戒面
	颜色	橙色	形状(琢型)	椭圆形刻面
	光泽	玻璃光泽	透明度	半透明
	质量	0.307 2g	尺寸(长×宽×高)	9mm×7mm×5mm
实验参数	(1)放大检查:热浪效应,晶体包体;(2)折射率/双折射率(RI/DR):RI,1.750;(3)密度(g/cm^3):3.65;(4)多色性:无;(5)光性特征:均质体(偏光镜下显示异常消光);(6)荧光观察:无;(7)吸收光谱:无;(8)其他:无			
样品照片(正面)	样品照片(背面)	放大观察(正面)	放大观察(背面)	
		可见晶体包体	可见热浪效应	

红外反射图谱

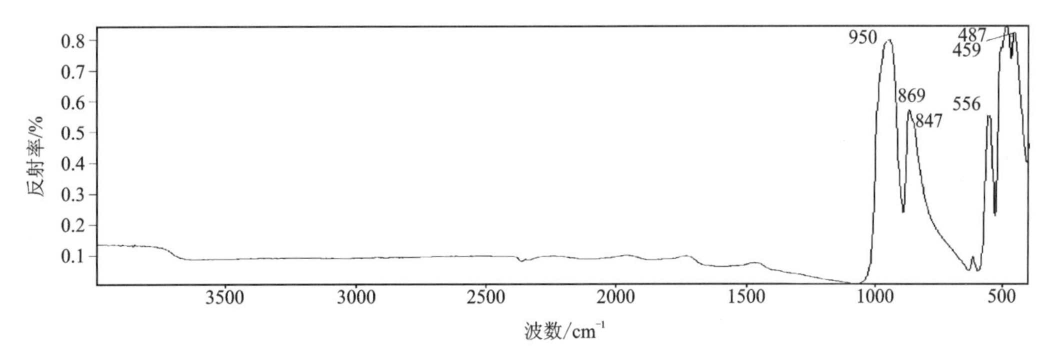

红外反射图谱显示:950cm^{-1}、869cm^{-1}、847cm^{-1}、556cm^{-1}等与[SiO_4]有关的红外吸收峰,487cm^{-1}、459cm^{-1}附近的红外吸收峰与Al—O有关。

红外透射图谱

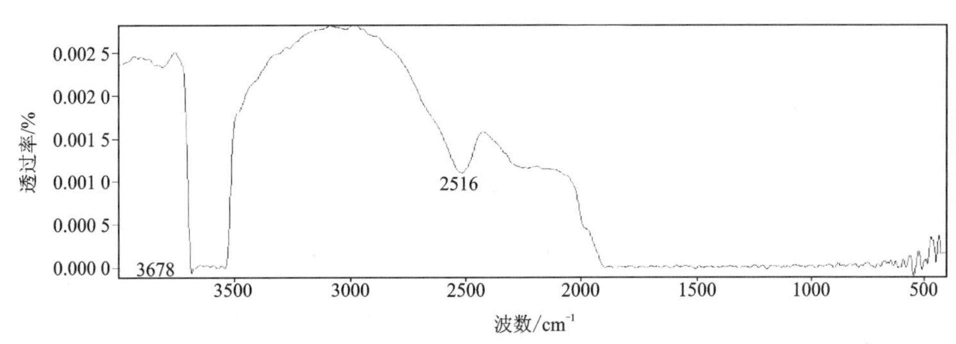

红外透射图谱显示:2516cm^{-1}附近的红外吸收峰。

备注	

2.27 钙铁榴石

编号:27

样品信息(含肉眼观察)	宝石种类	钙铁榴石	饰品名称	戒面
	颜色	绿色	形状(琢型)	椭圆形刻面
	光泽	玻璃光泽	透明度	半透明
	质量	0.124 1g	尺寸(长×宽×高)	6mm×4mm×3mm
实验参数	(1)放大检查:暗色矿物包体,晶体包体,大量愈合裂隙;(2)折射率/双折射率(RI/DR):RI,>1.78;(3)密度(g/cm^3):3.78;(4)多色性:无;(5)光性特征:均质体(偏光镜下显示异常消光);(6)荧光观察:LW 无显示,SW 显示弱白色荧光;(7)吸收光谱:无;(8)其他:无			

样品照片(正面)	样品照片(背面)	放大观察(正面)	放大观察(背面)
			可见黑色矿物包体

红外反射图谱

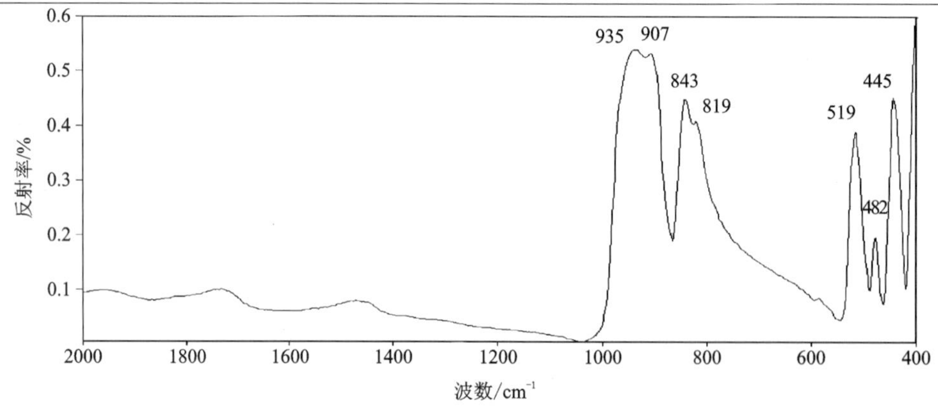

红外反射图谱显示:935cm^{-1}、843cm^{-1}、819cm^{-1}、519cm^{-1}等与[SiO_4]有关的红外吸收峰,482cm^{-1}、445cm^{-1}附近的红外吸收峰与 Al—O 有关。

红外透射图谱

该样品检测不出红外透射图谱。

备注	

2.28 钙铝榴石

编号:28

样品信息（含肉眼观察）	宝石种类	钙铝榴石	饰品名称	戒面
	颜色	绿色	形状(琢型)	椭圆形刻面
	光泽	玻璃光泽	透明度	透明
	质量	0.141 1g	尺寸(长×宽×高)	7mm×6mm×3mm
实验参数	(1)放大检查:愈合裂隙,纤维状包体,晶体包体;(2)折射率/双折射率(RI/DR):RI,1.738;(3)密度(g/cm^3):3.57;(4)多色性:无;(5)光性特征:均质体(偏光镜下显示异常消光);(6)荧光观察:无;(7)吸收光谱:无;(8)其他:无			

样品照片(正面)	样品照片(背面)	放大观察(正面)	放大观察(背面)
	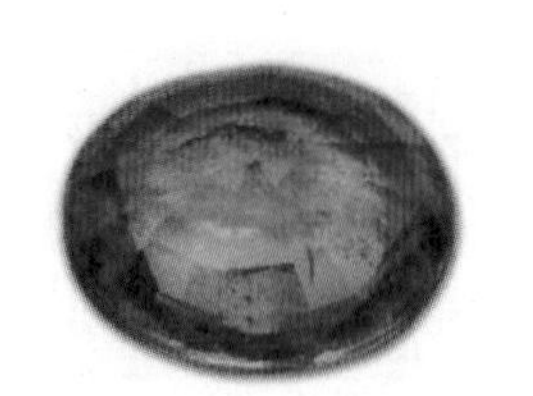	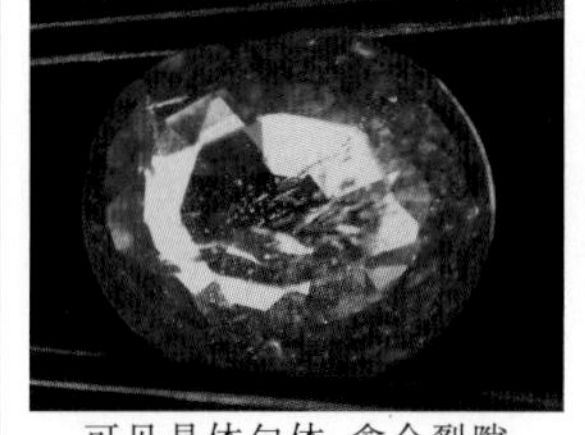 可见晶体包体、愈合裂隙	

红外反射图谱

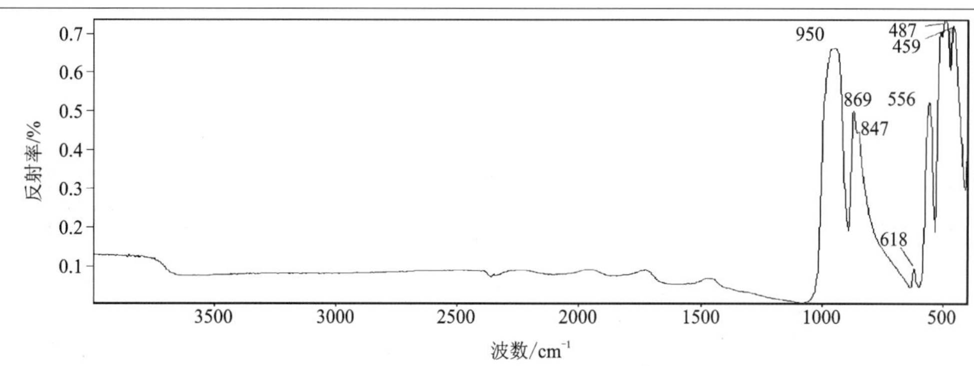

红外反射图谱显示:950cm^{-1}、869cm^{-1}、847cm^{-1}、618cm^{-1}、556cm^{-1}等与[SiO_4]有关的红外吸收峰,487cm^{-1}、459cm^{-1}附近的红外吸收峰与Al—O有关。与铝系列石榴石比较,与[SiO_4]有关的红外吸收峰向低波数移动,与Al—O有关的红外吸收峰向高波数移动。

红外透射图谱

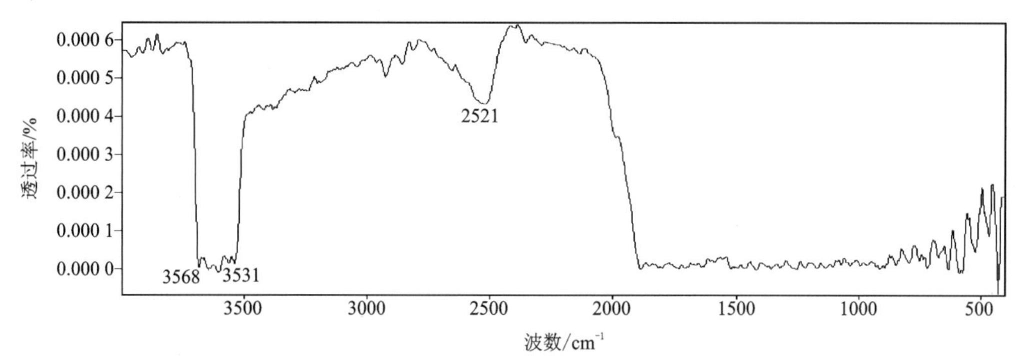

红外透射图谱显示:3568cm^{-1}、3531cm^{-1}、2521cm^{-1}附近的红外吸收峰。

备注	

2.29 变色石榴石

编号:29

样品信息（含肉眼观察）	宝石种类	变色石榴石	饰品名称	戒面
	颜色	黄褐色	形状(琢型)	椭圆形刻面
	光泽	玻璃光泽	透明度	透明
	质量	0.130 1g	尺寸(长×宽×高)	6mm×4mm×4mm
实验参数	(1)放大检查:针状包体,愈合裂隙,晶体包体;(2)折射率/双折射率(RI/DR):RI,>1.78;(3)密度(g/cm^3):4.00;(4)多色性:无;(5)光性特征:均质体(偏光镜下显示异常消光);(6)荧光观察:无;(7)吸收光谱:蓝区有两条吸收带;(8)其他:变色效应			
样品照片(正面)	样品照片(背面)	放大观察(正面)	放大观察(背面)	
		可见变色效应	可见针状包体、晶体包体	

红外反射图谱

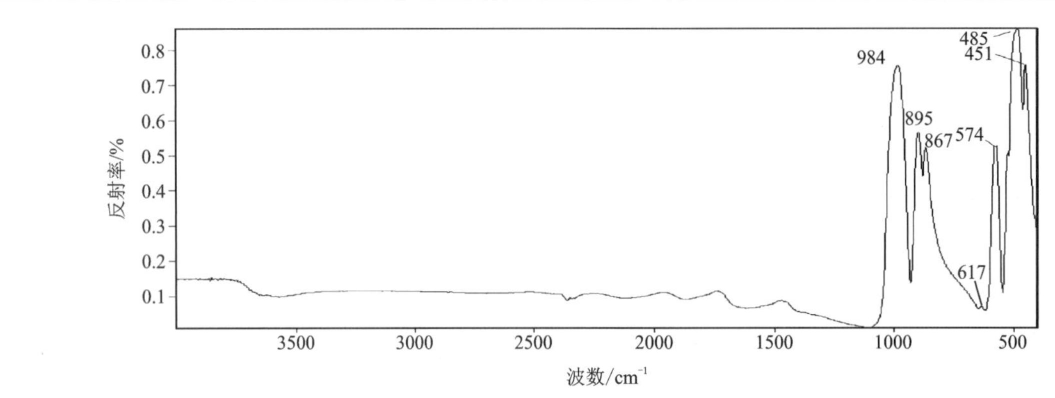

红外反射图谱显示:984cm^{-1}、895cm^{-1}、867cm^{-1}、617cm^{-1}、574cm^{-1}、485cm^{-1}、451cm^{-1}等附近的红外吸收峰。

红外透射图谱

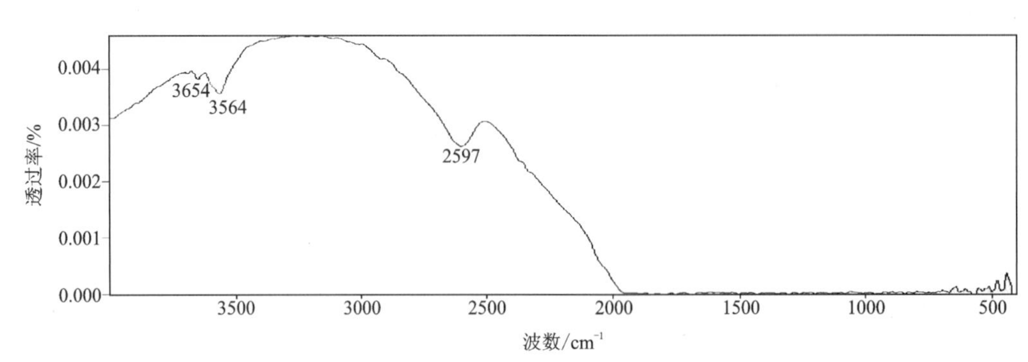

红外透射图谱显示:2597cm^{-1}附近的弱红外吸收峰。

备注	

2.30 星光铁铝榴石

编号:30

样品信息（含肉眼观察）	宝石种类	星光铁铝榴石	饰品名称	戒面
	颜色	红褐色	形状（琢型）	圆形
	光泽	玻璃光泽	透明度	不透明
	质量	2.303 7g	尺寸（直径）	11mm
实验参数	(1)放大检查:暗色矿物包体,晶体包体,愈合裂隙;(2)折射率/双折射率(RI/DR):RI,>1.78;(3)密度(g/cm^3):4.00;(4)多色性:无;(5)光性特征:不可测;(6)荧光观察:无;(7)吸收光谱:505nm、520nm 吸收线,575nm 吸收带;(8)其他:星光效应			

样品照片（正面）	样品照片（背面）	放大观察（正面）	放大观察（背面）
		星光效应	可见晶体包体

红外反射图谱

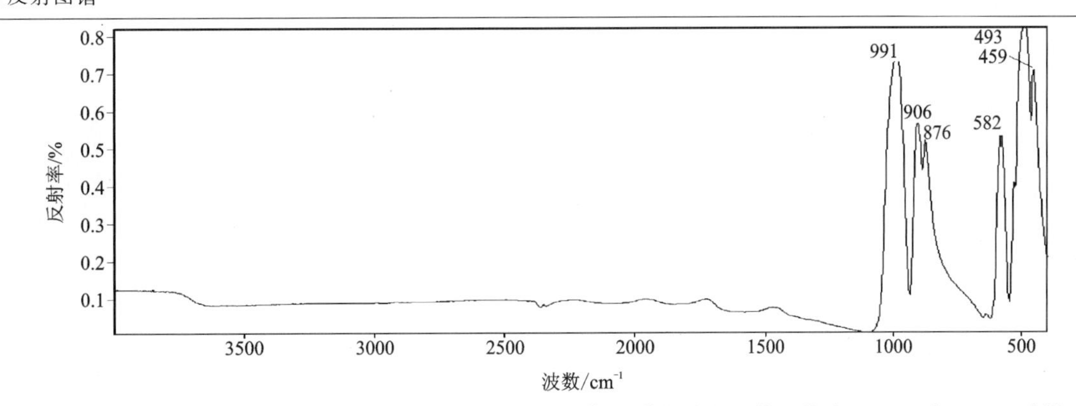

红外反射图谱显示:991cm^{-1}、906cm^{-1}、876cm^{-1}、582cm^{-1}等与[SiO_4]有关的红外吸收峰,493cm^{-1}、459cm^{-1}附近的红外吸收峰与 Al—O 有关。

红外透射图谱

该样品不透明,检测不出红外透射图谱。

备注	

2.31 水晶

编号:31

样品信息（含肉眼观察）	宝石种类	水晶	饰品名称	戒面
	颜色	无色	形状(琢型)	椭圆形刻面
	光泽	玻璃光泽	透明度	透明
	质量	0.145 3g	尺寸(长×宽×高)	5mm×7mm×4mm
实验参数	(1)放大检查:晶体包体;(2)折射率/双折射率(RI/DR):RI为1.544～1.553,DR为0.009,一轴晶正光性;(3)密度(g/cm³):2.66;(4)多色性:无;(5)光性特征:非均质体(偏光镜下显示四明四暗,牛眼干涉图);(6)荧光观察:无;(7)吸收光谱:无;(8)其他:无			

样品照片(正面)	样品照片(背面)	放大观察(正面)	放大观察(背面)

红外反射图谱

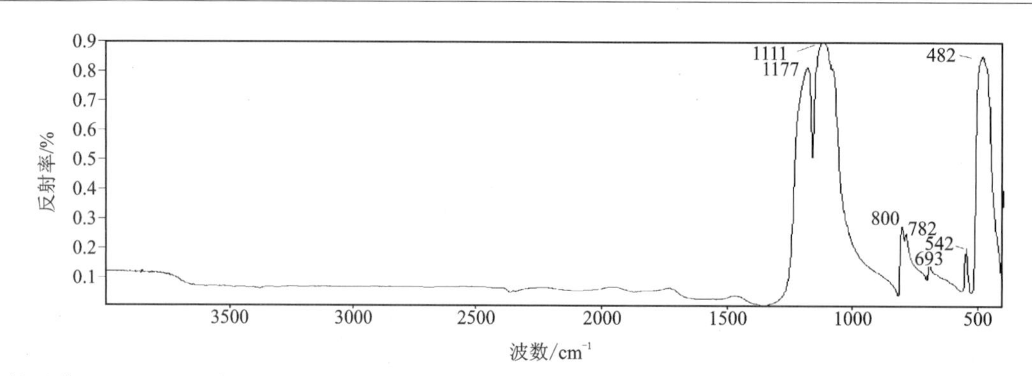

红外反射图谱显示:1177cm⁻¹、1111cm⁻¹、800cm⁻¹、782cm⁻¹、693cm⁻¹、542cm⁻¹、482cm⁻¹附近的红外吸收峰。

红外透射图谱

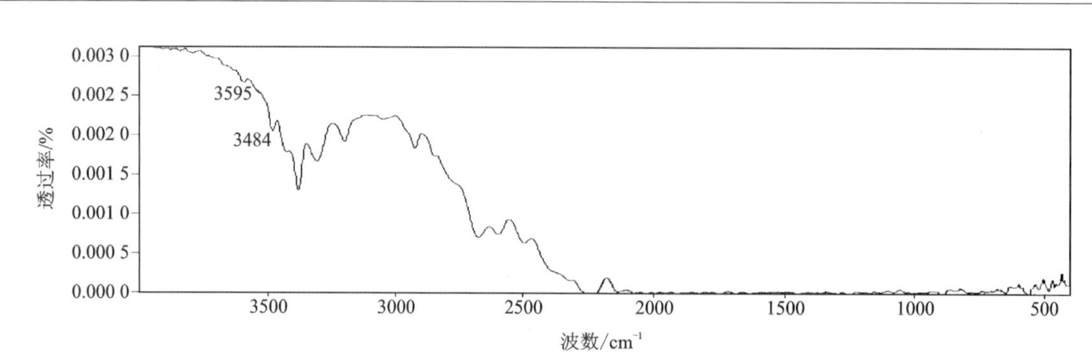

红外透射图谱显示:3595cm⁻¹和3484cm⁻¹红外吸收峰。

备注	在红外透射谱中,合成无色水晶可见3585cm⁻¹附近特征吸收峰,缺失3595cm⁻¹、3483cm⁻¹红外吸收峰。

2.32 黄晶

编号：32

样品信息（含肉眼观察）	宝石种类	水晶	饰品名称	戒面
	颜色	黄色	形状（琢型）	椭圆形刻面
	光泽	玻璃光泽	透明度	透明
	质量	0.354 5g	尺寸（长×宽×高）	9mm×7mm×6mm
实验参数	（1）放大检查：愈合裂隙；（2）折射率/双折射率（RI/DR）：RI 为 1.544～1.553，DR 为 0.009，一轴晶正光性；（3）密度（g/cm³）：2.66；（4）多色性：二色性，弱，无色—浅黄色；（5）光性特征：非均质体（偏光镜下显示四明四暗，黑十字干涉图）；（6）荧光观察：无；（7）吸收光谱：无；（8）其他：无			

样品照片（正面）	样品照片（背面）	放大观察（正面）	放大观察（背面）

红外反射图谱

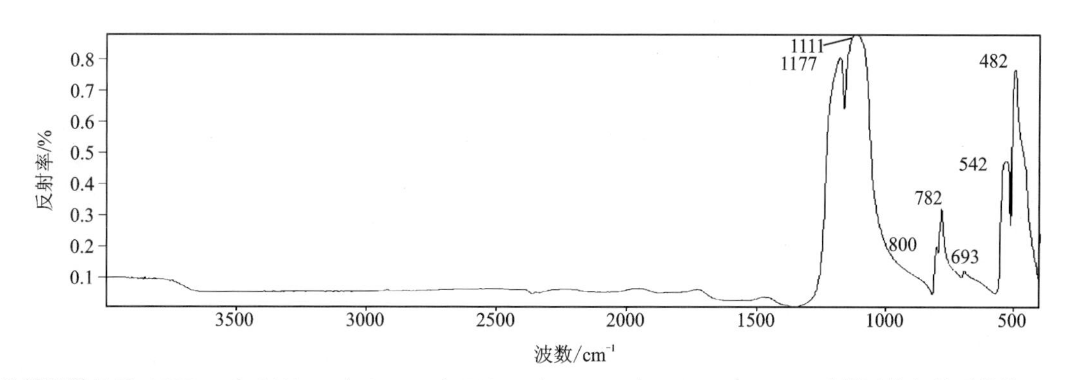

红外反射图谱显示：$1177cm^{-1}$、$1111cm^{-1}$、$800cm^{-1}$、$782cm^{-1}$、$693cm^{-1}$、$542cm^{-1}$、$482cm^{-1}$附近的红外吸收峰。

红外透射图谱

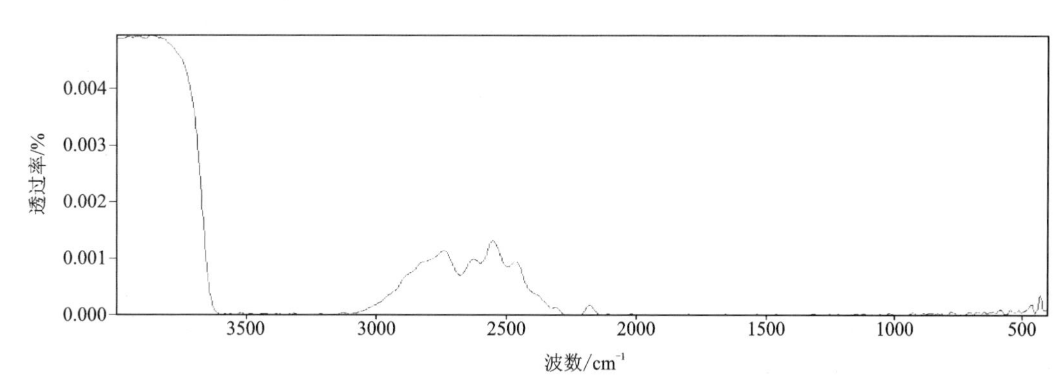

红外透射图谱显示：未见明显典型红外吸收峰。

备注	

2.33 紫晶

编号:33

<table>
<tr><td rowspan="4">样品信息
(含肉眼观察)</td><td>宝石种类</td><td>水晶</td><td>饰品名称</td><td>戒面</td></tr>
<tr><td>颜色</td><td>紫色</td><td>形状(琢型)</td><td>椭圆形刻面</td></tr>
<tr><td>光泽</td><td>玻璃光泽</td><td>透明度</td><td>透明</td></tr>
<tr><td>质量</td><td>0.198 1g</td><td>尺寸(长×宽×高)</td><td>8mm×6mm×4mm</td></tr>
<tr><td>实验参数</td><td colspan="4">(1)放大检查:小晶体包体,生长纹;(2)折射率/双折射率(RI/DR):RI 为 1.544~1.553,DR 为 0.009,一轴晶正光性;(3)密度(g/cm³):2.66;(4)多色性:二色性,弱,无色—浅紫色;(5)光性特征:非均质体(偏光镜下显示四明四暗,牛眼干涉图);(6)荧光观察:无;(7)吸收光谱:无;(8)其他:无</td></tr>
<tr><td colspan="2">样品照片(正面)</td><td>样品照片(背面)</td><td>放大观察(正面)</td><td>放大观察(背面)</td></tr>
<tr><td colspan="2"></td><td></td><td></td><td>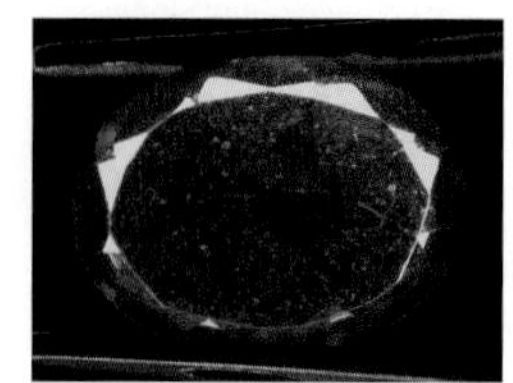
可见晶体包体</td></tr>
<tr><td colspan="5">红外反射图谱</td></tr>
<tr><td colspan="5">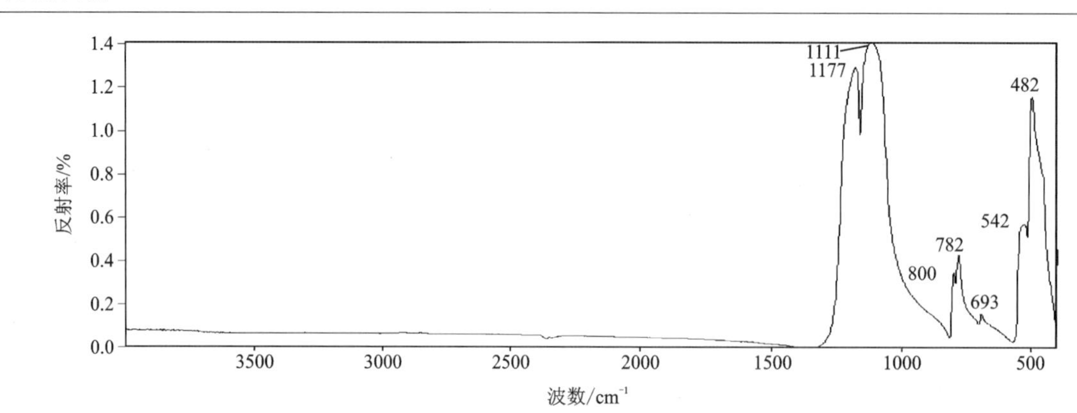
红外反射图谱显示:1177cm⁻¹、1111cm⁻¹、800cm⁻¹、782cm⁻¹、693cm⁻¹、542cm⁻¹、482cm⁻¹附近的红外吸收峰。</td></tr>
<tr><td colspan="5">红外透射图谱</td></tr>
<tr><td colspan="5">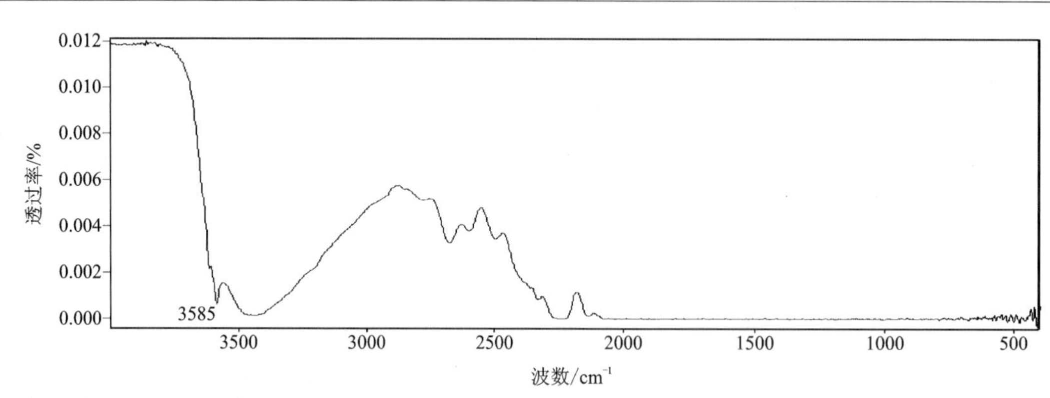
红外透射图谱显示:3585cm⁻¹红外吸收峰。</td></tr>
<tr><td>备注</td><td colspan="4"></td></tr>
</table>

2.34 烟晶

编号:34

<table>
<tr><td rowspan="4">样品信息
(含肉眼观察)</td><td>宝石种类</td><td>水晶</td><td>饰品名称</td><td>戒面</td></tr>
<tr><td>颜色</td><td>茶色</td><td>形状(琢型)</td><td>椭圆形刻面</td></tr>
<tr><td>光泽</td><td>玻璃光泽</td><td>透明度</td><td>半透明</td></tr>
<tr><td>质量</td><td>0.439 5g</td><td>尺寸(长×宽×高)</td><td>9mm×7mm×5mm</td></tr>
<tr><td>实验参数</td><td colspan="4">(1)放大检查:晶体包体;(2)折射率/双折射率(RI/DR):RI 为 1.544～1.553,DR 为 0.009,一轴晶正光性;(3)密度(g/cm³):2.66;(4)多色性:二色性,弱,黄褐—褐色;(5)光性特征:非均质体(偏光镜下显示四明四暗,牛眼干涉图);(6)荧光观察:无;(7)吸收光谱:无;(8)其他:无</td></tr>
<tr><td colspan="2">样品照片(正面)</td><td>样品照片(背面)</td><td>放大观察(正面)</td><td>放大观察(背面)</td></tr>
<tr><td colspan="2"></td><td></td><td>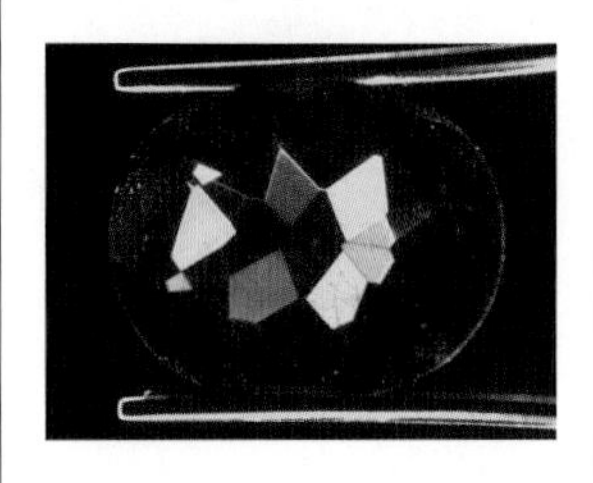</td><td>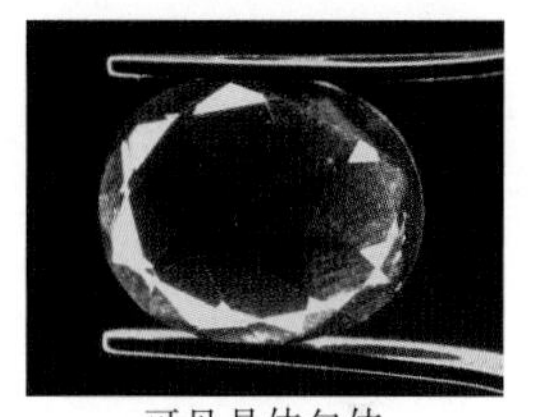
可见晶体包体</td></tr>
<tr><td colspan="5">红外反射图谱</td></tr>
<tr><td colspan="5">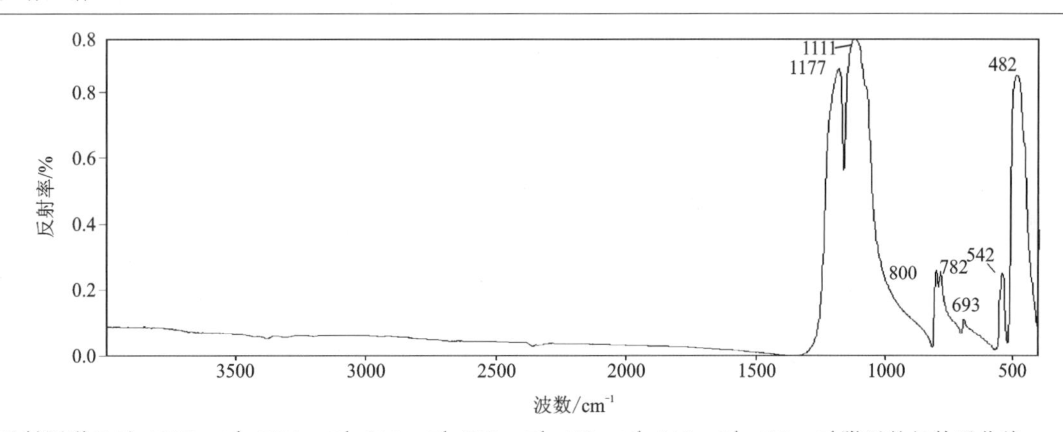

红外反射图谱显示:1177cm⁻¹、1111cm⁻¹、800cm⁻¹、782cm⁻¹、693cm⁻¹、542cm⁻¹、482cm⁻¹附近的红外吸收峰。</td></tr>
<tr><td colspan="5">红外透射图谱</td></tr>
<tr><td colspan="5">该样品检测不出红外透射图谱。</td></tr>
<tr><td>备注</td><td colspan="4"></td></tr>
</table>

2.35 星光芙蓉石

编号：35

样品信息（含肉眼观察）	宝石种类	水晶	饰品名称	戒面
	颜色	粉色	形状（琢型）	圆形弧面
	光泽	玻璃光泽	透明度	透明
	质量	0.569 9g	尺寸（长×宽×高）	9mm×9mm×5mm
实验参数	(1)放大检查：三组定向排列的短针状包体；(2)折射率/双折射率(RI/DR)：RI，1.54(点测)；(3)密度(g/cm^3)：2.66；(4)多色性：二色性，弱，无色—浅粉色；(5)光性特征：非均质体(偏光镜下显示四明四暗，牛眼干涉图)；(6)荧光观察：无；(7)吸收光谱：无；(8)其他：星光效应			
样品照片（正面）	样品照片（背面）	放大观察（正面）	放大观察（背面）	
		可见星光效应		

红外反射图谱

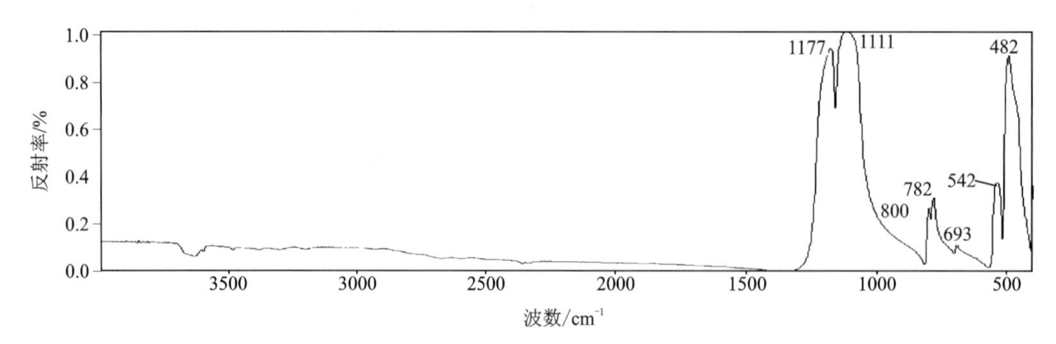

红外反射图谱显示：1177cm^{-1}、1111cm^{-1}、800cm^{-1}、782cm^{-1}、693cm^{-1}、542cm^{-1}、482cm^{-1}附近的吸收峰。

红外透射图谱

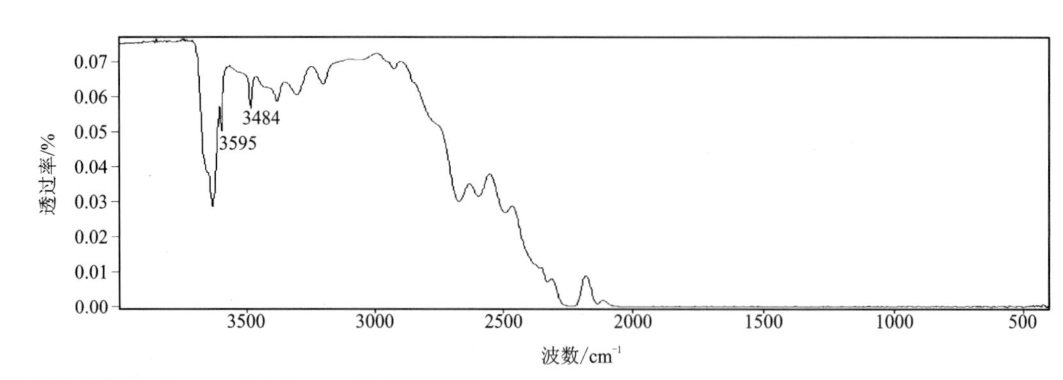

红外透射图谱显示：3595cm^{-1}、3484cm^{-1}红外吸收峰。

备注	

2.36 发晶

编号:36

样品信息（含肉眼观察）	宝石种类	水晶	饰品名称	戒面
	颜色	无色	形状(琢型)	椭圆形弧面
	光泽	玻璃光泽	透明度	透明
	质量	0.636 2g	尺寸(长×宽×高)	12mm×8mm×4mm
实验参数	(1)放大检查:黄色针状、柱状矿物包体,愈合裂隙;(2)折射率/双折射率(RI/DR):RI,1.54(点测);(3)密度(g/cm^3):2.66;(4)多色性:不可测;(5)光性特征:非均质体(偏光镜下显示四明四暗,黑十字干涉图);(6)荧光观察:无;(7)吸收光谱:无;(8)其他:无			

样品照片(正面)	样品照片(背面)	放大观察(正面)	放大观察(背面)
		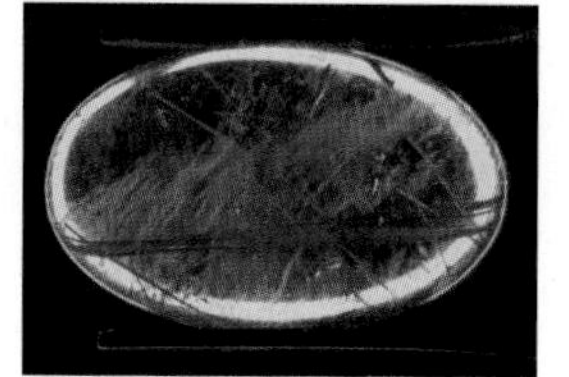 可见针状、柱状矿物包体	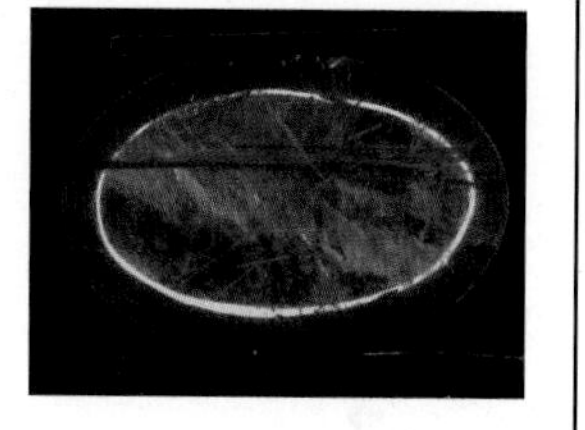

红外反射图谱

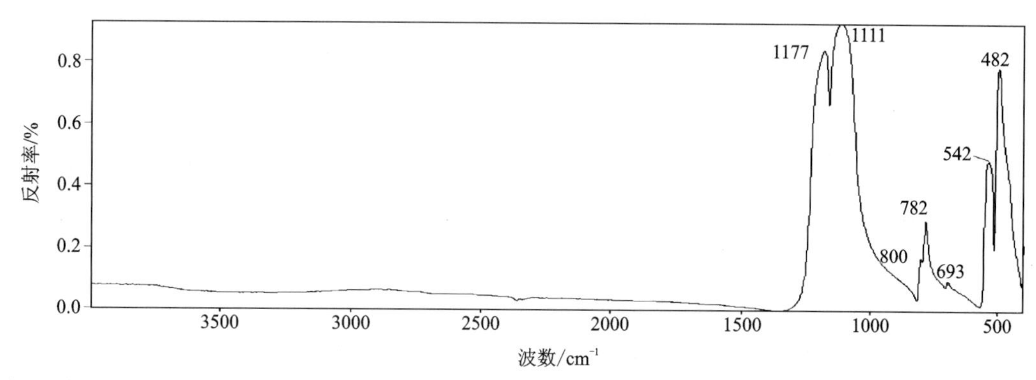

红外反射图谱显示:1177cm^{-1}、1111cm^{-1}、800cm^{-1}、782cm^{-1}、693cm^{-1}、542cm^{-1}、482cm^{-1}附近的红外吸收峰。

红外透射图谱

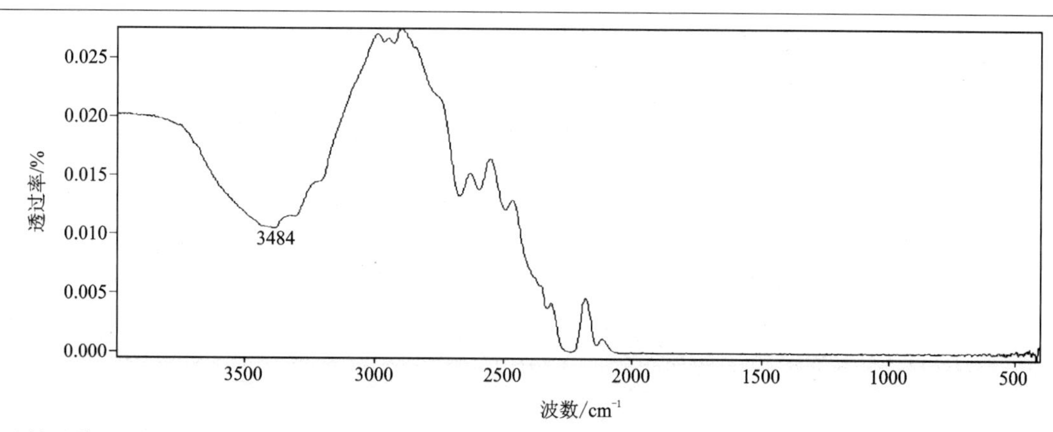

红外透射图谱显示:3484cm^{-1}红外吸收峰。

备注	

2.37 水晶

编号：37

样品信息（含肉眼观察）	宝石种类	水晶	饰品名称	戒面
	颜色	无色	形状（琢型）	椭圆形弧面
	光泽	玻璃光泽	透明度	透明
	质量	4.051 9g	尺寸（长×宽×高）	13mm×9mm×11mm
实验参数	(1)放大检查：大量绿色、棕色苔藓状矿物包体；(2)折射率/双折射率(RI/DR)：RI,1.54(点测)；(3)密度(g/cm^3)：2.65；(4)多色性：不可测；(5)光性特征：非均质体(偏光镜下显示四明四暗，牛眼干涉图)；(6)荧光观察：无；(7)吸收光谱：无；(8)其他：无			
样品照片（正面）		样品照片（背面）	放大观察（正面）	放大观察（背面）
				可见大量矿物包体

红外反射图谱

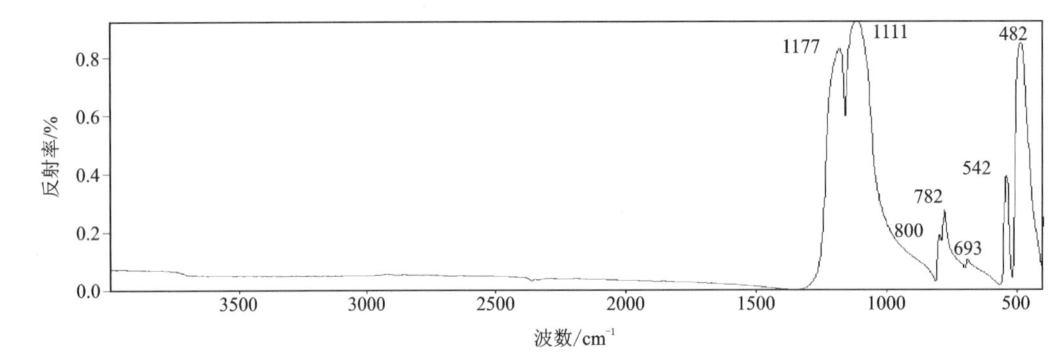

红外反射图谱显示：$1177cm^{-1}$、$1111cm^{-1}$、$800cm^{-1}$、$782cm^{-1}$、$693cm^{-1}$、$542cm^{-1}$、$482cm^{-1}$附近的红外吸收峰。

红外透射图谱

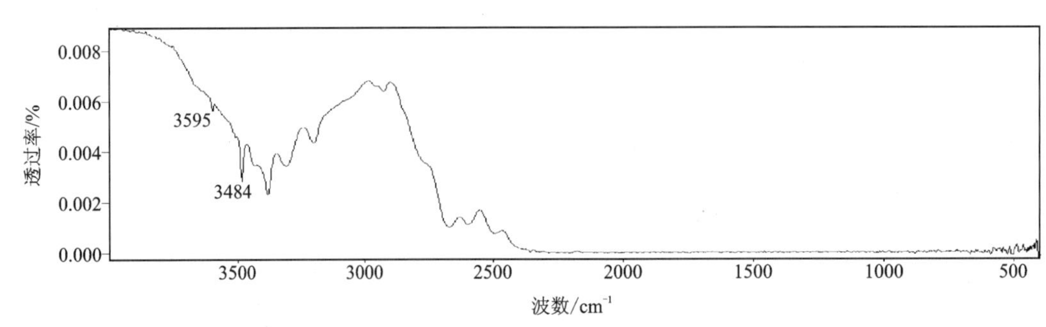

红外透射图谱显示：$3595cm^{-1}$、$3484cm^{-1}$红外吸收峰。

备注	

2.38 日光石

编号:38

样品信息（含肉眼观察）	宝石种类	水晶	饰品名称	戒面
	颜色	无色	形状(琢型)	椭圆形弧面
	光泽	玻璃光泽	透明度	透明
	质量	4.051 9g	尺寸(长×宽×高)	9mm×6mm×4mm
实验参数	(1)放大检查:大量绿色、棕色苔藓状矿物包体;(2)折射率/双折射率(RI/DR):RI,1.54(点测);(3)密度(g/cm³):2.65;(4)多色性:不可测;(5)光性特征:非均质体(偏光镜下显示四明四暗,牛眼干涉图);(6)荧光观察:无;(7)吸收光谱:无;(8)其他:日光效应			
样品照片(正面)	样品照片(背面)	放大观察(正面)	放大观察(背面)	

红外反射图谱

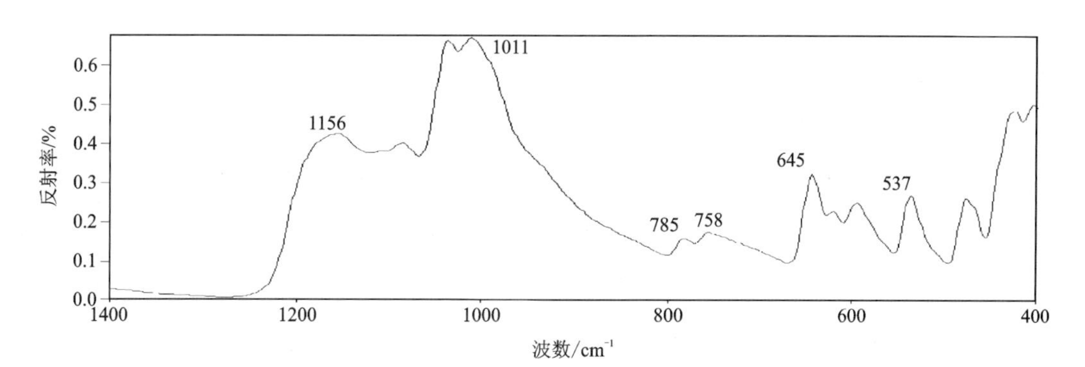

红外反射图谱显示:1156cm^{-1}、1037cm^{-1}、785cm^{-1}、758cm^{-1}、645cm^{-1}、537cm^{-1}等附近的典型红外吸收峰。

红外透射图谱

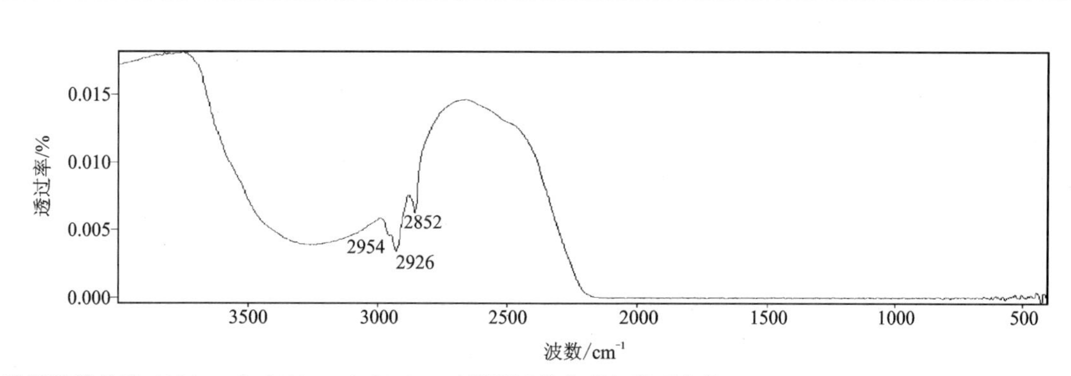

红外透射图谱显示:2954cm^{-1}、2926cm^{-1}、2852cm^{-1}等附近的典型红外吸收峰。

备注	

2.39 月光石

编号:39

<table>
<tr><td rowspan="4">样品信息
(含肉眼观察)</td><td>宝石种类</td><td>月光石</td><td>饰品名称</td><td>戒面</td></tr>
<tr><td>颜色</td><td>无色</td><td>形状(琢型)</td><td>椭圆形弧面</td></tr>
<tr><td>光泽</td><td>玻璃光泽</td><td>透明度</td><td>透明</td></tr>
<tr><td>质量</td><td>0.430 8g</td><td>尺寸(长×宽×高)</td><td>8mm×6mm×5mm</td></tr>
<tr><td>实验参数</td><td colspan="4">(1)放大检查:大量初始解理;(2)折射率/双折射率(RI/DR):RI,1.53(点测);(3)密度(g/cm³):2.63;(4)多色性:不可测;(5)光性特征:非均质体(偏光镜下显示四明四暗,单臂干涉图);(6)荧光观察:LW无显示,SW显示弱红色荧光;(7)吸收光谱:无;(8)其他:月光效应</td></tr>
<tr><td>样品照片(正面)</td><td>样品照片(背面)</td><td>放大观察(正面)</td><td colspan="2">放大观察(背面)</td></tr>
<tr><td></td><td></td><td>可见月光效应</td><td colspan="2"></td></tr>
</table>

红外反射图谱

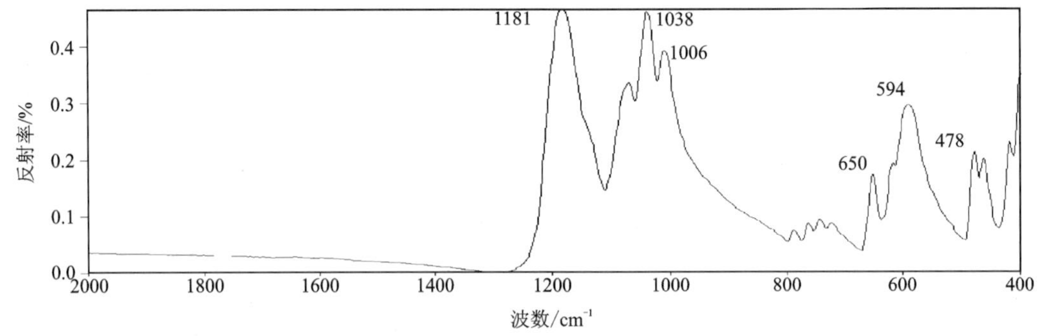

红外反射图谱显示:1200～900cm^{-1}区域红外吸收峰归属于$[SiO_4]^{4-}$的Si—O伸缩振动,800～700cm^{-1}区域内的红外吸收峰归属于$[SiO_4]^{4-}$的Si—O弯曲振动。

红外透射图谱

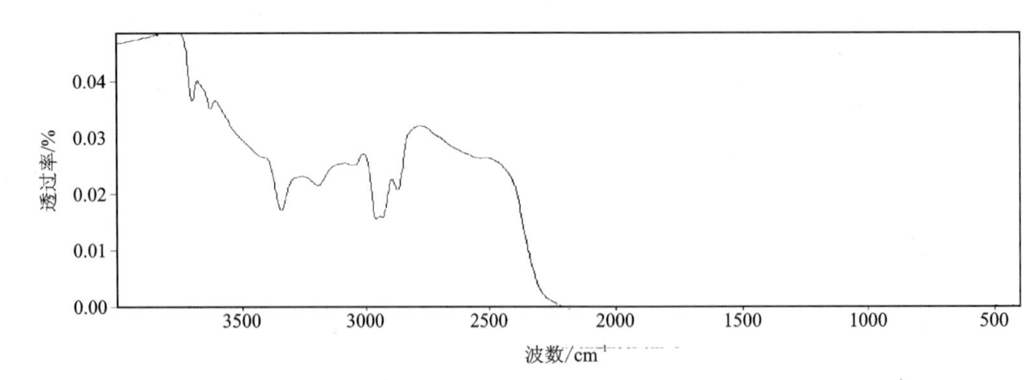

红外透射图谱显示:未见明显典型特征吸收峰。

备注	不同亚种矿物的红外透射光谱表现不同。

2.40 月光石

编号:40

样品信息（含肉眼观察）	宝石种类	月光石	饰品名称	戒面
	颜色	灰色	形状(琢型)	椭圆形弧面
	光泽	玻璃光泽	透明度	亚透明
	质量	0.652 5g	尺寸(长×宽×高)	10mm×7.5mm×5mm
实验参数	(1)放大检查:色带,愈合裂隙,大量点状包体;(2)折射率/双折射率(RI/DR):RI,1.54(点测);(3)密度(g/cm^3):2.60;(4)多色性:不可测;(5)光性特征:非均质体(偏光镜下显示四明四暗);(6)荧光观察:LW 无显示,SW 显示弱红色荧光;(7)吸收光谱:无;(8)其他:月光效应			

样品照片(正面)	样品照片(背面)	放大观察(正面)	放大观察(背面)
			可见愈合裂隙

红外反射图谱

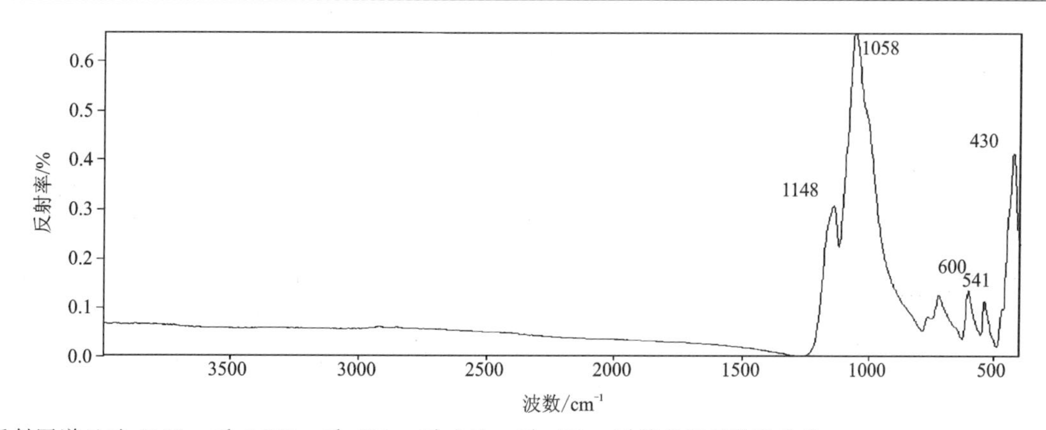

红外反射图谱显示:1148cm^{-1}、1058cm^{-1}、600cm^{-1}、541cm^{-1}、430cm^{-1}等典型红外吸收峰。

红外透射图谱

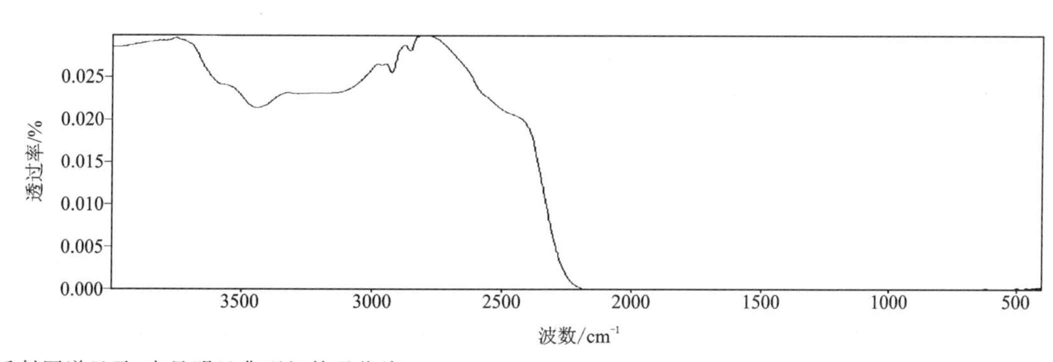

红外透射图谱显示:未见明显典型红外吸收峰。

备注	不同亚种矿物的红外透射光谱表现不同,由大气中有机物引起的情形有两种:与$—CH_3^-$ 有关,产生 2926cm^{-1}红外吸收峰;与$—CH_2^-$ 有关,产生 2855cm^{-1}红外吸收峰。

2.41 月光石

编号:41

样品信息（含肉眼观察）	宝石种类	月光石	饰品名称	戒面
	颜色	橙色	形状(琢型)	椭圆形弧面
	光泽	玻璃光泽	透明度	半透明
	质量	1.049 4g	尺寸(长×宽×高)	12mm×10mm×7mm
实验参数	(1)放大检查:负晶,长针状包体,晶体包体,愈合裂隙;(2)折射率/双折射率(RI/DR):RI,1.53(点测);(3)密度(g/cm^3):2.59;(4)多色性:不可测;(5)光性特征:非均质体(偏光镜下显示全亮);(6)荧光观察:LW 无显示,SW 显示弱红色荧光;(7)吸收光谱:无;(8)其他:月光效应			

样品照片(正面)	样品照片(背面)	放大观察(正面)	放大观察(背面)
		可见晶体包体	

红外反射图谱

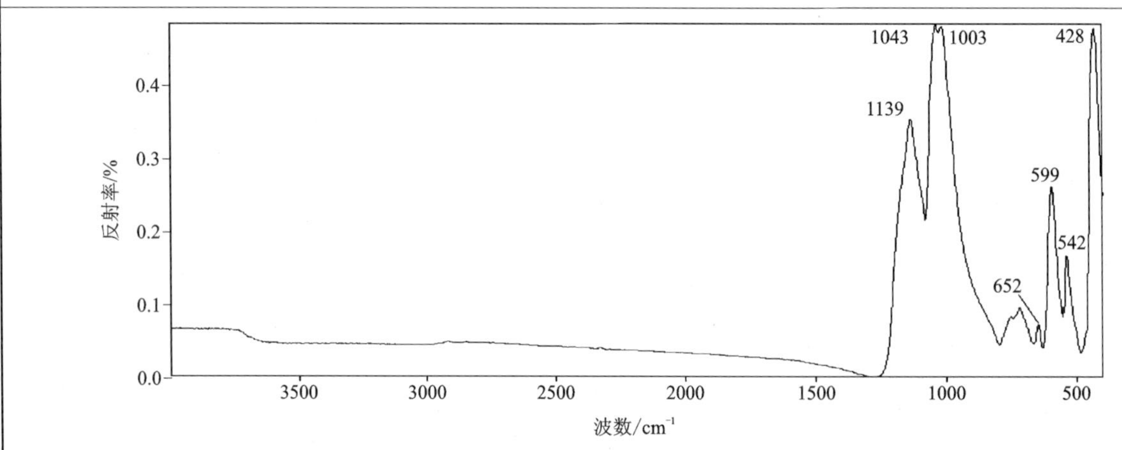

红外反射图谱显示:$1139cm^{-1}$、$1043cm^{-1}$、$599cm^{-1}$、$542cm^{-1}$、$428cm^{-1}$等典型红外吸收峰。

红外透射图谱

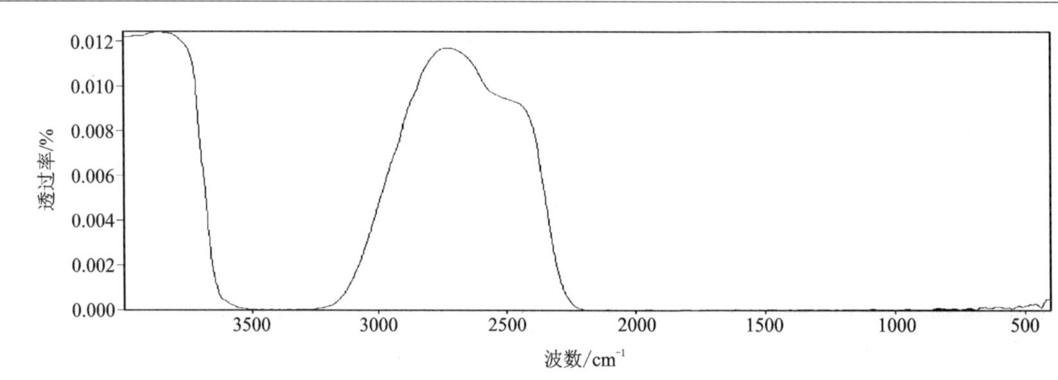

红外透射图谱显示:未见明显典型红外吸收峰。

备注	不同亚种矿物的红外透射光谱表现不同。

2.42 拉长石

编号:42

样品信息（含肉眼观察）	宝石种类	拉长石	饰品名称	戒面
	颜色	灰色	形状（琢型）	椭圆形弧面
	光泽	玻璃光泽	透明度	半透明
	质量	0.472 2g	尺寸（长×宽×高）	9mm×7mm×5mm
实验参数	（1）放大检查：大量定向排列的黑色片状矿物包体，初始解理；（2）折射率/双折射率（RI/DR）：RI，1.55（点测）；（3）密度（g/cm³）：2.69；（4）多色性：不可测；（5）光性特征：不可测；（6）荧光观察：LW 显示弱网脉状白色荧光，SW 无显示；（7）吸收光谱：无；（8）其他：晕彩效应			

样品照片（正面）	样品照片（背面）	放大观察（正面）	放大观察（背面）
		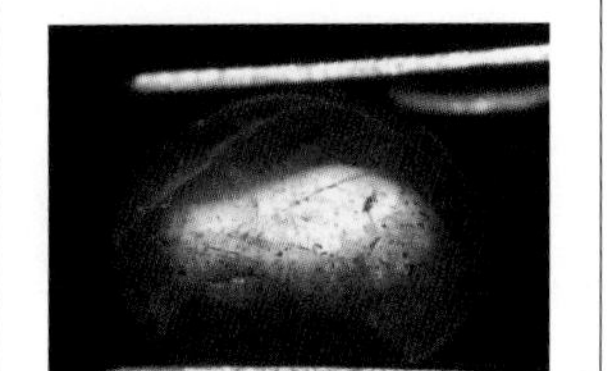 可见晕彩效应	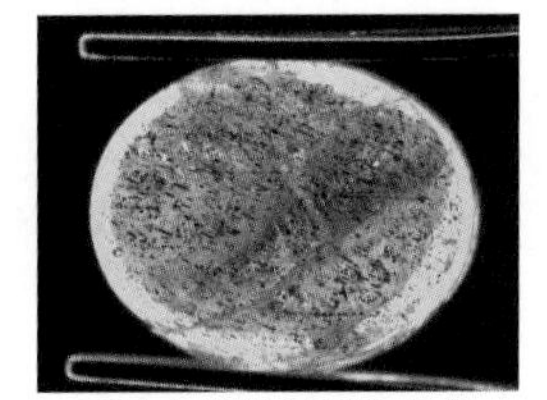 可见大量黑色矿物包体

红外反射图谱

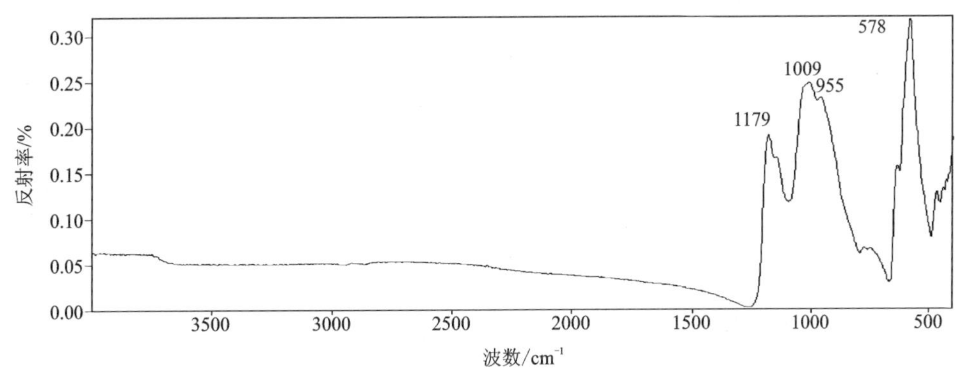

红外反射图谱显示：1179cm^{-1}、1009cm^{-1}、955cm^{-1}、578cm^{-1}等典型红外吸收峰。

红外透射图谱

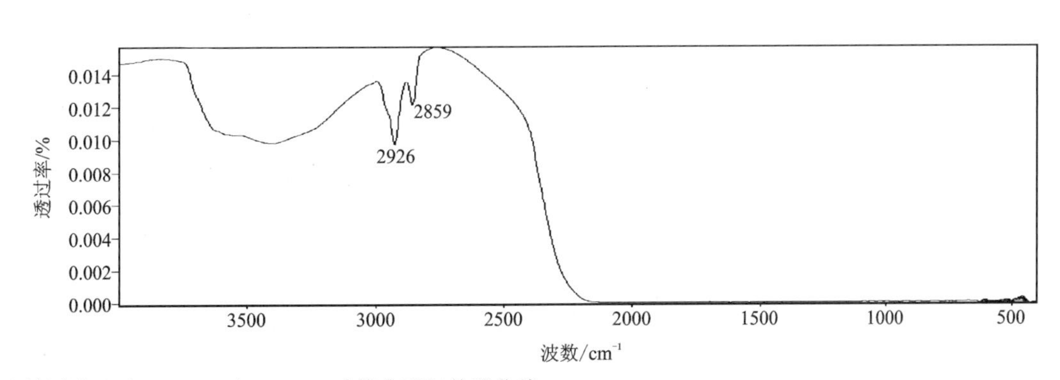

红外透射图谱显示：2926cm^{-1}、2859cm^{-1}等典型红外吸收峰。

备注	

2.43　天河石

编号:43

样品信息（含肉眼观察）	宝石种类	天河石	饰品名称	戒面
	颜色	绿色	形状（琢型）	椭圆形弧面
	光泽	玻璃光泽	透明度	不透明
	质量	1.526 8g	尺寸（长×宽×高）	15mm×11mm×6mm
实验参数	（1）放大检查:网格状色斑;（2）折射率/双折射率（RI/DR）:RI,1.52（点测）;（3）密度（g/cm³）:2.55;（4）多色性:不可测;（5）光性特征:不可测;（6）荧光观察:LW 显示强斑纹状白色荧光,SW 显示中等强度斑纹状白色荧光;（7）吸收光谱:无;（8）其他:无			

样品照片（正面）	样品照片（背面）	放大观察（正面）	放大观察（背面）
			可见网格状色斑

红外反射图谱

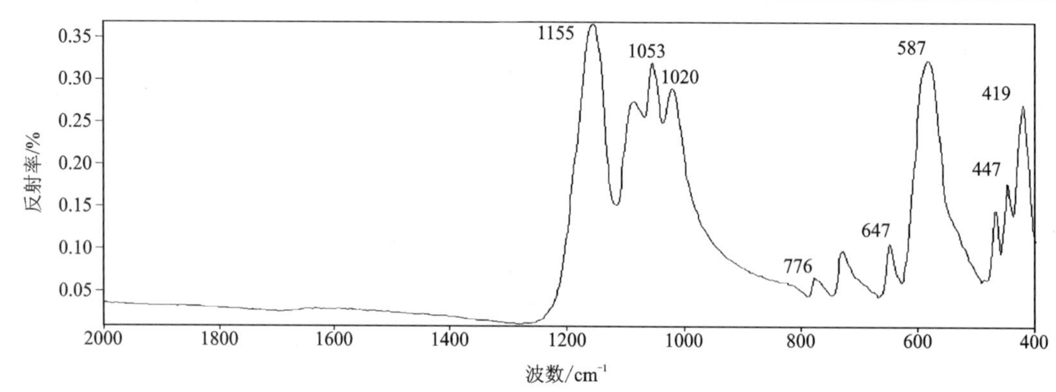

红外反射图谱显示:1155cm^{-1}、1053cm^{-1}、1020cm^{-1}、776cm^{-1}、647cm^{-1}、587cm^{-1}、447cm^{-1}、419cm^{-1}等典型红外吸收峰。

红外透射图谱

该样品检测不出红外透射图谱。

备注	

2.44 长石

编号:44

<table>
<tr><td rowspan="4">样品信息
（含肉眼观察）</td><td>宝石种类</td><td>长石</td><td>饰品名称</td><td>戒面</td></tr>
<tr><td>颜色</td><td>浅黄色</td><td>形状(琢型)</td><td>椭圆形刻面</td></tr>
<tr><td>光泽</td><td>玻璃光泽</td><td>透明度</td><td>透明</td></tr>
<tr><td>质量</td><td>0.223 9g</td><td>尺寸(长×宽×高)</td><td>8mm×6mm×4mm</td></tr>
<tr><td>实验参数</td><td colspan="4">(1)放大检查:针状包体,愈合裂隙;(2)折射率/双折射率(RI/DR):RI 为 1.518～1.524,DR 为 0.006,二轴晶正光性;(3)密度(g/cm³):2.56;(4)多色性:三色性,弱,无色—浅黄—黄色;(5)光性特征:非均质体(偏光镜下显示四明四暗);(6)荧光观察:LW 无显示,SW 显示弱红色荧光;(7)吸收光谱:无;(8)其他:无</td></tr>
<tr><td>样品照片(正面)</td><td>样品照片(背面)</td><td>放大观察(正面)</td><td colspan="2">放大观察(背面)</td></tr>
<tr><td></td><td></td><td></td><td colspan="2"></td></tr>
<tr><td colspan="5">红外反射图谱</td></tr>
<tr><td colspan="5">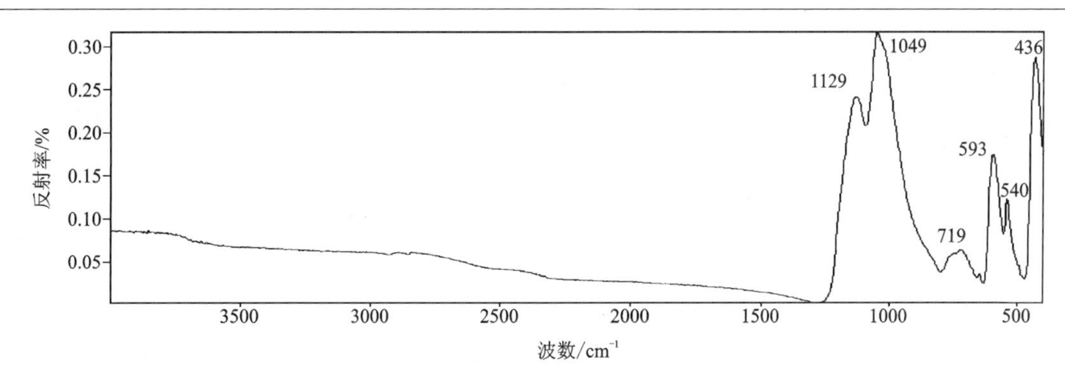

红外反射图谱显示:类质同象导致长石族矿物极为复杂,各个长石亚种的红外反射图谱各不相同,图谱不稳定,受结晶学方向、类质同象替代、Al—Si 有序度影响较大。</td></tr>
<tr><td colspan="5">红外透射图谱</td></tr>
<tr><td colspan="5">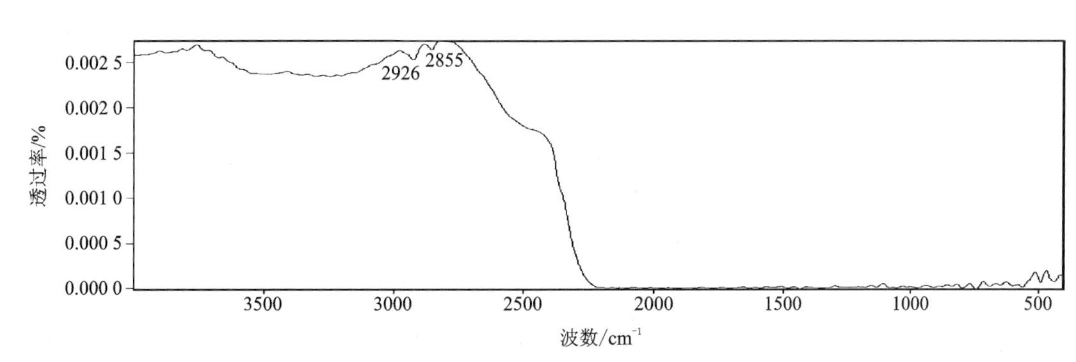

红外透射图谱显示:未见明显典型吸收峰。</td></tr>
<tr><td>备注</td><td colspan="4"></td></tr>
</table>

2.45 方柱石猫眼

编号:45

样品信息（含肉眼观察）	宝石种类	方柱石猫眼	饰品名称	戒面
	颜色	红褐色	形状(琢型)	椭圆形弧面
	光泽	玻璃光泽	透明度	不透明
	质量	1.433 2g	尺寸(长×宽×高)	11mm×9mm×6mm
实验参数	(1)放大检查:暗色矿物包体,大量定向排列的短针状包体,黑色片状矿物包体;(2)折射率/双折射率(RI/DR):RI,1.58(点测);(3)密度(g/cm^3):2.75;(4)多色性:不可测;(5)光性特征:不可测;(6)荧光观察:LW 无显示,SW 显示中等强度红色荧光;(7)吸收光谱:无;(8)其他:猫眼效应			
样品照片(正面)	样品照片(背面)	放大观察(正面)	放大观察(背面)	
		可见猫眼效应	可见晶体包体、矿物包体	
红外反射图谱				

红外反射图谱显示:1191cm^{-1}、1095cm^{-1}、1018cm^{-1}、615cm^{-1}、550cm^{-1}等典型红外吸收峰。

红外透射图谱
该样品检测不出红外透射图谱。

备注	

2.46 方柱石

编号:46

样品信息（含肉眼观察）	宝石种类	方柱石	饰品名称	戒面
	颜色	无色	形状(琢型)	椭圆形刻面
	光泽	玻璃光泽	透明度	透明
	质量	0.205 0g	尺寸(长×宽×高)	7mm×6mm×4mm
实验参数	(1)放大检查:大量晶体包体,短针状包体,愈合裂隙;(2)折射率/双折射率(RI/DR):RI 为 1.556～1.591,DR 为 0.035,一轴晶负光性;(3)密度(g/cm³):2.73;(4)多色性:不可测;(5)光性特征:非均质体(偏光镜下显示四明四暗);(6)荧光观察:LW 显示中等强度白色荧光,SW 显示弱白色荧光;(7)吸收光谱:无;(8)其他:无			
样品照片(正面)	样品照片(背面)	放大观察(正面)	放大观察(背面)	
			可见晶体包体	

红外反射图谱

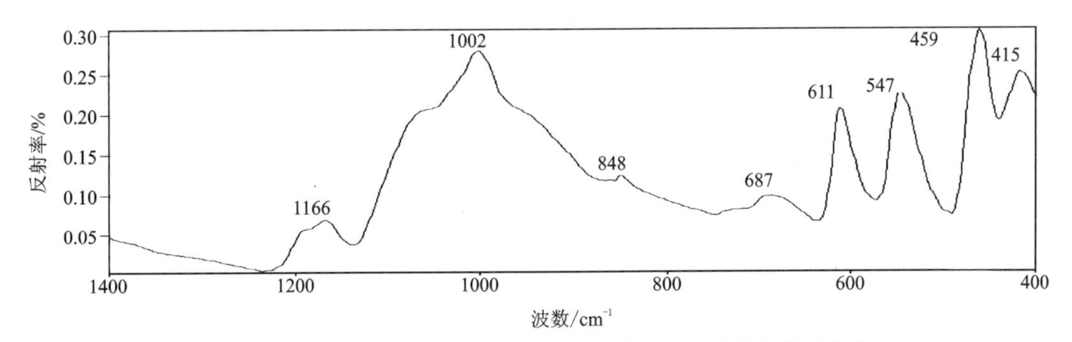

红外反射图谱显示:1166cm^{-1}、1002cm^{-1}、848m^{-1}、687cm^{-1}、611cm^{-1}、547cm^{-1}等红外吸收峰。

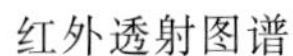

红外透射图谱

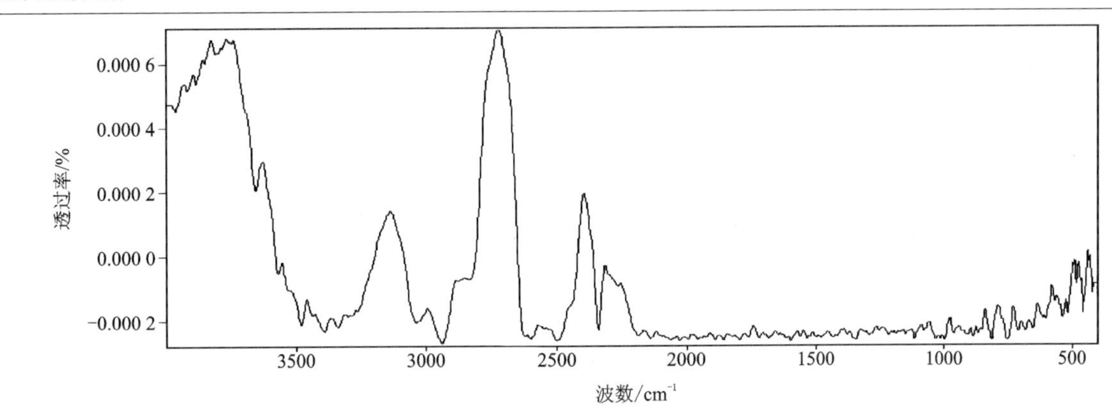

红外透射图谱显示:未见明显典型吸收峰。

备注	

2.47　方柱石

编号：47

样品信息（含肉眼观察）	宝石种类	方柱石	饰品名称	戒面
	颜色	浅黄色	形状（琢型）	椭圆形刻面
	光泽	玻璃光泽	透明度	透明
	质量	0.505 1g	尺寸（长×宽×高）	15mm×7mm×5mm
实验参数	(1)放大检查：愈合裂隙；(2)折射率/双折射率(RI/DR)：RI 为 1.545～1.558，DR 为 0.013，一轴晶负光性；(3)密度(g/cm³)：2.64；(4)多色性：不可测；(5)光性特征：非均质体(偏光镜下显示四明四暗)；(6)荧光观察：LW 显示中等强度白色荧光，SW 显示中等强度红色荧光；(7)吸收光谱：无；(8)其他：无			
样品照片（正面）	样品照片（背面）	放大观察（正面）	放大观察（背面）	
			可见贝壳状断口	

红外反射图谱

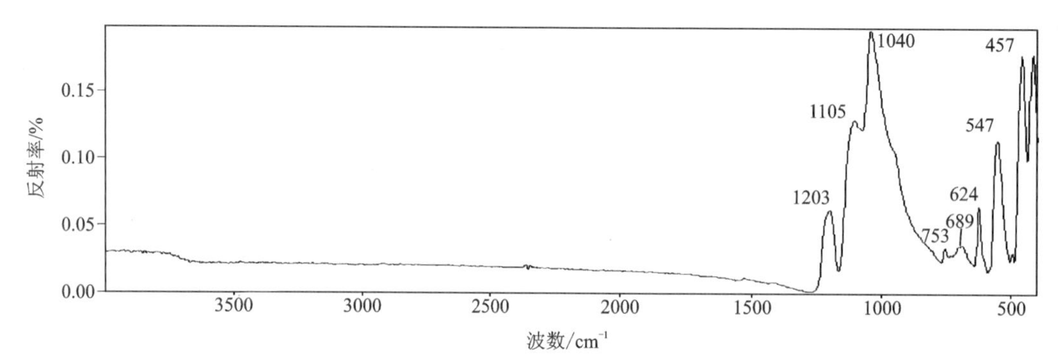

红外反射图谱显示：1203cm^{-1}、1105cm^{-1}、1040m^{-1}、689cm^{-1}、624cm^{-1}、547cm^{-1}等红外吸收峰。

红外透射图谱

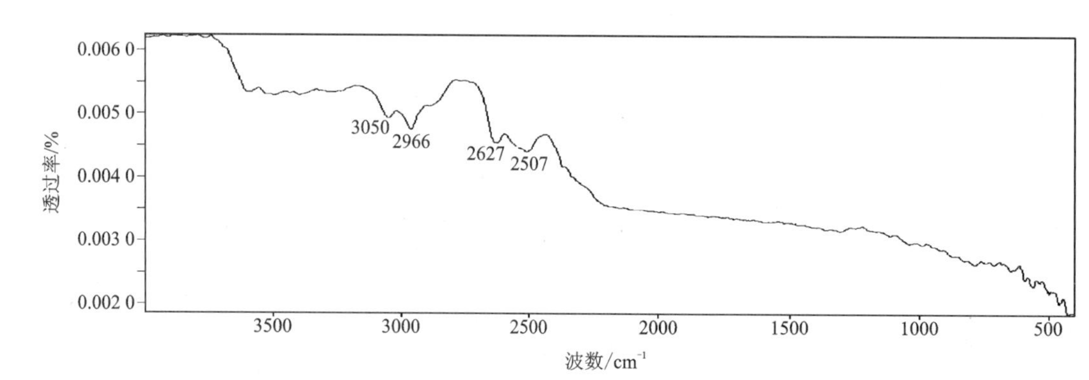

红外透射图谱显示：3050cm^{-1}、2966cm^{-1}、2627cm^{-1}、2507cm^{-1}、2343cm^{-1}附近的典型红外吸收峰。

备注	

2.48 方柱石猫眼

编号:48

样品信息 (含肉眼观察)	宝石种类	方柱石猫眼	饰品名称	戒面
	颜色	红褐色	形状(琢型)	椭圆形弧面
	光泽	玻璃光泽	透明度	微透明
	质量	2.745 7g	尺寸(长×宽×高)	15mm×14mm×7mm
实验参数	(1)放大检查:暗色矿物包体,大量定向排列的短针状包体,黑色片状矿物包体;(2)折射率/双折射率(RI/DR):RI,1.58(点测);(3)密度(g/cm^3):2.77;(4)多色性:不可测;(5)光性特征:不可测;(6)荧光观察:LW 无显示,SW 显示中等强度红色荧光;(7)吸收光谱:无;(8)其他:猫眼效应			

样品照片(正面)	样品照片(背面)	放大观察(正面)	放大观察(背面)
		可见猫眼效应	可见纤维状包体

红外反射图谱

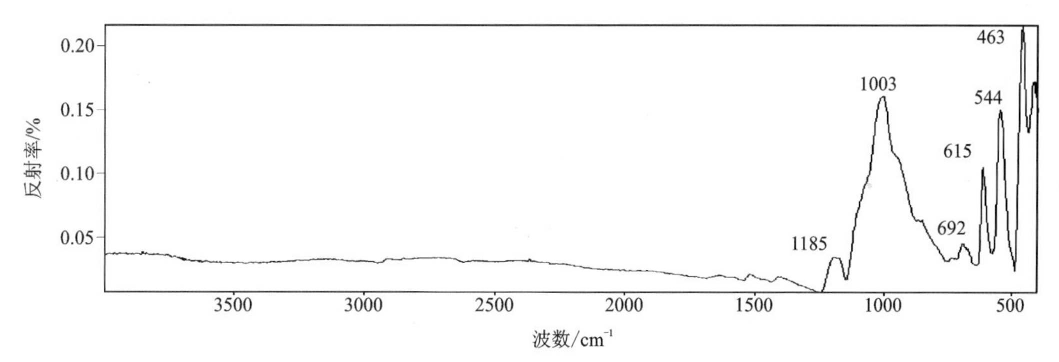

红外反射图谱显示:1185cm^{-1}、1003cm^{-1}、615cm^{-1}、544cm^{-1}等典型红外吸收峰。

红外透射图谱

该样品检测不出红外透射图谱。

备注	

2.49 柱晶石

编号:49

样品信息（含肉眼观察）	宝石种类	柱晶石	饰品名称	戒面
	颜色	绿色	形状(琢型)	椭圆形刻面
	光泽	玻璃光泽	透明度	透明
	质量	0.127 2g	尺寸(长×宽×高)	6mm×5mm×3mm
实验参数	(1)放大检查:锆石晕,晶体包体,长针状包体,愈合裂隙;(2)折射率/双折射率(RI/DR):RI 为 1.668~1.681,DR 为 0.013,二轴晶负光性;(3)密度(g/cm³):3.31;(4)多色性:三色性,中等,蓝绿—黄褐—褐色;(5)光性特征:非均质体(偏光镜下显示四明四暗);(6)荧光观察:无;(7)吸收光谱:503nm 吸收带;(8)其他:无			
样品照片(正面)	样品照片(背面)	放大观察(正面)	放大观察(背面)	
			可见晶体包体	

红外反射图谱

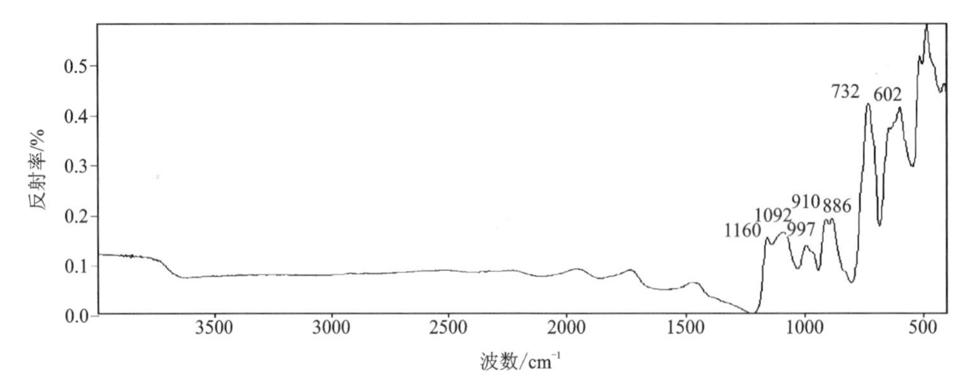

红外反射图谱显示:1160cm^{-1}、1092cm^{-1}、997cm^{-1}、886cm^{-1}、732cm^{-1}、602cm^{-1}等典型红外吸收峰。

红外透射图谱

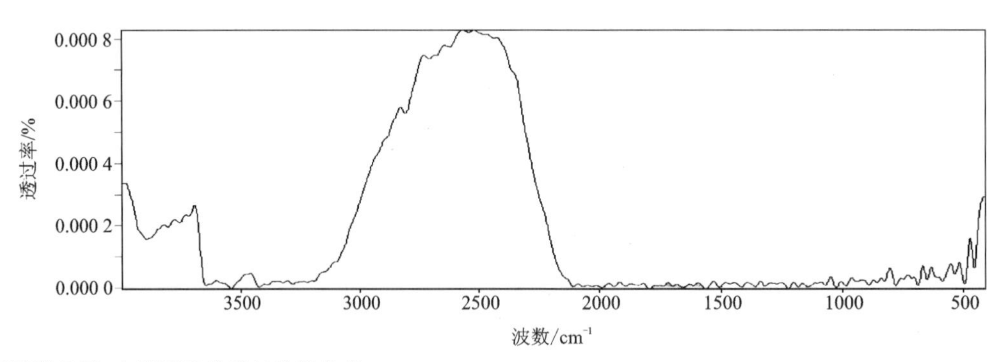

红外透射图谱显示:未见明显典型红外吸收峰。

备注	

2.50 柱晶石猫眼

编号:50

样品信息（含肉眼观察）	宝石种类	柱晶石猫眼	饰品名称	戒面
	颜色	褐绿色	形状(琢型)	圆形弧面
	光泽	玻璃光泽	透明度	不透明
	质量	0.237 8g	尺寸(长×宽×高)	6mm×6mm×3mm
实验参数	(1)放大检查:一组定向排列的纤维状包体,长针状包体,柱状矿物包体;(2)折射率/双折射率(RI/DR):RI,1.68(点测);(3)密度(g/cm^3):3.34;(4)多色性:不可测;(5)光性特征:非均质体(偏光镜下显示四明四暗);(6)荧光观察:无;(7)吸收光谱:503nm 吸收带;(8)其他:猫眼效应			
样品照片(正面)	样品照片(背面)	放大观察(正面)	放大观察(背面)	
		可见猫眼效应	可见一组平行排列的纤维状包体	

红外反射图谱

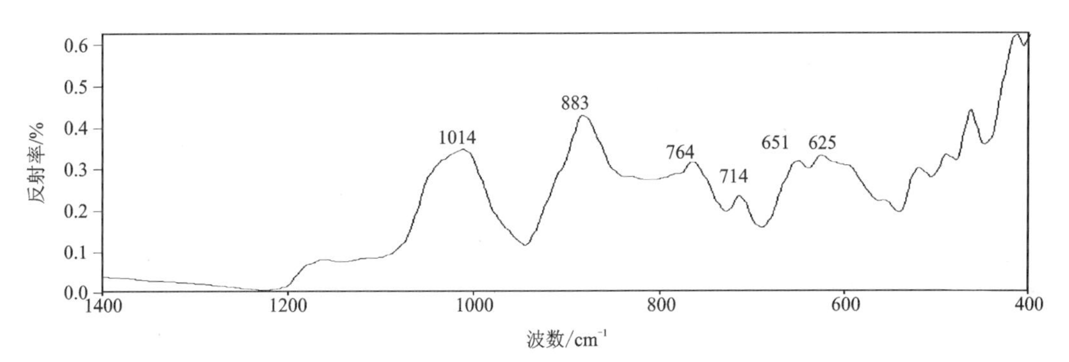

红外反射图谱显示:1014cm^{-1}、883cm^{-1}、764cm^{-1}、714cm^{-1}、651cm^{-1}、625cm^{-1}等附近的红外吸收峰。

红外透射图谱

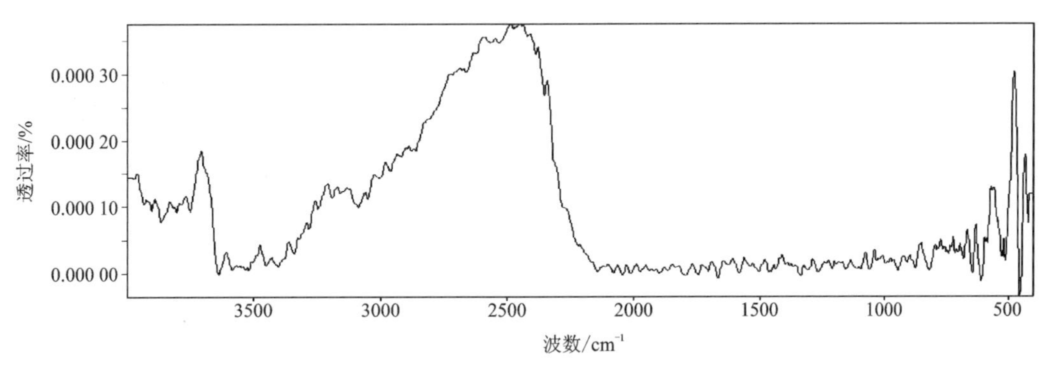

红外透射图谱显示:未见明显典型红外吸收峰。

备注	

2.51　坦桑石

编号:51

样品信息（含肉眼观察）	宝石种类	坦桑石	饰品名称	戒面
	颜色	蓝紫色	形状(琢型)	水滴形刻面
	光泽	玻璃光泽	透明度	半透明
	质量	0.166 1g	尺寸(长×宽×高)	7mm×5mm×4mm
实验参数	(1)放大检查:暗色矿物包体,愈合裂隙;(2)折射率/双折射率(RI/DR):RI 为 1.691～1.700,DR 为 0.009,二轴晶正光性;(3)密度(g/cm^3):3.36;(4)多色性:三色性,强,蓝—紫—浅蓝色;(5)光性特征:非均质体(偏光镜下显示四明四暗);(6)荧光观察:无;(7)吸收光谱:455nm 吸收带;(8)其他:无			

样品照片(正面)	样品照片(背面)	放大观察(正面)	放大观察(背面)
		可见愈合裂隙	

红外反射图谱

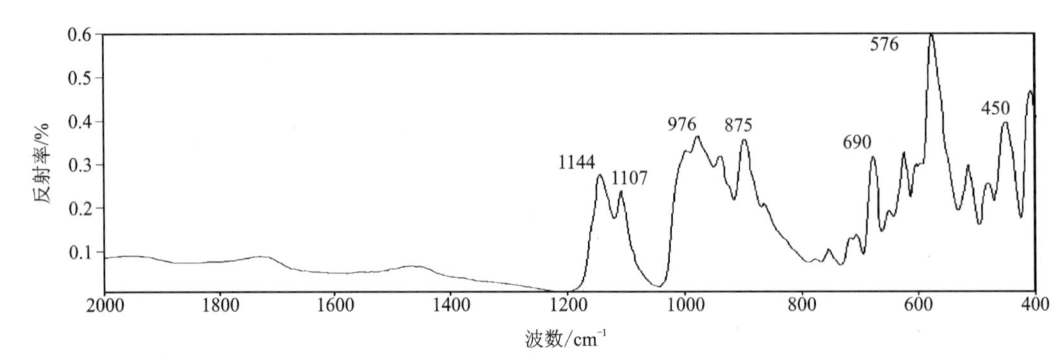

红外反射图谱显示:$1144cm^{-1}$、$1107cm^{-1}$、$976cm^{-1}$、$875cm^{-1}$、$690cm^{-1}$、$576cm^{-1}$、$450cm^{-1}$等典型红外吸收峰。

红外透射图谱

该样品检测不出红外透射图谱。

备注	坦桑石的红外反射图谱因类质同象替代、结晶学方向不同而存在差异,$3150cm^{-1}$左右呈现与 OH^- 有关的红外吸收峰。

2.52 坦桑石

编号:52

样品信息（含肉眼观察）	宝石种类	坦桑石	饰品名称	戒面
	颜色	灰绿色	形状(琢型)	方形刻面
	光泽	玻璃光泽	透明度	半透明
	质量	0.526 0g	尺寸(长×宽×高)	9mm×7mm×5mm
实验参数	(1)放大检查:愈合裂隙,大量针状包体,大量晶体包体,暗色矿物包体;(2)折射率/双折射率(RI/DR):RI 为 1.701～1.707,DR 为 0.006,二轴晶正光性;(3)密度(g/cm³):3.37;(4)多色性:三色性,中等,灰色、黄绿色、浅黄色;(5)光性特征:非均质体(偏光镜下显示四明四暗);(6)荧光观察:无;(7)吸收光谱:455nm 吸收线;(8)其他:无			
样品照片(正面)	样品照片(背面)	放大观察(正面)	放大观察(背面)	
		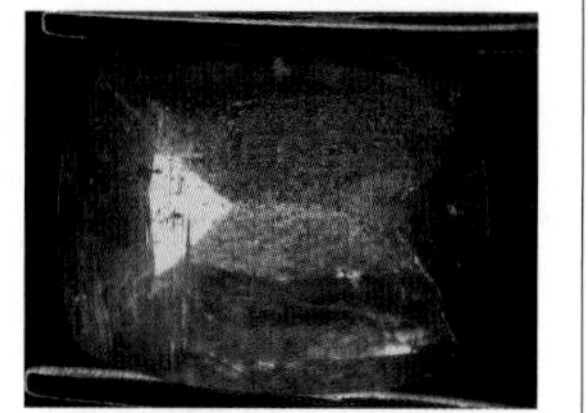 可见针状包体、晶体包体、愈合裂隙		

红外反射图谱

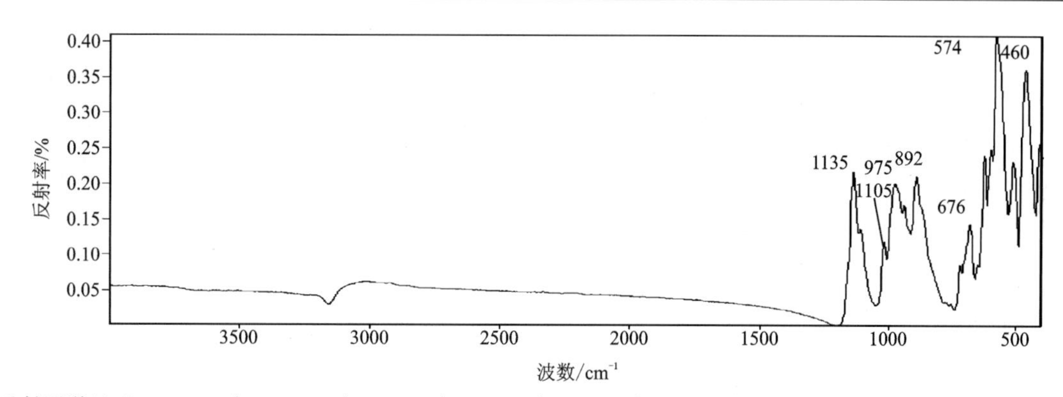

红外反射图谱显示:1135cm^{-1}、1105cm^{-1}、975cm^{-1}、892cm^{-1}、676cm^{-1}、574cm^{-1}、460cm^{-1}等典型红外吸收峰。

红外透射图谱

该样品检测不出红外透射图谱。

备注	

2.53 绿帘石

编号:53

样品信息（含肉眼观察）	宝石种类	绿帘石	饰品名称	戒面
	颜色	褐色	形状(琢型)	长方形刻面
	光泽	玻璃光泽	透明度	半透明
	质量	0.161 6g	尺寸(长×宽×高)	6mm×3mm×3mm
实验参数	(1)放大检查:愈合裂隙,晶体包体,片状包体,初始解理;(2)折射率/双折射率(RI/DR):RI 为 1.718～1.731,DR 为 0.013,二轴晶负光性;(3)密度(g/cm^3):3.41;(4)多色性:三色性,强,黄—黄褐—褐色;(5)光性特征:非均质体(偏光镜下显示四明四暗);(6)荧光观察:无;(7)吸收光谱:445nm 强吸收带;(8)其他:无			

样品照片(正面)	样品照片(背面)	放大观察(正面)	放大观察(背面)
		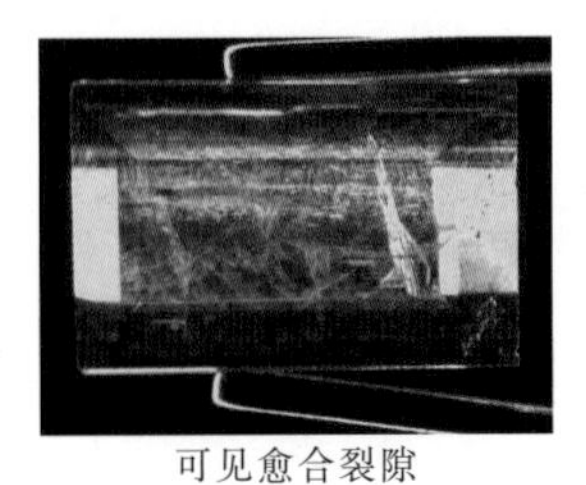 可见愈合裂隙	

红外反射图谱

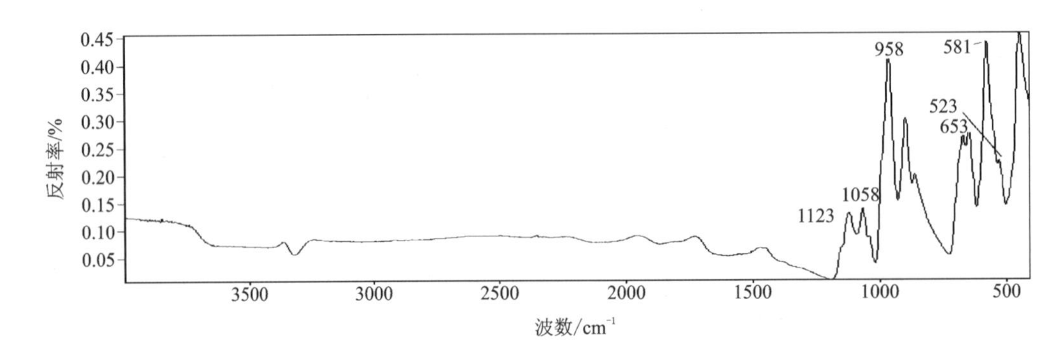

红外反射图谱显示:1123cm^{-1}、1058cm^{-1}、958cm^{-1}、653cm^{-1}、581cm^{-1}、523cm^{-1}等典型红外吸收峰。

红外透射图谱

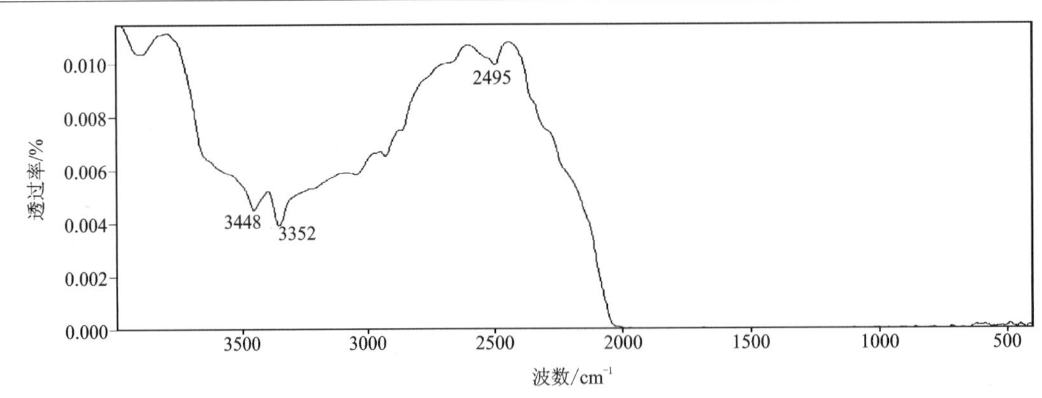

红外透射图谱显示:3448cm^{-1}、3352cm^{-1}等典型红外吸收峰。

备注	

2.54 堇青石

编号:54

样品信息（含肉眼观察）	宝石种类	堇青石	饰品名称	戒面
	颜色	紫色	形状(琢型)	椭圆形刻面
	光泽	玻璃光泽	透明度	半透明
	质量	0.155 9g	尺寸(长×宽×高)	7mm×5mm×5mm
实验参数	(1)放大检查:深色矿物包体,愈合裂隙,晶体包体,点状包体;(2)折射率/双折射率(RI/DR):RI 为 1.537～1.545,DR 为 0.008,二轴晶正光性;(3)密度(g/cm^3):2.60;(4)多色性:三色性,强,无色—紫—浅紫色;(5)光性特征:非均质体(偏光镜下显示四明四暗);(6)荧光观察:无;(7)吸收光谱:426nm、645nm 弱吸收带;(8)其他:无			
样品照片(正面)	样品照片(背面)	放大观察(正面)	放大观察(背面)	
		 可见矿物包体、愈合裂隙		

红外反射图谱

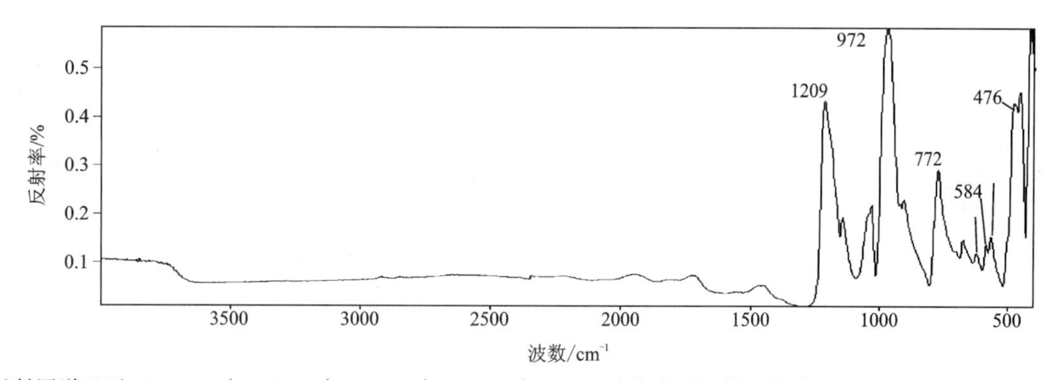

红外反射图谱显示:$1209cm^{-1}$、$972cm^{-1}$、$772cm^{-1}$、$584cm^{-1}$、$476cm^{-1}$等典型红外吸收峰。

红外透射图谱

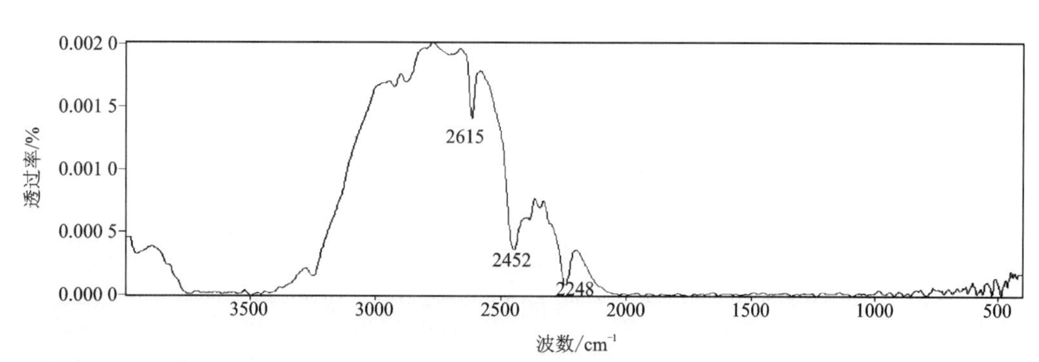

红外透射图谱显示:$2615m^{-1}$、$2452cm^{-1}$等典型红外吸收峰。

备注	

2.55 堇青石

编号:55

<table>
<tr><td rowspan="4">样品信息
(含肉眼观察)</td><td>宝石种类</td><td>堇青石</td><td>饰品名称</td><td>戒面</td></tr>
<tr><td>颜色</td><td>无色</td><td>形状(琢型)</td><td>水滴形刻面</td></tr>
<tr><td>光泽</td><td>玻璃光泽</td><td>透明度</td><td>透明</td></tr>
<tr><td>质量</td><td>0.040 4g</td><td>尺寸(长×宽×高)</td><td>6mm×4mm×2mm</td></tr>
<tr><td>实验参数</td><td colspan="4">(1)放大检查:短针状包体,点状包体;(2)折射率/双折射率(RI/DR):RI 为 1.531～1.542,DR 为 0.011,二轴晶正光性;(3)密度(g/cm³):2.57;(4)多色性:不可测;(5)光性特征:非均质体(偏光镜下显示四明四暗);(6)荧光观察:无;(7)吸收光谱:无;(8)其他:无</td></tr>
<tr><td>样品照片(正面)</td><td>样品照片(背面)</td><td colspan="2">放大观察(正面)</td><td>放大观察(背面)</td></tr>
<tr><td></td><td></td><td colspan="2">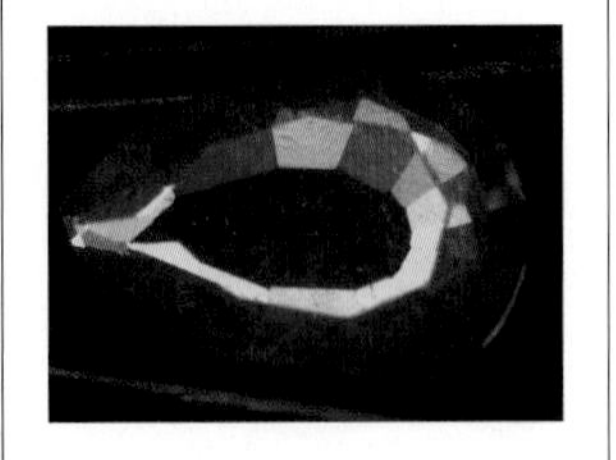</td><td>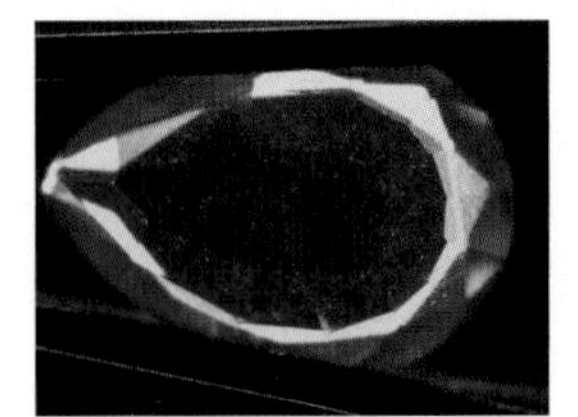
可见短针状包体</td></tr>
</table>

红外反射图谱

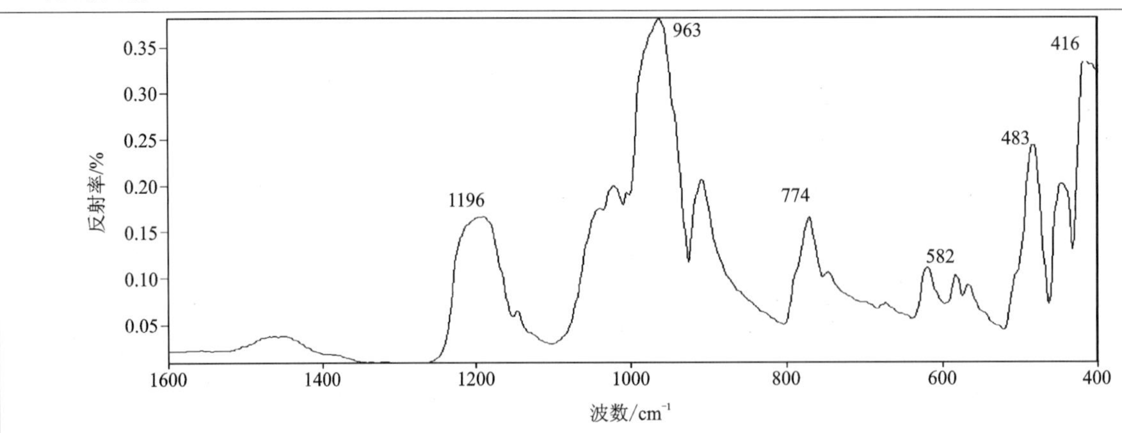

红外反射图谱显示:1196cm^{-1}、963cm^{-1}、774cm^{-1}、582cm^{-1}、483cm^{-1}等典型红外吸收峰。

红外透射图谱

该样品检测不出红外透射图谱。

备注	

2.56 榍石

编号:56

样品信息(含肉眼观察)	宝石种类	榍石	饰品名称	戒面
	颜色	黄色	形状(琢型)	椭圆形刻面
	光泽	强玻璃光泽	透明度	半透明
	质量	0.169 0g	尺寸(长×宽×高)	7mm×5mm×4mm
实验参数	(1)放大检查:晶体包体,愈合裂隙;(2)折射率/双折射率(RI/DR):RI,>1.78;(3)密度(g/cm³):3.59;(4)多色性:三色性,中等,绿—黄褐—褐色;(5)光性特征:非均质体(偏光镜下显示四明四暗);(6)荧光观察:无;(7)吸收光谱:580nm 双吸收线;(8)其他:可见火彩			

样品照片(正面)	样品照片(背面)	放大观察(正面)	放大观察(背面)
	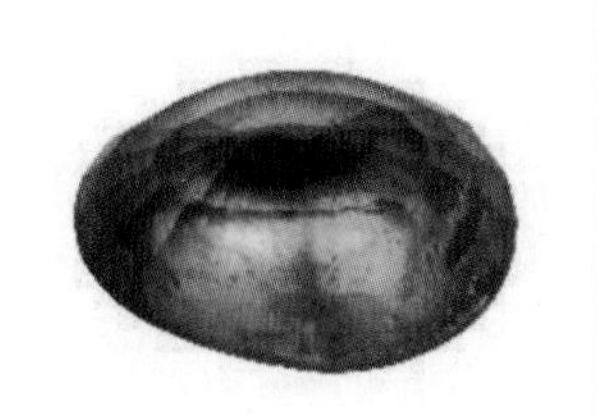	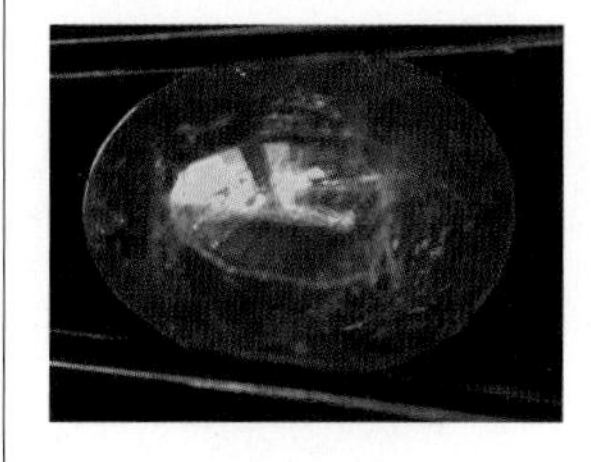	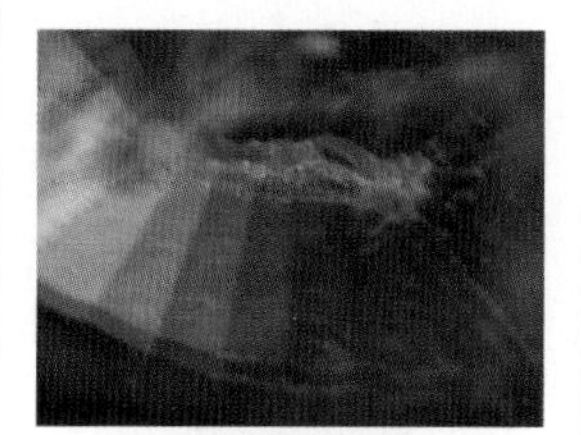 可见后刻面棱重影、愈合裂隙

红外反射图谱

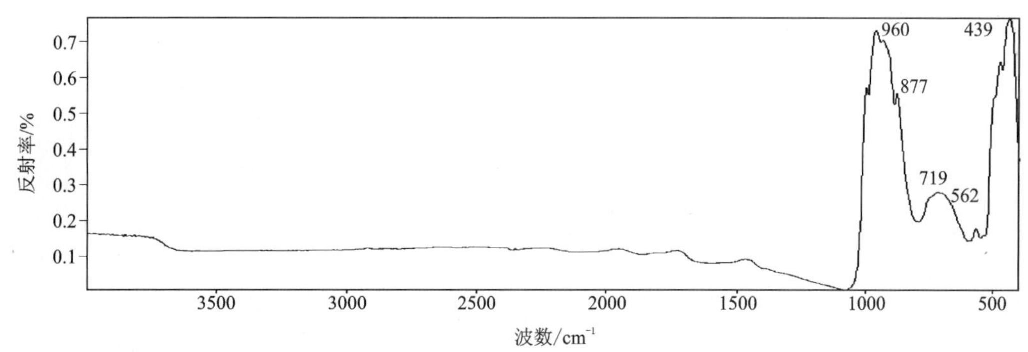

红外反射图谱显示:1100~800cm^{-1}区域内(960cm^{-1})的谱带归属于$[SiO_4]^{4-}$四面体的伸缩振动,800cm^{-1}以下区域内(719cm^{-1}、562cm^{-1}、439cm^{-1})的谱带归属于$[SiO_4]^{4-}$四面体的伸缩振动及阳离子配位多面体的振动。

红外透射图谱

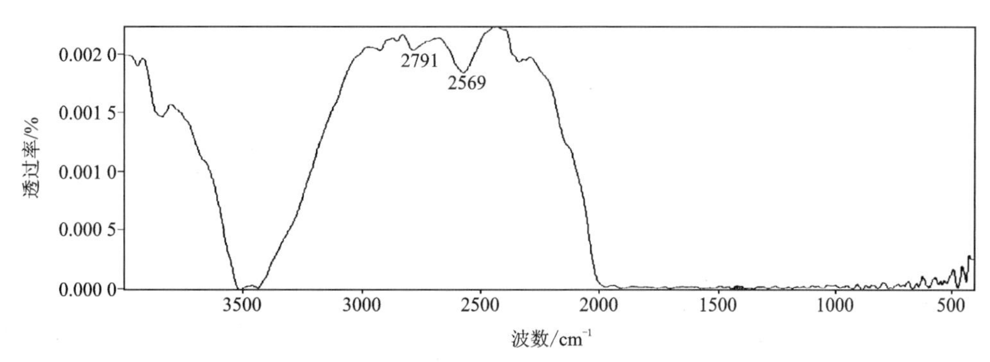

红外透射图谱显示:2791m^{-1}、2569cm^{-1}等典型红外吸收峰。

备注	

2.57 磷灰石

编号:57

<table>
<tr><td rowspan="4">样品信息
(含肉眼观察)</td><td>宝石种类</td><td>磷灰石</td><td>饰品名称</td><td>戒面</td></tr>
<tr><td>颜色</td><td>蓝色</td><td>形状(琢型)</td><td>圆形刻面</td></tr>
<tr><td>光泽</td><td>玻璃光泽</td><td>透明度</td><td>透明</td></tr>
<tr><td>质量</td><td>0.025 4g</td><td>尺寸(长×宽×高)</td><td>5mm×5mm×3mm</td></tr>
<tr><td>实验参数</td><td colspan="4">(1)放大检查:暗色矿物包体,针状包体,愈合裂隙;(2)折射率/双折射率(RI/DR):RI 为 1.631~1.635,DR 为 0.004,一轴晶负光性;(3)密度(g/cm³):3.22;(4)多色性:二色性,中等,蓝—蓝绿色;(5)光性特征:非均质体(偏光镜下显示四明四暗);(6)荧光观察:无;(7)吸收光谱:580nm 双吸收线;(8)其他:无</td></tr>
<tr><td>样品照片(正面)</td><td>样品照片(背面)</td><td colspan="2">放大观察(正面)</td><td>放大观察(背面)</td></tr>
<tr><td></td><td>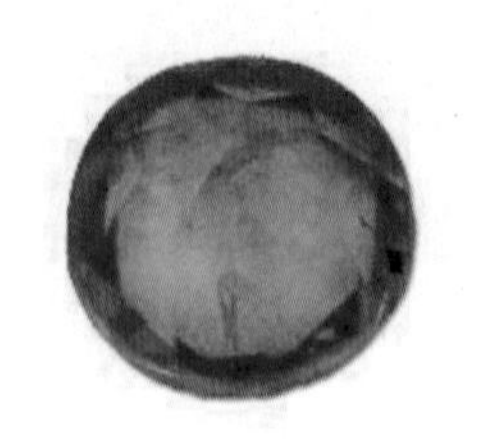</td><td colspan="2"></td><td>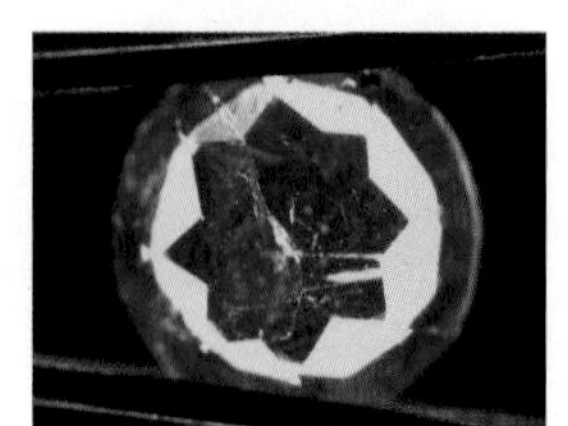
可见愈合裂隙、针状包体</td></tr>
<tr><td colspan="5">红外反射图谱</td></tr>
<tr><td colspan="5">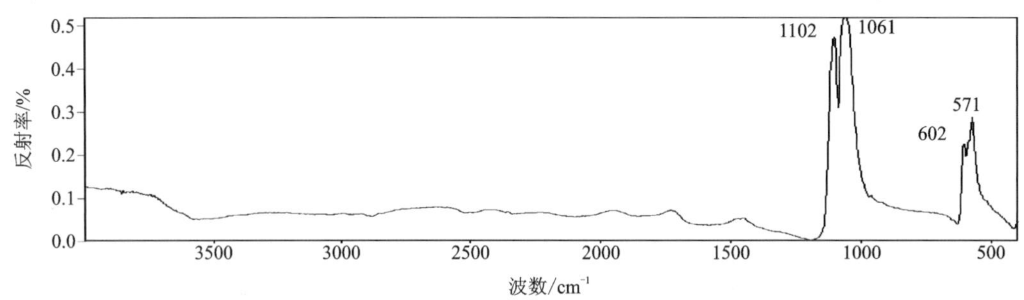
红外反射图谱显示:1102cm^{-1}、1061cm^{-1}红外吸收峰归属于$[PO_4]^{3-}$反对称伸缩振动,602cm^{-1}、571cm^{-1}红外吸收峰归属于$[PO_4]^{3-}$弯曲振动。</td></tr>
<tr><td colspan="5">红外透射图谱</td></tr>
<tr><td colspan="5">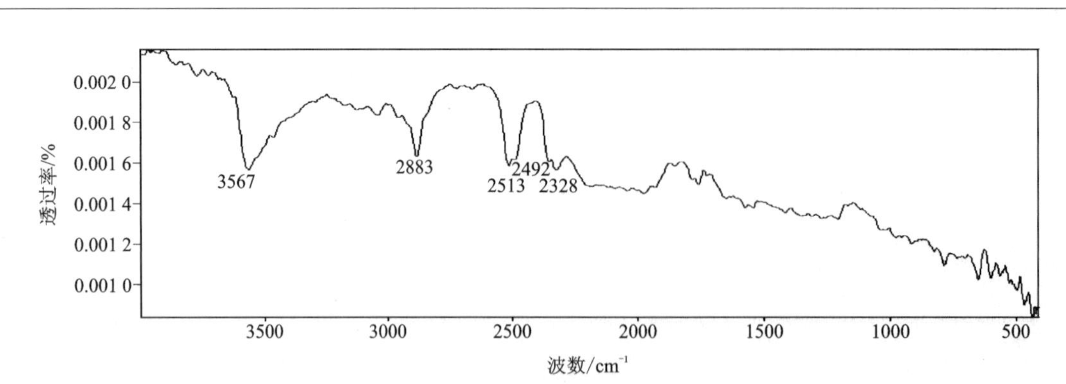
红外透射图谱显示:3567m^{-1}、2883cm^{-1}、2513cm^{-1}、2328cm^{-1}等典型红外吸收峰。</td></tr>
<tr><td>备注</td><td colspan="4"></td></tr>
</table>

2.58 磷灰石猫眼

编号:58

样品信息（含肉眼观察）	宝石种类	磷灰石猫眼	饰品名称	戒面
	颜色	绿色	形状(琢型)	椭圆形弧面
	光泽	玻璃光泽	透明度	半透明
	质量	0.922 2g	尺寸(长×宽×高)	8mm×11mm×5mm
实验参数	(1)放大检查:暗色矿物包体,愈合裂隙,定向排列的片状包体;(2)折射率/双折射率(RI/DR):RI,1.64(点测);(3)密度(g/cm^3):3.21;(4)多色性:二色性,中等,蓝绿—黄色;(5)光性特征:非均质体(偏光镜下显示四明四暗);(6)荧光观察:无;(7)吸收光谱:580nm 双吸收线;(8)其他:猫眼效应			

样品照片(正面)	样品照片(背面)	放大观察(正面)	放大观察(背面)
		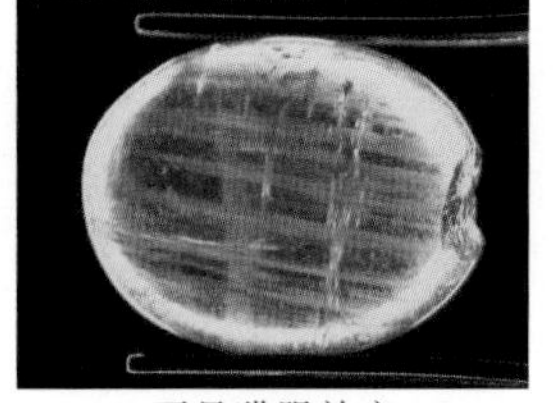 可见猫眼效应	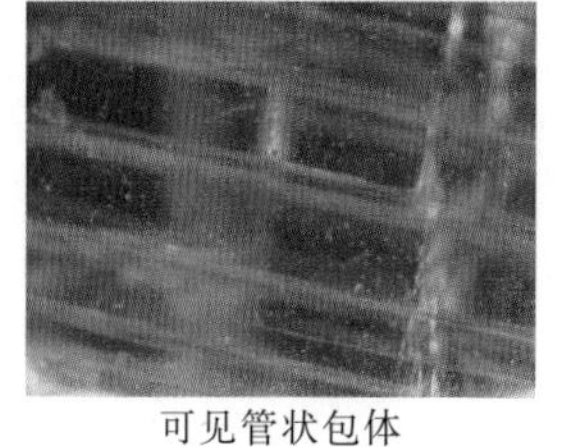 可见管状包体

红外反射图谱

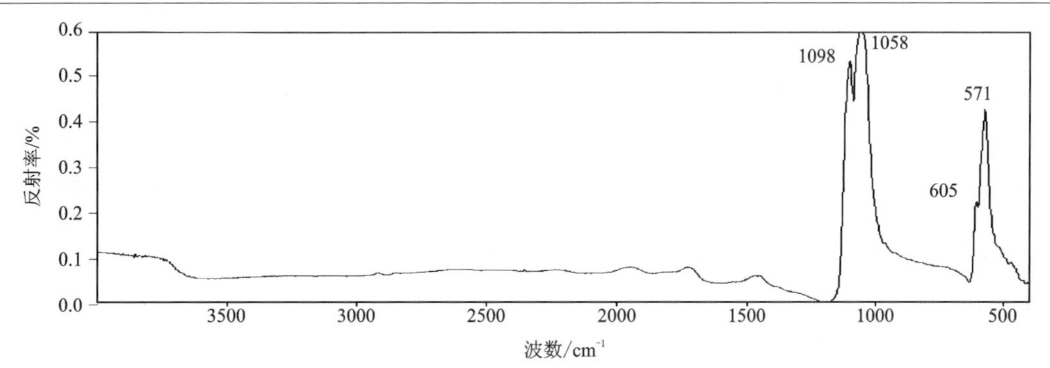

红外反射图谱显示:$1098cm^{-1}$、$1058cm^{-1}$红外吸收峰归属于$[PO_4]^{3-}$反对称伸缩振动,$605cm^{-1}$、$571cm^{-1}$红外吸收峰归属于$[PO_4]^{3-}$弯曲振动。

红外透射图谱

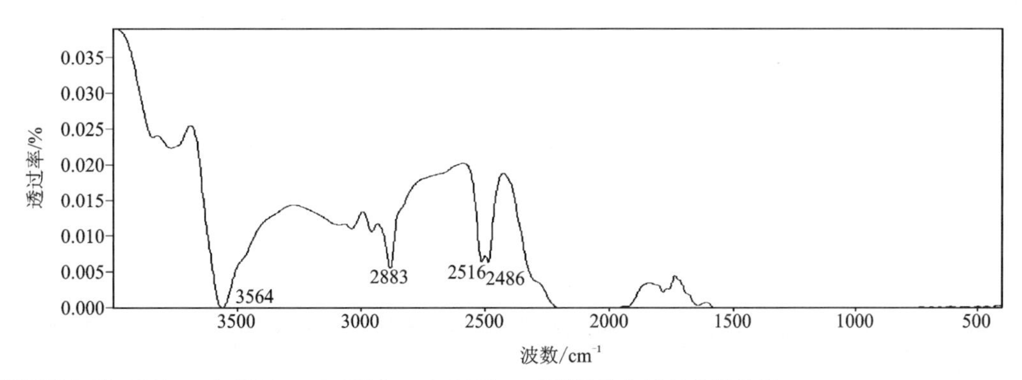

红外透射图谱显示:$3564cm^{-1}$、$2883cm^{-1}$、$2516cm^{-1}$、$2486cm^{-1}$附近的典型红外吸收峰。

备注	

2.59 磷灰石猫眼

编号:59

样品信息（含肉眼观察）	宝石种类	磷灰石猫眼	饰品名称	戒面
	颜色	红褐色	形状(琢型)	椭圆形弧面
	光泽	玻璃光泽	透明度	半透明
	质量	1.102 2g	尺寸(长×宽×高)	8mm×11mm×6mm
实验参数	(1)放大检查:定向排列的针状包体,暗色片状矿物包体;(2)折射率/双折射率(RI/DR):RI,1.64(点测);(3)密度(g/cm³):3.22;(4)多色性:二色性,中等,橙—橙红色;(5)光性特征:非均质体(偏光镜下显示四明四暗);(6)荧光观察:无;(7)吸收光谱:580nm 双吸收线,绿区显示两条吸收线;(8)其他:猫眼效应			
样品照片(正面)	样品照片(背面)	放大观察(正面)	放大观察(背面)	
		  可见猫眼效应	可见一组平行排列的针状包体、矿物包体	

红外反射图谱

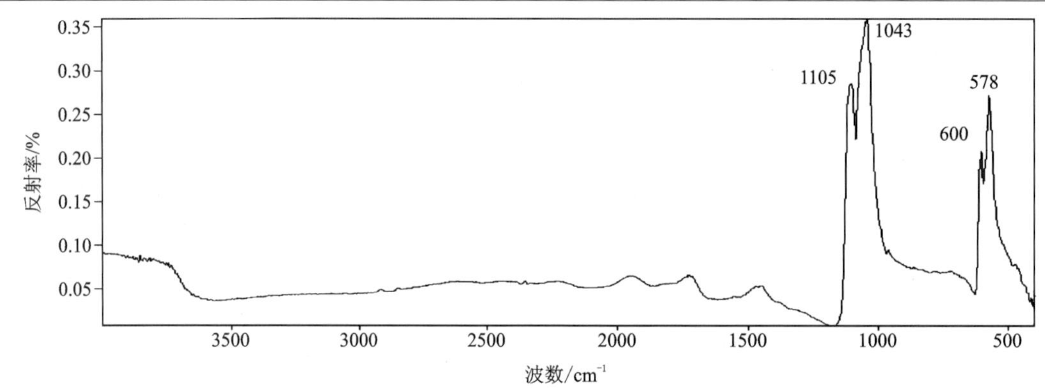

红外反射图谱显示:1105cm^{-1}、1043cm^{-1}红外吸收峰归属于$[PO_4]^{3-}$反对称伸缩振动,600cm^{-1}、578cm^{-1}红外吸收峰归属于$[PO_4]^{3-}$弯曲振动。

红外透射图谱

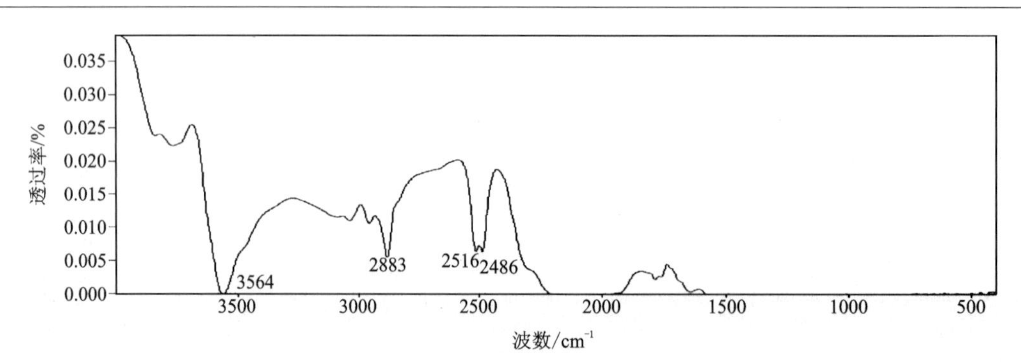

红外透射图谱显示:3564cm^{-1}、2883cm^{-1}、2516cm^{-1}、2486cm^{-1}附近的典型红外吸收峰。

备注	

2.60 透辉石

编号:60

<table>
<tr><td rowspan="4">样品信息
(含肉眼观察)</td><td>宝石种类</td><td>透辉石</td><td>饰品名称</td><td>戒面</td></tr>
<tr><td>颜色</td><td>绿色</td><td>形状(琢型)</td><td>椭圆形刻面</td></tr>
<tr><td>光泽</td><td>玻璃光泽</td><td>透明度</td><td>透明</td></tr>
<tr><td>质量</td><td>0.153 9g</td><td>尺寸(长×宽×高)</td><td>5mm×7mm×3mm</td></tr>
<tr><td>实验参数</td><td colspan="4">(1)放大检查:愈合裂隙,晶体包体;(2)折射率/双折射率(RI/DR):RI 为 1.671~1.700,DR 为 0.029,二轴晶正光性;(3)密度(g/cm^3):3.30;(4)多色性:三色性,中等,绿—黄—黄绿色;(5)光性特征:非均质体(偏光镜下显示四明四暗);(6)荧光观察:无;(7)吸收光谱:红区显示多条吸收线;(8)其他:无特殊光学效应</td></tr>
<tr><td colspan="2">样品照片(正面)</td><td>样品照片(背面)</td><td>放大观察(正面)</td><td>放大观察(背面)</td></tr>
<tr><td colspan="2"></td><td></td><td>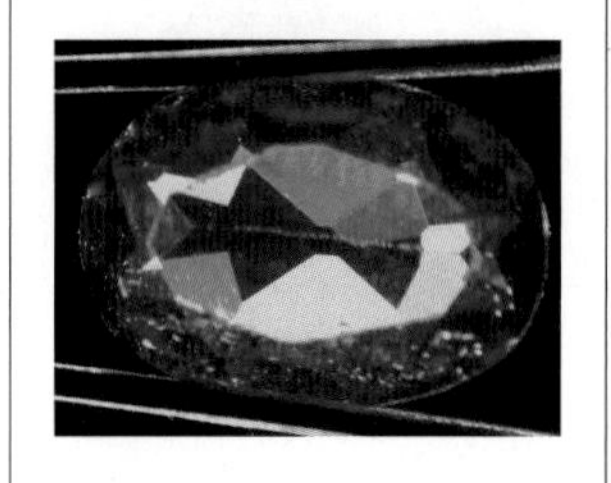</td><td>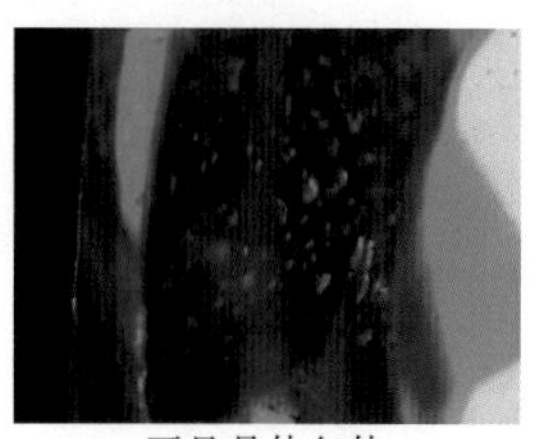
可见晶体包体</td></tr>
<tr><td colspan="5">红外反射图谱</td></tr>
<tr><td colspan="5">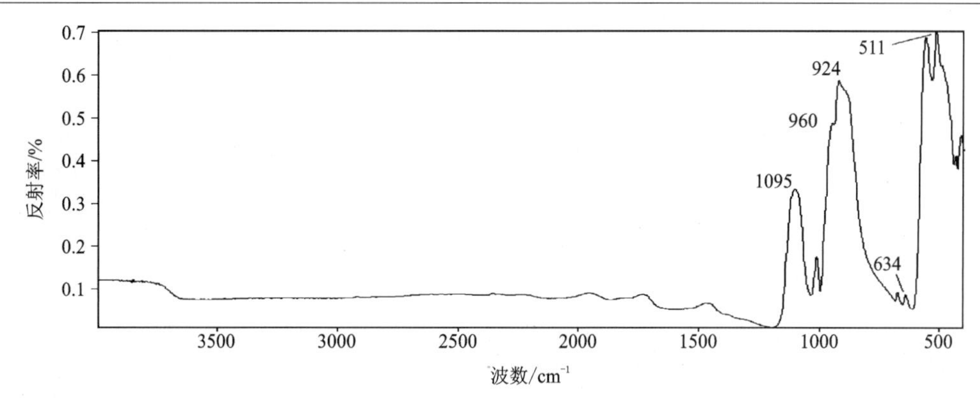

红外反射图谱显示:1095cm^{-1}、960cm^{-1}、924cm^{-1}、634cm^{-1}、511cm^{-1}等典型红外吸收峰。</td></tr>
<tr><td colspan="5">红外透射图谱</td></tr>
<tr><td colspan="5">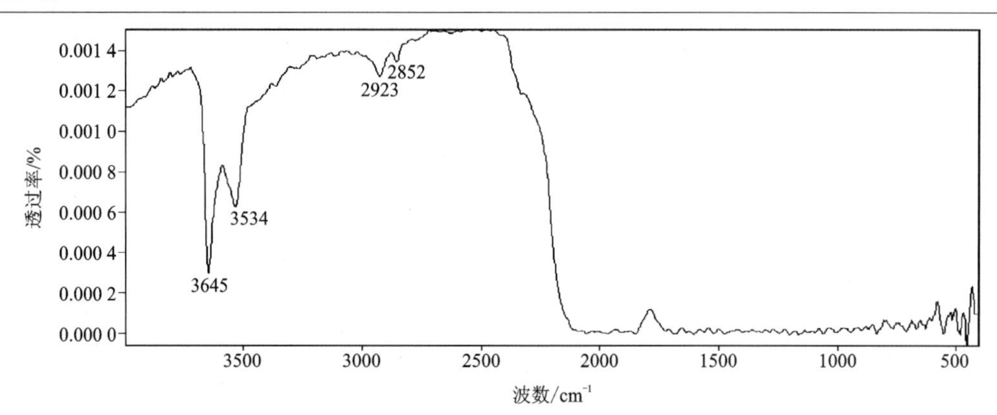

红外透射图谱显示:3645cm^{-1}、3534cm^{-1}、2923cm^{-1}、2852cm^{-1}附近的典型红外吸收峰。</td></tr>
<tr><td>备注</td><td colspan="4"></td></tr>
</table>

2.61 透辉石猫眼

编号:61

样品信息(含肉眼观察)	宝石种类	透辉石猫眼	饰品名称	戒面
	颜色	褐绿色	形状(琢型)	圆形弧面
	光泽	玻璃光泽	透明度	半透明
	质量	0.293 6g	尺寸(长×宽×高)	6mm×6mm×4mm
实验参数	(1)放大检查:一组平行排列的纤维状包体,愈合裂隙;(2)折射率/双折射率(RI/DR):RI,1.68(点测);(3)密度(g/cm³):3.27;(4)多色性:不可测;(5)光性特征:非均质体(偏光镜下显示四明四暗);(6)荧光观察:无;(7)吸收光谱:505nm 吸收线;(8)其他:猫眼效应			
样品照片(正面)		样品照片(背面)	放大观察(正面)	放大观察(背面)
			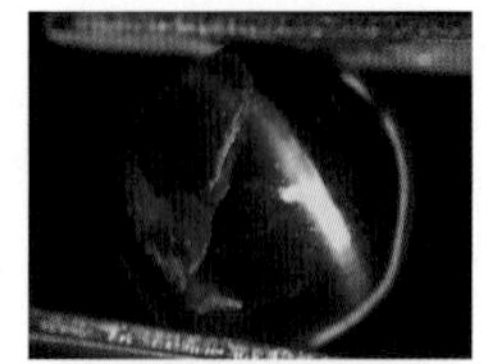 可见猫眼效应	可见一组平行排列的纤维状包体
红外反射图谱				

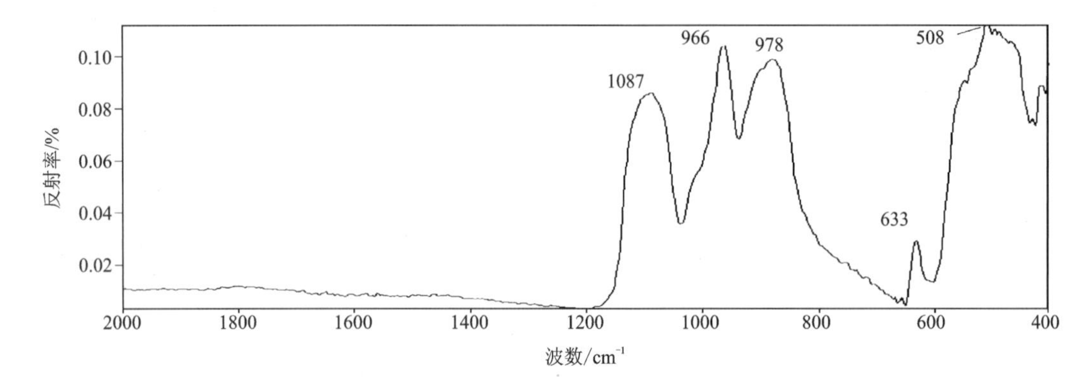

红外反射图谱显示:1087cm^{-1}、966cm^{-1}、978cm^{-1}、633cm^{-1}、508cm^{-1}等典型红外吸收峰。

红外透射图谱

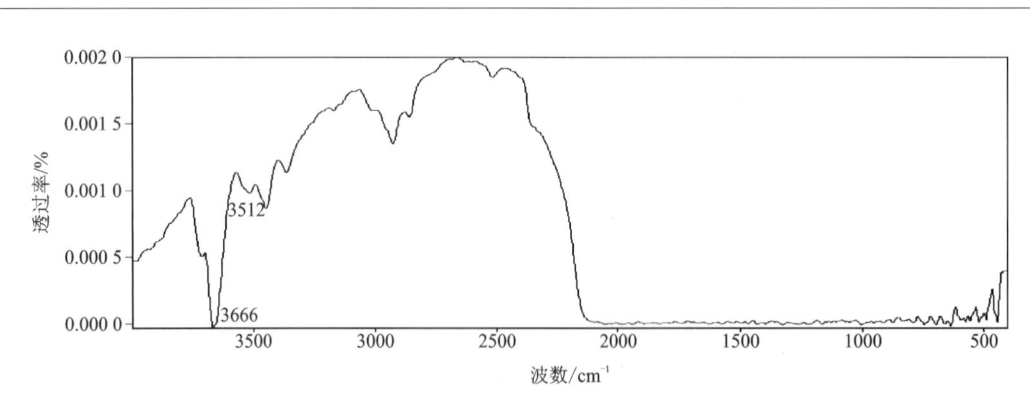

红外透射图谱显示:在 3600cm^{-1}附近吸收,归属于 OH^- 振动吸收。

备注	

2.62 星光辉石

编号:62

样品信息（含肉眼观察）	宝石种类	星光辉石	饰品名称	戒面
	颜色	黑色	形状(琢型)	椭圆形弧面
	光泽	玻璃光泽	透明度	不透明
	质量	0.456 4g	尺寸(长×宽×高)	9mm×7mm×5mm
实验参数	(1)放大检查:两组定向排列的针状包体,晶体包体;(2)折射率/双折射率(RI/DR):RI,1.69(点测);(3)密度(g/cm³):3.29;(4)多色性:不可测;(5)光性特征:不可测;(6)荧光观察:无;(7)吸收光谱:505nm 吸收线;(8)其他:星光效应			

样品照片(正面)	样品照片(背面)	放大观察(正面)	放大观察(背面)
		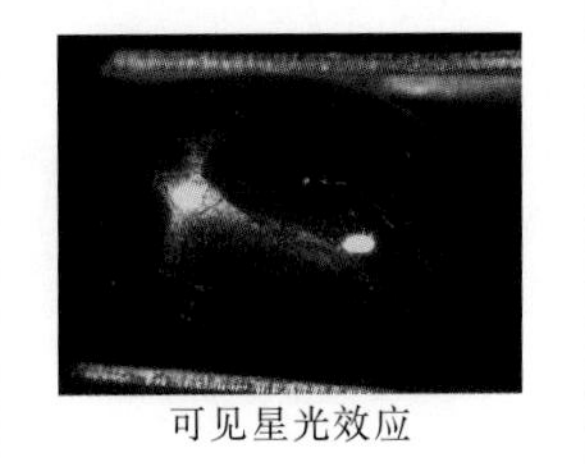 可见星光效应	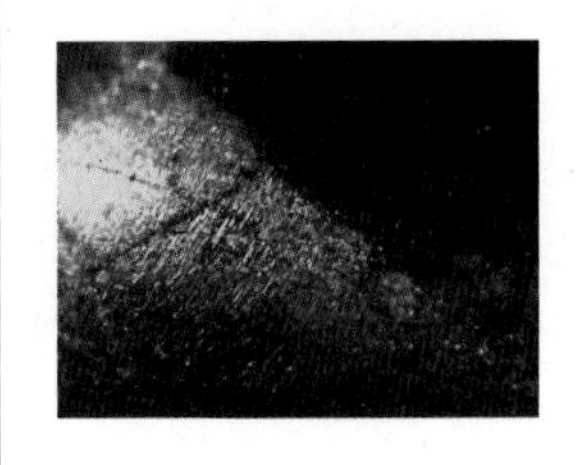

红外反射图谱

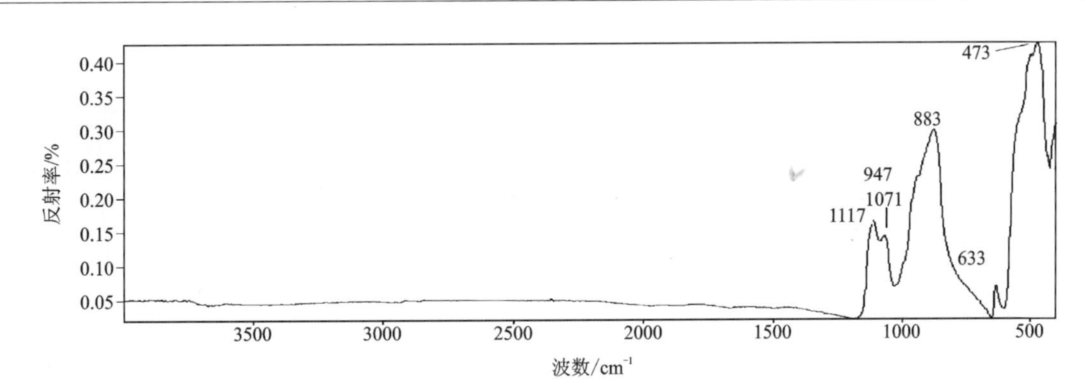

红外反射图谱显示:1117cm^{-1}、1071cm^{-1}、947cm^{-1}、883cm^{-1}、633cm^{-1}、473cm^{-1}等典型红外吸收峰。

红外透射图谱

该样品检测不出红外透射图谱。

备注	

2.63 锂辉石

编号：63

样品信息（含肉眼观察）	宝石种类	锂辉石	饰品名称	戒面
	颜色	浅粉色	形状（琢型）	方形刻面
	光泽	玻璃光泽	透明度	透明
	质量	1.546 1g	尺寸（长×宽×高）	16mm×9mm×7mm
实验参数	(1)放大检查：愈合裂隙；(2)折射率/双折射率(RI/DR)：RI 为 1.660～1.676，DR 为 0.016，二轴晶正光性；(3)密度(g/cm^3)：3.18；(4)多色性：弱三色性，无—粉—浅粉色；(5)光性特征：非均质体（偏光镜下显示四明四暗）；(6)荧光观察：LW 显示中等强度红色荧光，SW 显示中等强度白色荧光；(7)吸收光谱：无；(8)其他：无			
样品照片（正面）	样品照片（背面）	放大观察（正面）	放大观察（背面）	
			可见阶梯状断口	

红外反射图谱

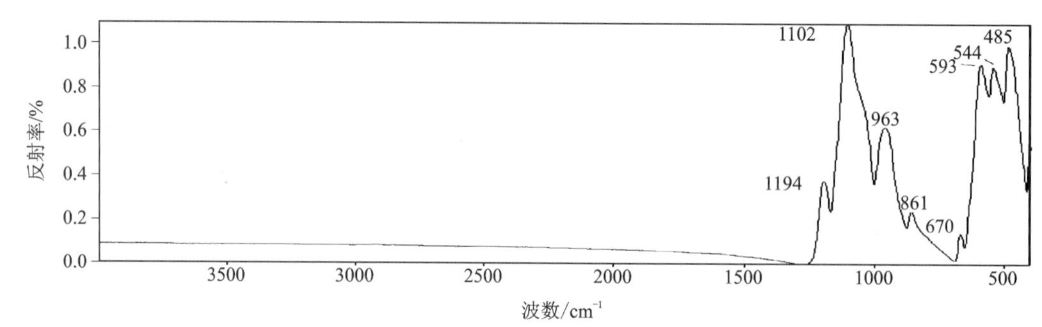

红外反射图谱显示：1194cm^{-1}、1102cm^{-1}、963cm^{-1}、861cm^{-1}、544cm^{-1}、485cm^{-1}等典型红外吸收峰。

红外透射图谱

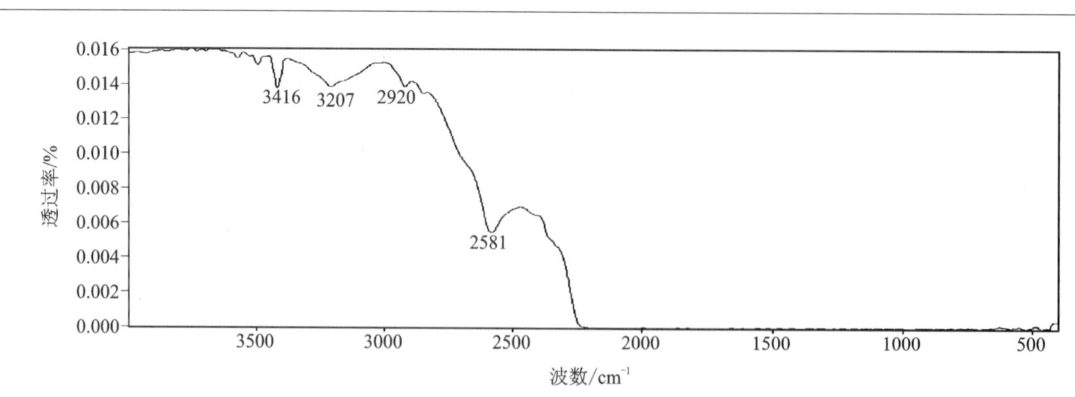

红外透射图谱显示：3416cm^{-1}、3207cm^{-1}、2920cm^{-1}、2581cm^{-1}等附近的红外吸收峰。

备注	谱图因含水和/或羟基的矿物存在而有所差异。

2.64 锂辉石猫眼

编号:64

样品信息（含肉眼观察）	宝石种类	锂辉石猫眼	饰品名称	戒面
	颜色	粉色	形状(琢型)	圆形弧面
	光泽	玻璃光泽	透明度	半透明
	质量	0.891 1g	尺寸(长×宽×高)	9mm×9mm×4mm
实验参数	(1)放大检查:初始解理,大量絮状矿物包体,愈合裂隙,晶体包体;(2)折射率/双折射率(RI/DR):RI,1.68(点测);(3)密度(g/cm^3):3.16;(4)多色性:三色性,弱,无色—紫—粉紫色;(5)光性特征:非均质体(偏光镜下显示四明四暗);(6)荧光观察:LW显示强紫色荧光,SW显示强蓝白色荧光;(7)吸收光谱:无;(8)其他:猫眼效应			
样品照片(正面)	样品照片(背面)	放大观察(正面)	放大观察(背面)	
		可见猫眼效应	可见晶体包体	

红外反射图谱

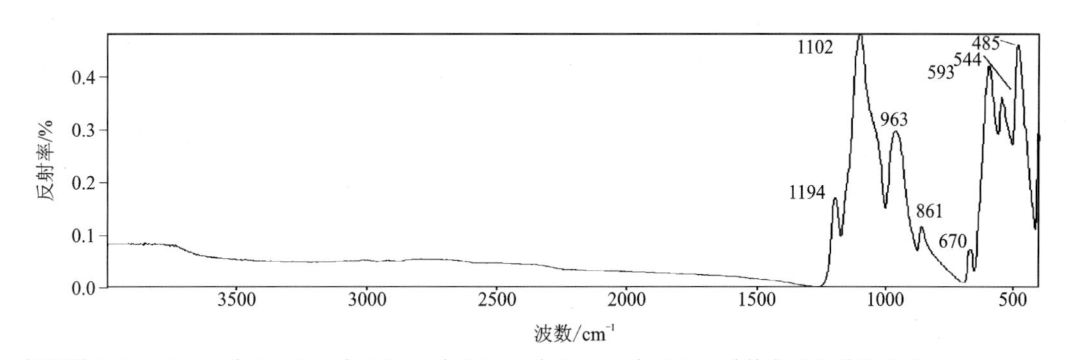

红外反射图谱显示:$1194cm^{-1}$、$1102cm^{-1}$、$963cm^{-1}$、$861cm^{-1}$、$544cm^{-1}$、$485cm^{-1}$等典型红外吸收峰。

红外透射图谱

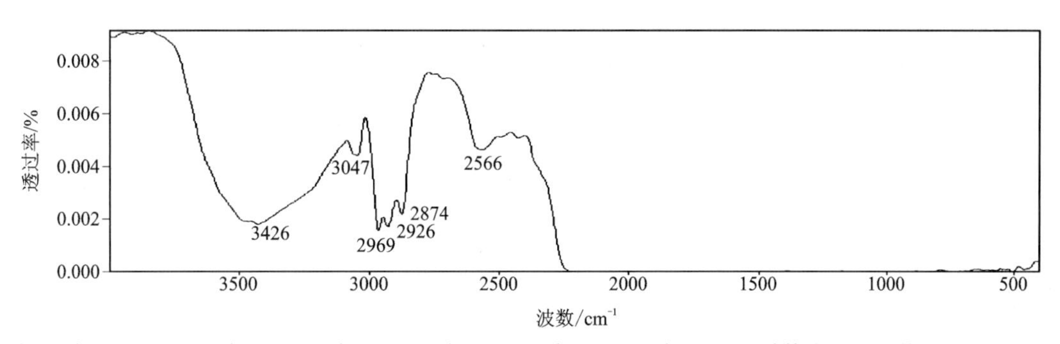

红外透射图谱显示:$3426cm^{-1}$、$3047cm^{-1}$、$2969cm^{-1}$、$2926cm^{-1}$、$2874cm^{-1}$、$2566cm^{-1}$等附近的红外吸收峰。

备注	红外反射图谱显示差异归因于方向性;当特定方向谱图接近硬玉谱图时,应关注760～730cm^{-1}区域内缺失的红外吸收峰。

2.65 顽火辉石

编号:65

样品信息（含肉眼观察）	宝石种类	顽火辉石	饰品名称	戒面
	颜色	褐绿色	形状(琢型)	垫形刻面
	光泽	玻璃光泽	透明度	半透明
	质量	0.112 3g	尺寸(长×宽×高)	5mm×4mm×4mm
实验参数	(1)放大检查:晶体包体,愈合裂隙;(2)折射率/双折射率(RI/DR):RI 为 1.668～1.678,DR 为 0.010,二轴晶正光性;(3)密度(g/cm³):3.30;(4)多色性:三色性,中等,黄褐—褐—褐绿色;(5)光性特征:非均质体(偏光镜下显示四明四暗);(6)荧光观察:无;(7)吸收光谱:505nm 吸收线;(8)其他:无			

样品照片(正面)	样品照片(背面)	放大观察(正面)	放大观察(背面)
		可见裂隙	

红外反射图谱

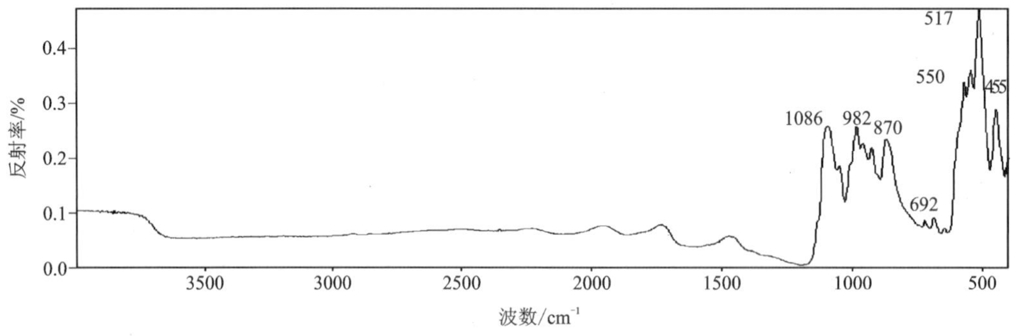

红外反射图谱显示:1100～850cm^{-1}区域内(1086cm^{-1}、982cm^{-1}、870cm^{-1})的谱带归属于 Si—O 振动吸收区(有 4～6 个吸收带,属于 Si—O—Si、O—Si—O 的对称伸缩振动和反对称伸缩振动),750～600cm^{-1}吸收区(692cm^{-1})归属于 Si—O—Si 对称伸缩振动,600～400cm^{-1}强吸收区(550cm^{-1}、517cm^{-1}、455cm^{-1})归属于辉石矿物的 Si—O 弯曲振动与 M—O 伸缩振动。

红外透射图谱

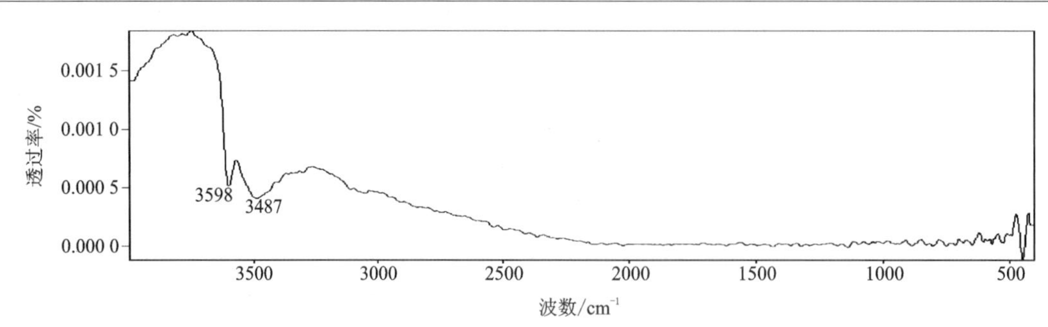

红外透射图谱显示:3598cm^{-1}、3487cm^{-1}等附近的红外吸收峰。

备注	

2.66 顽火辉石

编号:66

<table>
<tr><td rowspan="4">样品信息
(含肉眼观察)</td><td>宝石种类</td><td>顽火辉石</td><td>饰品名称</td><td>戒面</td></tr>
<tr><td>颜色</td><td>无色</td><td>形状(琢型)</td><td>椭圆形刻面</td></tr>
<tr><td>光泽</td><td>玻璃光泽</td><td>透明度</td><td>透明</td></tr>
<tr><td>质量</td><td>0.165 4g</td><td>尺寸(长×宽×高)</td><td>5mm×6.5mm×4mm</td></tr>
<tr><td>实验参数</td><td colspan="4">(1)放大检查:暗色矿物包体,大量点状包体,晶体包体,愈合裂隙;(2)折射率/双折射率(RI/DR):RI为1.657~1.667,DR为0.010,二轴晶正光性;(3)密度(g/cm³):3.25;(4)多色性:不可测;(5)光性特征:非均质体(偏光镜下显示四明四暗);(6)荧光观察:无;(7)吸收光谱:505nm吸收线;(8)其他:无</td></tr>
<tr><td>样品照片(正面)</td><td>样品照片(背面)</td><td>放大观察(正面)</td><td colspan="2">放大观察(背面)</td></tr>
<tr><td></td><td></td><td>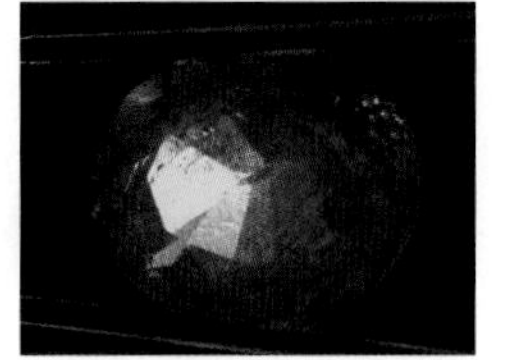
可见矿物包体、晶体包体</td><td colspan="2">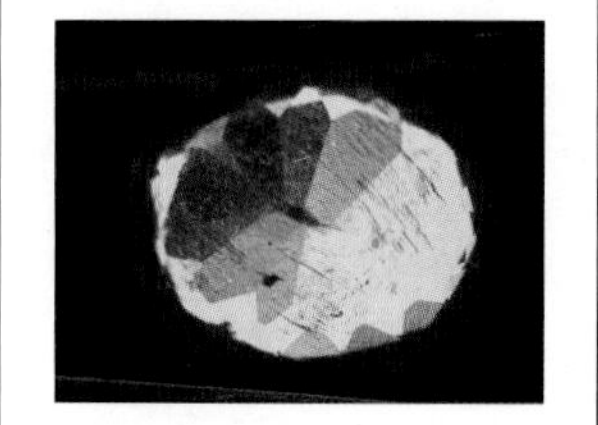</td></tr>
<tr><td colspan="5">红外反射图谱</td></tr>
<tr><td colspan="5">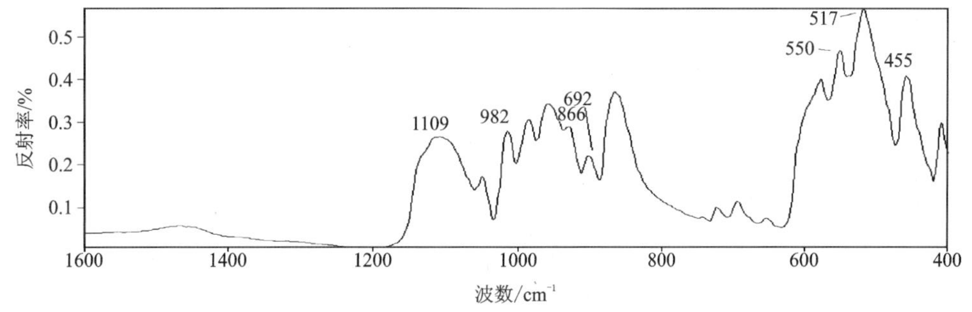

红外反射图谱显示:1100~850cm⁻¹区域内(1109cm⁻¹、982cm⁻¹、866cm⁻¹)的谱带归属于Si—O振动吸收区(有4~6个吸收带,属于Si—O—Si、O—Si—O的对称伸缩振动和反对称伸缩振动),750~600cm⁻¹吸收区(692cm⁻¹)归属于Si—O—Si对称伸缩振动,600~400cm⁻¹强吸收区(550cm⁻¹、517cm⁻¹、455cm⁻¹)归属于辉石矿物的Si—O弯曲振动与M—O伸缩振动。</td></tr>
<tr><td colspan="5">红外透射图谱</td></tr>
<tr><td colspan="5">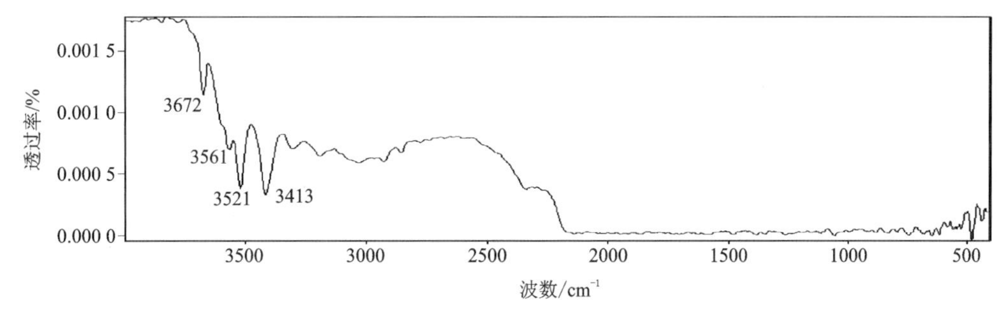

红外透射图谱显示:3672cm⁻¹、3561cm⁻¹、3521cm⁻¹、3413cm⁻¹等附近的红外吸收峰。</td></tr>
<tr><td>备注</td><td colspan="4"></td></tr>
</table>

2.67 红柱石

编号:67

样品信息(含肉眼观察)	宝石种类	红柱石	饰品名称	戒面
	颜色	橙褐色	形状(琢型)	椭圆形刻面
	光泽	玻璃光泽	透明度	透明
	质量	0.150 8g	尺寸(长×宽×高)	7mm×5mm×4mm
实验参数	(1)放大检查:大量黑色片状矿物包体,大量点状包体,愈合裂隙;(2)折射率/双折射率(RI/DR):RI 为 1.634~1.643,DR 为 0.009,二轴晶负光性;(3)密度(g/cm^3):3.18;(4)多色性:三色性,强,无色—褐红—黄色;(5)光性特征:非均质体(偏光镜下显示四明四暗);(6)荧光观察:LW 无显示,SW 显示强黄色荧光;(7)吸收光谱:无;(8)其他:无			

样品照片(正面)	样品照片(背面)	放大观察(正面)	放大观察(背面)
			可见大量矿物包体

红外反射图谱

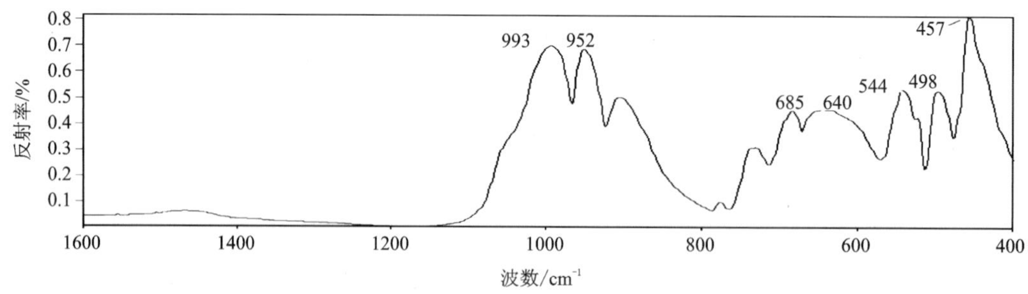

红外反射图谱显示:1000~800cm^{-1}区域内(993cm^{-1}、952cm^{-1}及附近,强度相近)的谱带归属于 Si—O 伸缩振动,735~500cm^{-1}区域内的谱带归属于 Al—O 伸缩振动(其中,544cm^{-1}、685cm^{-1}归属于 Al—O 的六次配位伸缩振动,640cm^{-1}归属于 Al—O 的五次配位伸缩振动),小于 500cm^{-1}的谱带(498cm^{-1}、457cm^{-1}及附近)归属于 Si—O 弯曲振动。

红外透射图谱

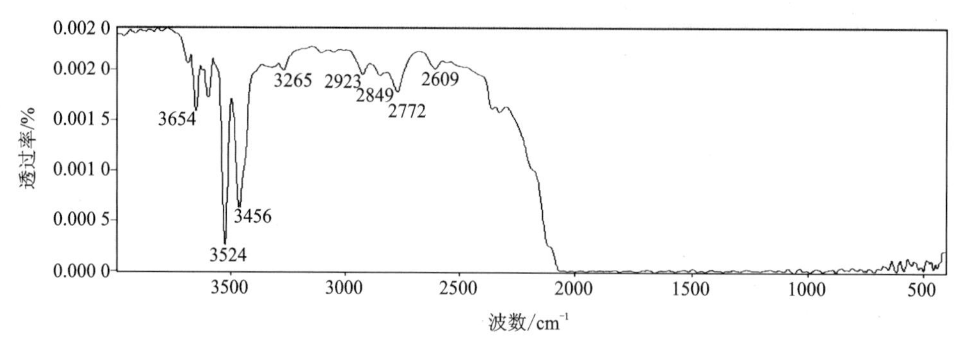

红外透射图谱显示:3654cm^{-1}、3524cm^{-1}、3456cm^{-1}、3265cm^{-1}、2923cm^{-1}、2849cm^{-1}、2772cm^{-1}、2609cm^{-1}等附近的红外吸收峰。

备注	

2.68 矽线石

编号:68

样品信息（含肉眼观察）	宝石种类	矽线石	饰品名称	戒面
	颜色	黄绿色	形状(琢型)	椭圆形刻面
	光泽	玻璃光泽	透明度	透明
	质量	0.182 7g	尺寸(长×宽×高)	7mm×5mm×5mm
实验参数	(1)放大检查:针状包体,后刻面重影;(2)折射率/双折射率(RI/DR):RI 为 1.659～1.680,DR 为 0.021,二轴晶正光性;(3)密度(g/cm^3):3.25;(4)多色性:三色性,中等,无色—浅黄—浅黄绿色;(5)光性特征:非均质体(偏光镜下显示四明四暗);(6)荧光观察:无;(7)吸收光谱:无;(8)其他:无			
样品照片(正面)	样品照片(背面)	放大观察(正面)	放大观察(背面)	
			可见针状包体	
红外反射图谱				

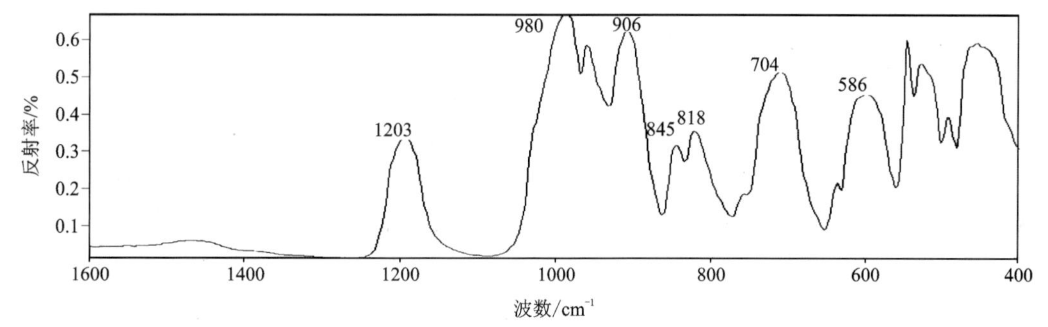

红外反射图谱显示:1203cm^{-1}、980cm^{-1}、906cm^{-1}、845cm^{-1}、818cm^{-1}、704cm^{-1}、586cm^{-1}等典型红外吸收峰。

红外透射图谱

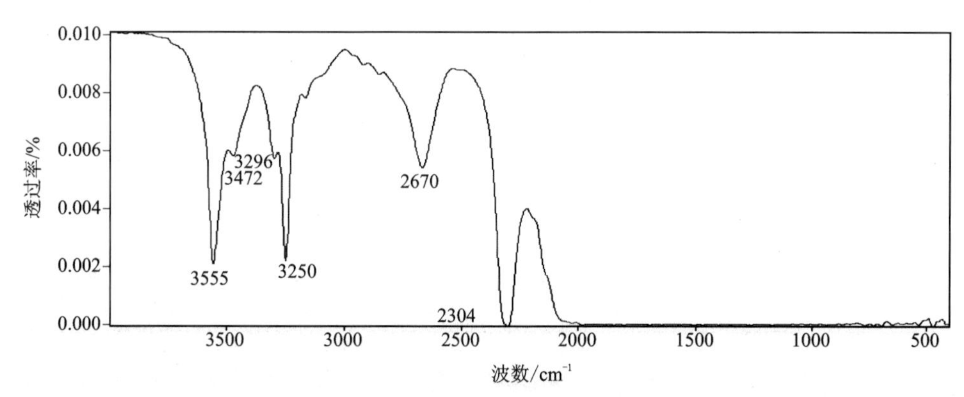

红外透射图谱显示:3555cm^{-1}、3472cm^{-1}、3296cm^{-1}、3250cm^{-1}、2670cm^{-1}等附近的红外吸收峰。

备注	

2.69 矽线石猫眼

编号:69

样品信息 (含肉眼观察)	宝石种类	矽线石猫眼	饰品名称	戒面
	颜色	无色	形状(琢型)	椭圆形弧面
	光泽	玻璃光泽	透明度	透明
	质量	0.519 3g	尺寸(长×宽×高)	11mm×7mm×5mm
实验参数	(1)放大检查:定向排列的纤维状包体,愈合裂隙,阶梯状断口;(2)折射率/双折射率(RI/DR):RI,1.67(点测);(3)密度(g/cm³):3.25;(4)多色性:不可测;(5)光性特征:非均质体(偏光镜下显示四明四暗,单臂干涉图);(6)荧光观察:无;(7)吸收光谱:无;(8)其他:猫眼效应			
样品照片(正面)	样品照片(背面)	放大观察(正面)	放大观察(背面)	
		可见猫眼效应	可见针状包体	

红外反射图谱

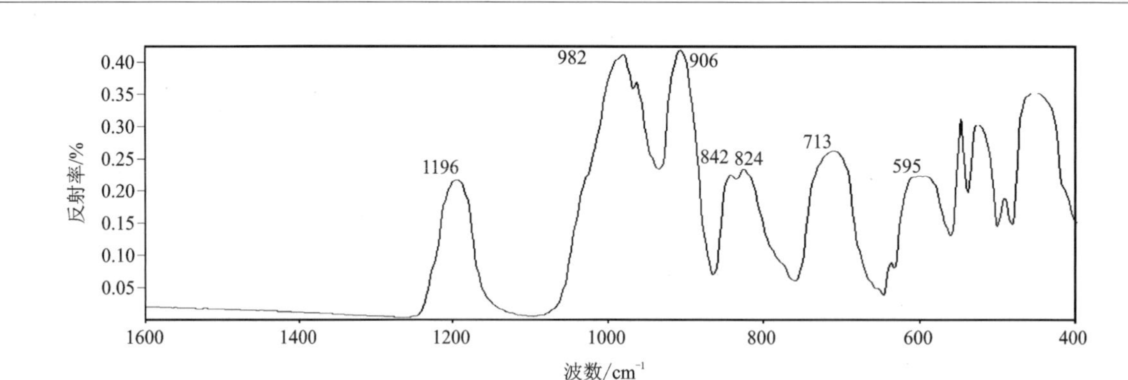

红外反射图谱显示:1196cm^{-1}、982cm^{-1}、906cm^{-1}、842cm^{-1}、824cm^{-1}、713cm^{-1}、595cm^{-1}等典型红外吸收峰。

红外透射图谱

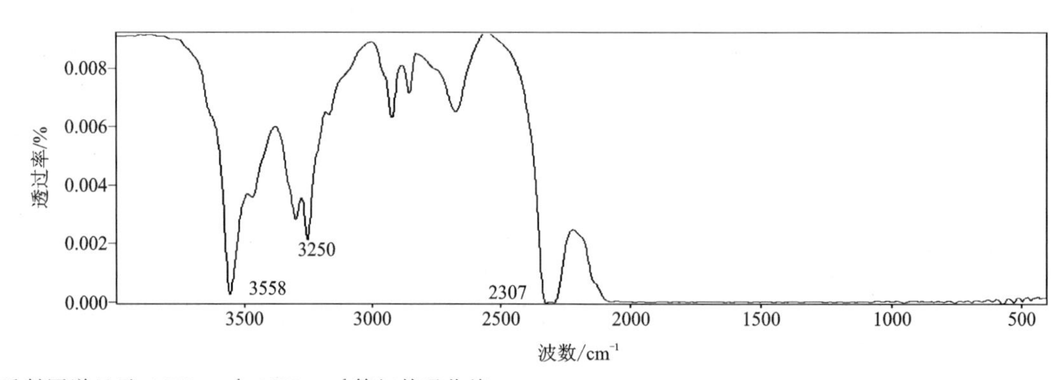

红外透射图谱显示:3558cm^{-1}、3250cm^{-1}等红外吸收峰。

备注	

2.70 矽线石猫眼

编号:70

样品信息（含肉眼观察）	宝石种类	矽线石猫眼	饰品名称	戒面
	颜色	黑色	形状(琢型)	椭圆形弧面
	光泽	玻璃光泽	透明度	不透明
	质量	0.742 1g	尺寸(长×宽×高)	11mm×9mm×5mm
实验参数	(1)放大检查:大量定向排列的长针状包体,愈合裂隙,黑色断续状片状矿物包体;(2)折射率/双折射率(RI/DR):RI,1.67(点测);(3)密度(g/cm³):3.25;(4)多色性:不可测;(5)光性特征:不可测;(6)荧光观察:无;(7)吸收光谱:无;(8)其他:猫眼效应			

样品照片(正面)	样品照片(背面)	放大观察(正面)	放大观察(背面)
		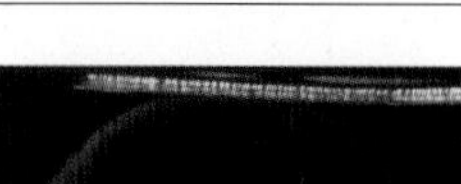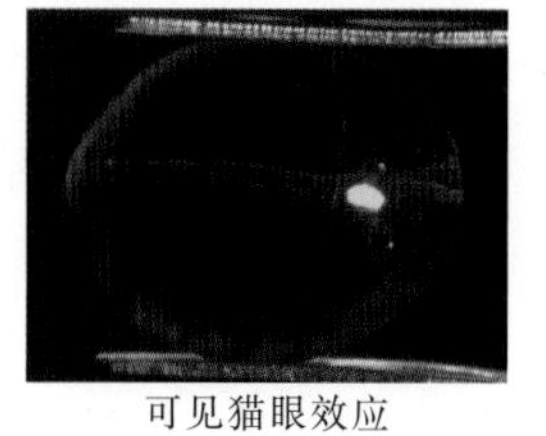可见猫眼效应	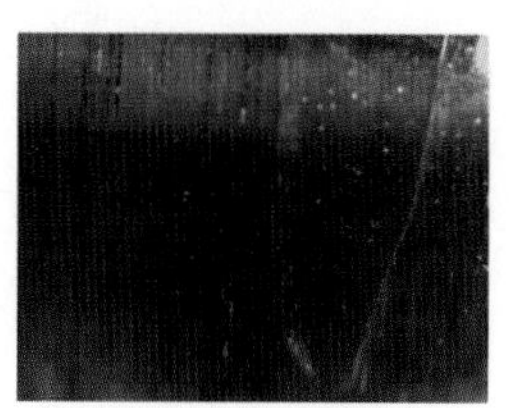可见一组平行排列的针状包体、矿物包体

红外反射图谱

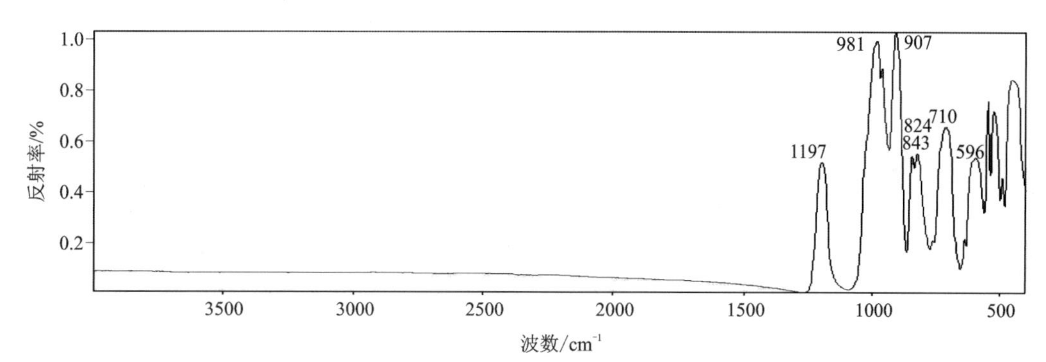

红外反射图谱显示:1197cm^{-1}、981cm^{-1}、907cm^{-1}、843cm^{-1}、824cm^{-1}、710cm^{-1}、596cm^{-1}等典型红外吸收峰。

红外透射图谱

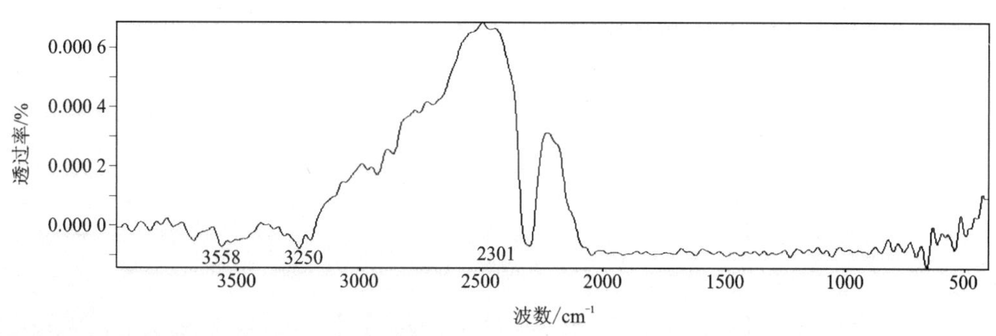

红外透射图谱显示:3558cm^{-1}、3250cm^{-1}等红外吸收峰。

备注	

3

稀有宝石的红外光谱

3.1 蓝晶石

编号:71

样品信息（含肉眼观察）	宝石种类	蓝晶石	饰品名称	戒面
	颜色	蓝色	形状(琢型)	椭圆形刻面
	光泽	玻璃光泽	透明度	透明
	质量	0.186 7g	尺寸(长×宽×高)	7mm×5mm×4mm
实验参数	(1)放大检查:长针状包体,愈合裂隙;(2)折射率/双折射率(RI/DR):RI为1.713～1.728,DR为0.015,二轴晶正光性;(3)密度(g/cm^3):3.67;(4)多色性:三色性,中等,深蓝—浅蓝—蓝紫色;(5)光性特征:非均质体(偏光镜下显示四明四暗);(6)荧光观察:LW显示弱绿色荧光,SW显示弱绿色荧光;(7)吸收光谱:无;(8)其他:无			
样品照片(正面)	样品照片(背面)	放大观察(正面)	放大观察(背面)	
			可见针状包体	

红外反射图谱

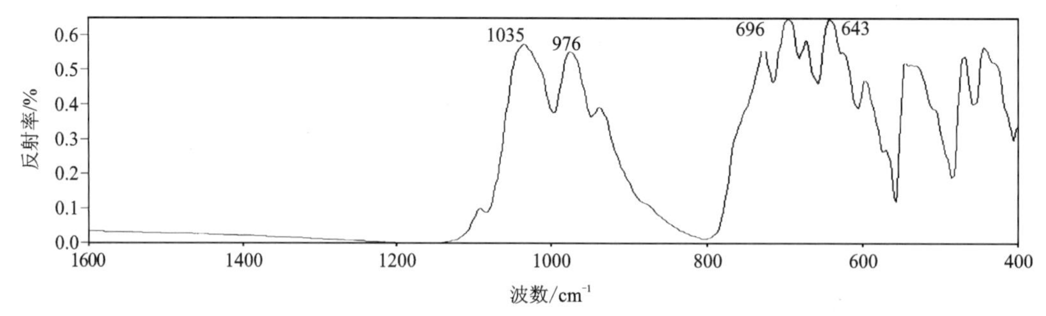

红外反射图谱显示:1040～900cm^{-1}区域内(1035cm^{-1}、976cm^{-1})的谱带归属于Si—O伸缩振动,730～600cm^{-1}区域内(696cm^{-1}、643cm^{-1})的谱带归属于Si—O弯曲振动,570～430cm^{-1}区域内(442cm^{-1})的谱带归属于O—Si—O弯曲振动。

红外透射图谱

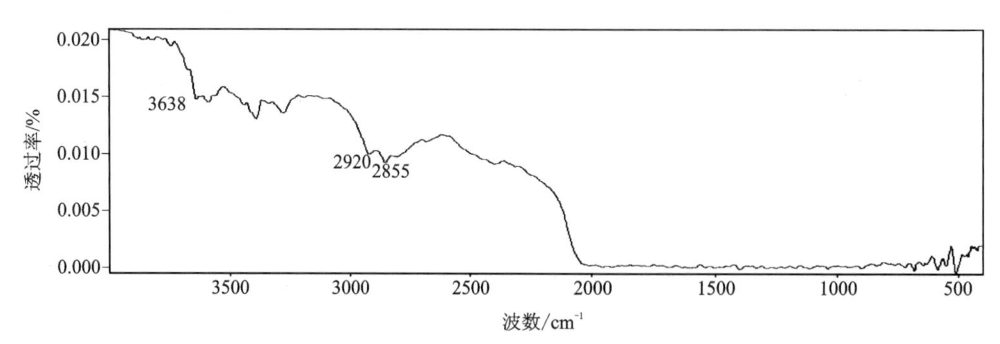

红外透射图谱显示:3638cm^{-1}、2920cm^{-1}、2855cm^{-1}等典型红外吸收峰。3638cm^{-1}可能与OH^-有关。

备注	

3.2 蓝晶石

编号:72

样品信息（含肉眼观察）	宝石种类	蓝晶石	饰品名称	戒面
	颜色	绿色	形状(琢型)	椭圆形刻面
	光泽	玻璃光泽	透明度	透明
	质量	0.195 4g	尺寸(长×宽×高)	7mm×5mm×3mm
实验参数	(1)放大检查:初始解理,晶体包体,愈合裂隙,暗色矿物包体,生长纹;(2)折射率/双折射率(RI/DR):RI为1.718～1.73,DR为0.014,二轴晶正光性;(3)密度(g/cm^3):3.67;(4)多色性:三色性,中等,绿—蓝绿—黄绿色;(5)光性特征:非均质体(偏光镜下显示四明四暗);(6)荧光观察:无;(7)吸收光谱:435nm、445nm吸收带;(8)其他:无			

样品照片(正面)	样品照片(背面)	放大观察(正面)	放大观察(背面)
		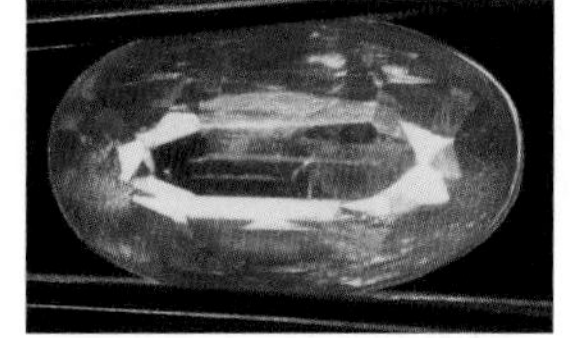	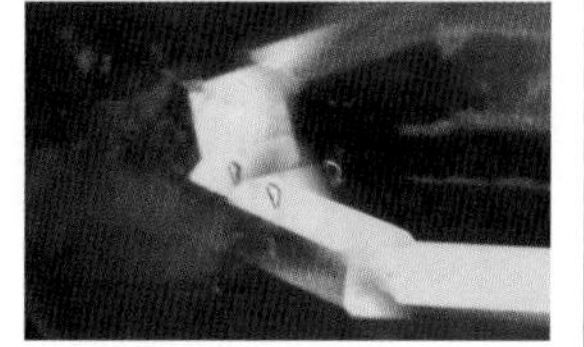 可见晶体包体

红外反射图谱

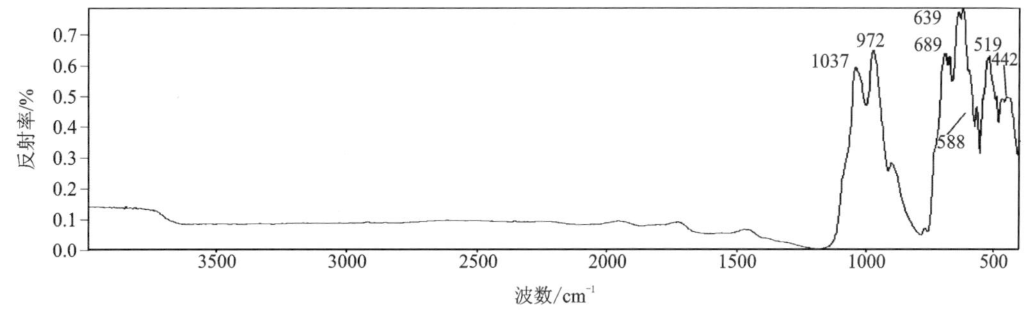

红外反射图谱显示:1040～900cm^{-1}区域内(1037cm^{-1}、972cm^{-1})的谱带归属于Si—O伸缩振动,730～600cm^{-1}区域内(689cm^{-1}、639cm^{-1})的谱带归属于Si—O弯曲振动,570～430cm^{-1}区域内(442cm^{-1})的谱带归属于O—Si—O弯曲振动。

红外透射图谱

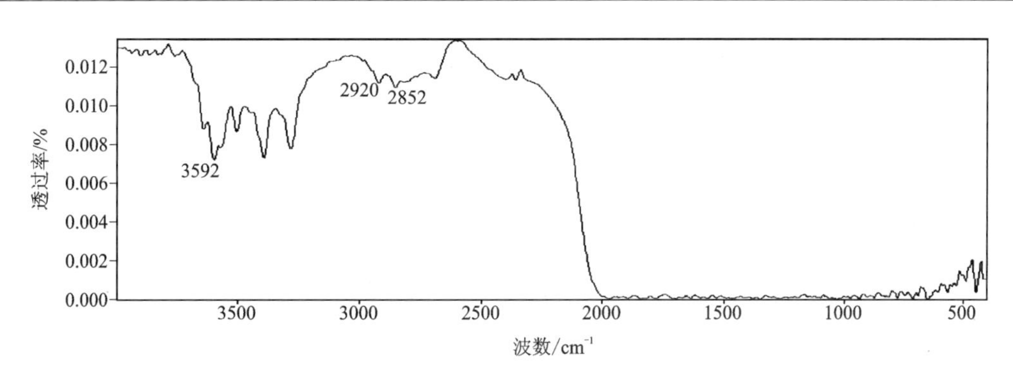

红外透射图谱显示:3592cm^{-1}、2920cm^{-1}、2852cm^{-1}等典型红外吸收峰。

备注	

3.3 蓝晶石猫眼

编号:73

样品信息(含肉眼观察)	宝石种类	蓝晶石猫眼	饰品名称	戒面
	颜色	蓝色	形状(琢型)	圆形弧面
	光泽	玻璃光泽	透明度	不透明
	质量	0.461 1g	尺寸(长×宽×高)	8mm×8mm×5mm
实验参数	(1)放大检查:初始解理,硬度差异;(2)折射率/双折射率(RI/DR):RI,1.72(点测);(3)密度(g/cm³):3.33;(4)多色性:不可测;(5)光性特征:不可测;(6)荧光观察:LW 显示强绿色荧光,SW 显示弱绿色荧光;(7)吸收光谱:无;(8)其他:猫眼效应			

样品照片(正面)	样品照片(背面)	放大观察(正面)	放大观察(背面)
			可见初始解理

红外反射图谱

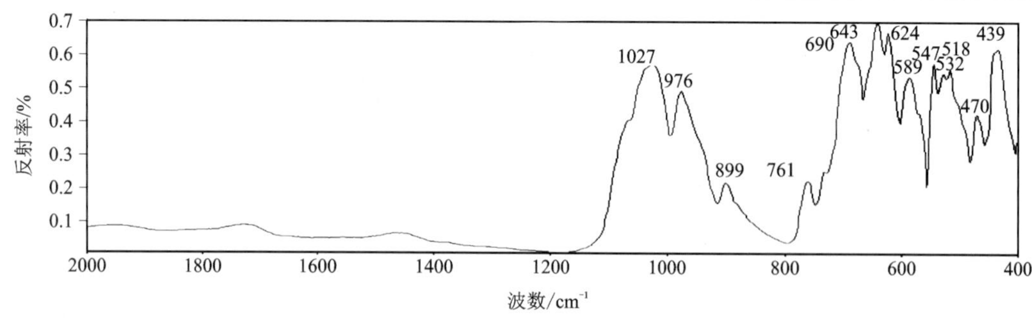

红外反射图谱显示:1040~900cm^{-1}区域内(1027cm^{-1}、976cm^{-1})的谱带归属于 Si—O 伸缩振动,730~600cm^{-1}区域内(690cm^{-1}、624cm^{-1})的谱带归属于 Si—O 弯曲振动,570~430cm^{-1}区域内(439cm^{-1})的谱带归属于 O—Si—O 弯曲振动。

红外透射图谱

该样品检测不出红外透射图谱。

备注	

3.4 鱼眼石

编号:74

<table>
<tr><td rowspan="4">样品信息
(含肉眼观察)</td><td>宝石种类</td><td>鱼眼石</td><td>饰品名称</td><td>戒面</td></tr>
<tr><td>颜色</td><td>无色</td><td>形状(琢型)</td><td>方形刻面</td></tr>
<tr><td>光泽</td><td>玻璃光泽</td><td>透明度</td><td>透明</td></tr>
<tr><td>质量</td><td>1.676 2g</td><td>尺寸(长×宽×高)</td><td>13mm×11mm×5mm</td></tr>
<tr><td>实验参数</td><td colspan="4">(1)放大检查:大量愈合裂隙,初始解理,阶梯状断口;(2)折射率/双折射率(RI/DR):RI 为 1.535~1.537,DR 为 0.002,一轴晶负光性;(3)密度(g/cm³):2.37;(4)多色性:不可测;(5)光性特征:非均质体(偏光镜下显示四明四暗);(6)荧光观察:无;(7)吸收光谱:无;(8)其他:无</td></tr>
<tr><td colspan="2">样品照片(正面)</td><td>样品照片(背面)</td><td>放大观察(正面)</td><td>放大观察(背面)</td></tr>
<tr><td colspan="2"></td><td></td><td>可见愈合裂隙</td><td>可见解理面闪光</td></tr>
<tr><td colspan="5">红外反射图谱</td></tr>
<tr><td colspan="5">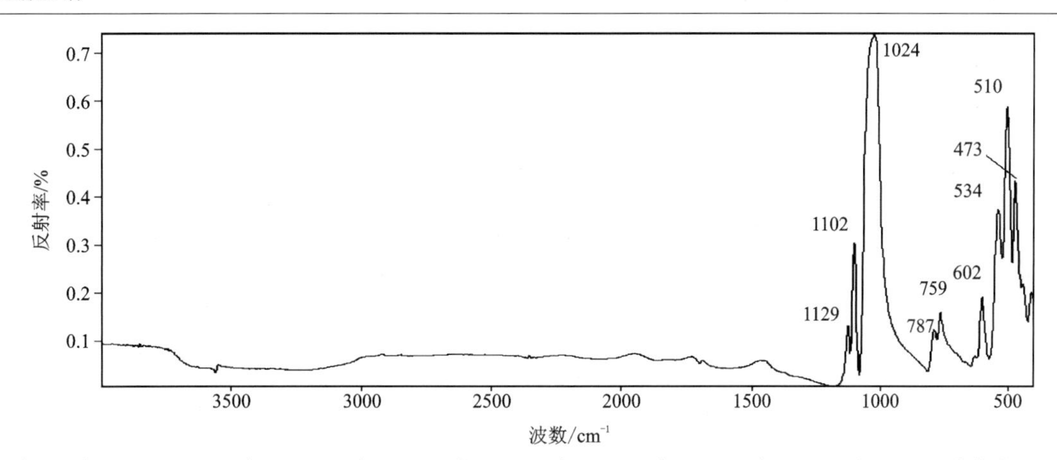

红外反射图谱显示:1129cm^{-1}、1024cm^{-1}、787cm^{-1}、759cm^{-1}、602cm^{-1}、534cm^{-1}、510cm^{-1}、473cm^{-1}等典型红外吸收峰。</td></tr>
<tr><td colspan="5">红外透射图谱</td></tr>
<tr><td colspan="5">该样品检测不出红外透射图谱。</td></tr>
<tr><td>备注</td><td colspan="4"></td></tr>
</table>

3.5 符山石

编号:75

样品信息（含肉眼观察）	宝石种类	符山石	饰品名称	戒面
	颜色	红褐色	形状(琢型)	椭圆形刻面
	光泽	玻璃光泽	透明度	半透明
	质量	0.155 6g	尺寸(长×宽×高)	6mm×5mm×4mm
实验参数	(1)放大检查:大量愈合裂隙,晶体包体,暗色矿物包体;(2)折射率/双折射率(RI/DR):RI 为 1.728～1.732,DR 为 0.004,一轴晶负光性;(3)密度(g/cm³):3.38;(4)多色性:二色性,弱,褐黄—褐绿色;(5)光性特征:非均质体(偏光镜下显示四明四暗,黑十字干涉图);(6)荧光观察:无;(7)吸收光谱:464nm、528.5nm 弱吸收线;(8)其他:无			
样品照片(正面)	样品照片(背面)	放大观察(正面)	放大观察(背面)	
			可见愈合裂隙、晶体包体	

红外反射图谱

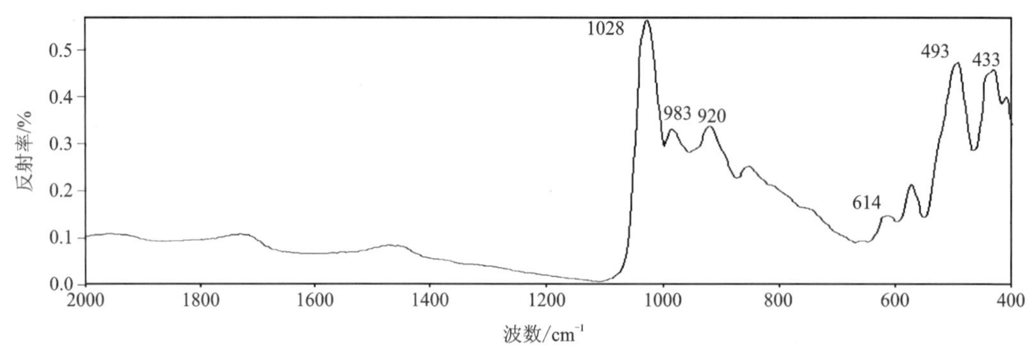

红外反射图谱显示:1028cm^{-1}、983cm^{-1}、920cm^{-1}红外吸收峰归属于 Si—O—Si 反对称伸缩振动,614cm^{-1}红外吸收峰归属于 Si—O—Si 对称伸缩振动,493cm^{-1}、433cm^{-1}红外吸收峰归属于 Si—O 弯曲振动。

红外透射图谱

该样品检测不出红外透射图谱。

备注	

3.6 符山石

编号:76

样品信息（含肉眼观察）	宝石种类	符山石	饰品名称	戒面
	颜色	绿色	形状（琢型）	椭圆形弧面
	光泽	玻璃光泽	透明度	微透明
	质量	0.543 3g	尺寸（长×宽×高）	10mm×8mm×4mm
实验参数	(1)放大检查：大量絮状矿物包体，粒状结构；(2)折射率/双折射率(RI/DR)：RI，1.73(点测)；(3)密度(g/cm^3)：3.30；(4)多色性：不可测；(5)光性特征：非均质集合体(偏光镜下显示全亮)；(6)荧光观察：无；(7)吸收光谱：464nm、528.5nm弱吸收线；(8)其他：无			
样品照片（正面）	样品照片（背面）	放大观察（正面）	放大观察（背面）	
			可见粒状结构，絮状包体	

红外反射图谱

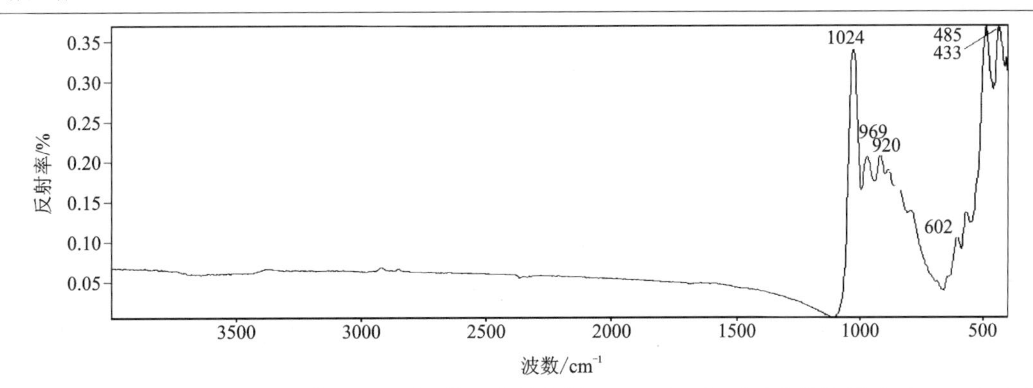

红外反射图谱显示：$1024cm^{-1}$、$969cm^{-1}$、$920cm^{-1}$红外吸收峰归属于Si—O—Si反对称伸缩振动，$792cm^{-1}$、$602cm^{-1}$红外吸收峰归属于Si—O—Si对称伸缩振动，$485cm^{-1}$、$433cm^{-1}$红外吸收峰归属于Si—O弯曲振动。

红外透射图谱

该样品检测不出红外透射图谱。

备注	

3.7 硼铝镁石

编号：77

样品信息（含肉眼观察）	宝石种类	硼铝镁石	饰品名称	戒面
	颜色	绿色	形状（琢型）	长方形刻面
	光泽	玻璃光泽	透明度	半透明
	质量	0.188 7g	尺寸（长×宽×高）	7mm×5mm×3mm
实验参数	（1）放大检查：愈合裂隙，晶体包体，暗色矿物包体，后刻面重影；（2）折射率/双折射率（RI/DR）：RI 为 1.668～1.707，DR 为 0.039，二轴晶负光性；（3）密度（g/cm³）：3.40；（4）多色性：三色性，中等，绿色、黄褐色、褐绿色；（5）光性特征：非均质体（偏光镜下显示四明四暗）；（6）荧光观察：无；（7）吸收光谱：493nm、475nm、463nm、452nm 吸收线；（8）其他：无			

样品照片（正面）	样品照片（背面）	放大观察（正面）	放大观察（背面）
			可见后刻面棱重影、晶体包体、愈合裂隙

红外反射图谱

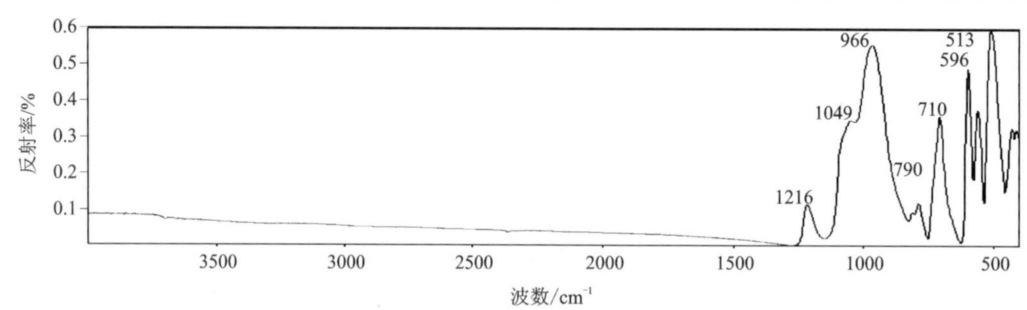

红外反射图谱显示：1100～950cm^{-1} 区域内（966cm^{-1}）的谱带归属于$[BO_4]^{5-}$反对称伸缩振动，850～700cm^{-1} 区域内（790cm^{-1}、710cm^{-1}）的谱带归属于$[BO_4]^{5-}$对称伸缩振动，700～400cm^{-1} 区域内（596cm^{-1}、513cm^{-1}）的谱带归属于$[BO_4]^{5-}$弯曲振动。

红外透射图谱

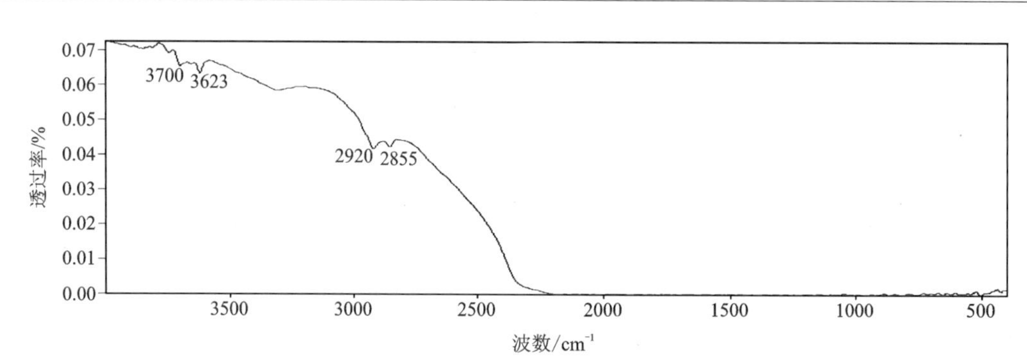

红外透射图谱显示：3700cm^{-1}、3623cm^{-1}、2920cm^{-1}、2855cm^{-1} 等典型红外吸收峰。

备注	

3.8　塔菲石

编号:78

<table>
<tr><td rowspan="4">样品信息
(含肉眼观察)</td><td>宝石种类</td><td>塔菲石</td><td>饰品名称</td><td>戒面</td></tr>
<tr><td>颜色</td><td>无色</td><td>形状(琢型)</td><td>长方形刻面</td></tr>
<tr><td>光泽</td><td>玻璃光泽</td><td>透明度</td><td>透明</td></tr>
<tr><td>质量</td><td>0.044 1g</td><td>尺寸(长×宽×高)</td><td>4mm×3mm×2mm</td></tr>
<tr><td>实验参数</td><td colspan="4">(1)放大检查:愈合裂隙;(2)折射率/双折射率(RI/DR):RI 为 1.718～1.723,DR 为 0.005,一轴晶负光性;(3)密度(g/cm³):3.37;(4)多色性:不可测;(5)光性特征:非均质体(偏光镜下显示四明四暗);(6)荧光观察:LW 显示中等强度白色荧光,SW 无显示;(7)吸收光谱:无;(8)其他:无</td></tr>
<tr><td>样品照片(正面)</td><td>样品照片(背面)</td><td>放大观察(正面)</td><td colspan="2">放大观察(背面)</td></tr>
<tr><td></td><td></td><td></td><td colspan="2">可见愈合裂隙</td></tr>
<tr><td colspan="5">红外反射图谱</td></tr>
<tr><td colspan="5">该样品检测不出红外反射图谱。</td></tr>
<tr><td colspan="5">红外透射图谱</td></tr>
<tr><td colspan="5">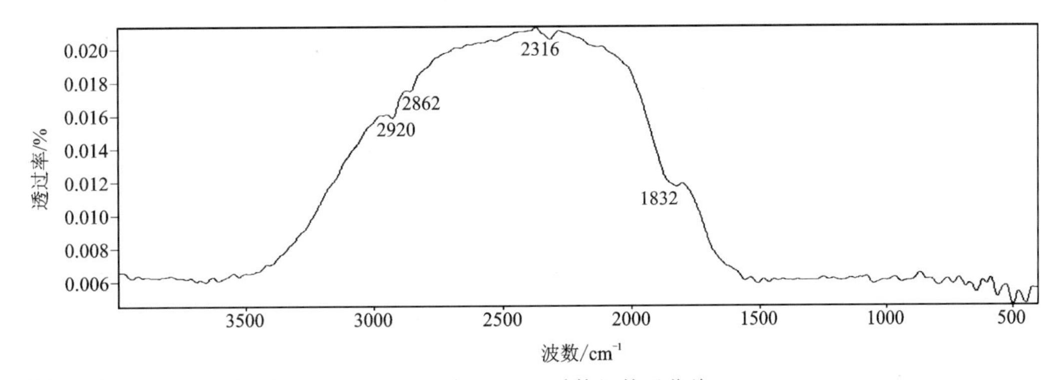
红外透射图谱显示:2920cm⁻¹、2862cm⁻¹、2316cm⁻¹、1832cm⁻¹等红外吸收峰。</td></tr>
<tr><td>备注</td><td colspan="4"></td></tr>
</table>

3.9　符山石

编号:79

样品信息（含肉眼观察）	宝石种类	符山石	饰品名称	戒面
	颜色	棕褐色	形状(琢型)	方形弧面
	光泽	玻璃光泽	透明度	微透明
	质量	0.142g	尺寸(长×宽×高)	6mm×5mm×4mm
实验参数	(1)放大检查:愈合裂隙,暗色矿物包体,晶体包体;(2)折射率/双折射率(RI/DR):RI 为 1.728～1.732,DR 为 0.004,一轴晶负光性;(3)密度(g/cm^3):3.38;(4)多色性:不可测;(5)光性特征:非均质体(偏光镜下显示四明四暗);(6)荧光观察:无;(7)吸收光谱:无;(8)其他:无			

样品照片(正面)	样品照片(背面)	放大观察(正面)	放大观察(背面)
			可见矿物包体、愈合裂隙

红外反射图谱

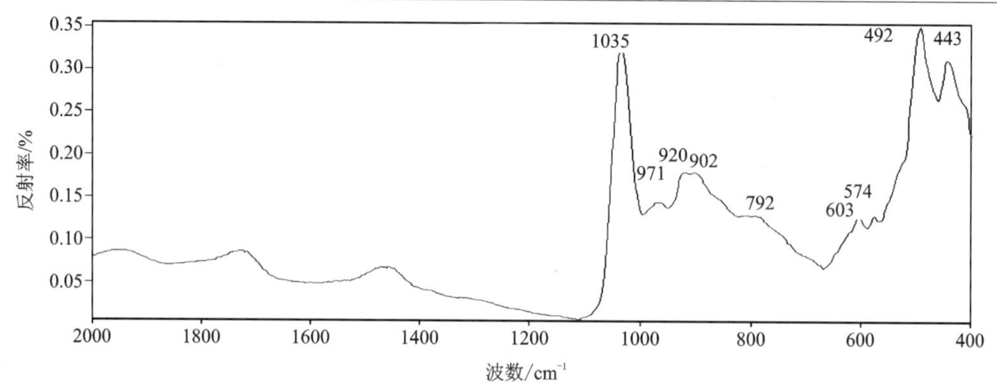

红外反射图谱显示:1035cm^{-1}、971cm^{-1}、920cm^{-1}红外吸收峰归属于 Si—O—Si 反对称伸缩振动,792cm^{-1}、603cm^{-1}红外吸收峰归属于 Si—O—Si 对称伸缩振动,492cm^{-1}、443cm^{-1}红外吸收峰归属于 Si—O 弯曲振动。

红外透射图谱

该样品检测不出红外透射图谱。

备注	

3.10 方解石

编号:80

样品信息 （含肉眼观察）	宝石种类	方解石	饰品名称	戒面
	颜色	浅蓝色	形状（琢型）	椭圆形弧面
	光泽	玻璃光泽	透明度	半透明
	质量	0.261 5g	尺寸（长×宽×高）	8mm×6mm×4mm
实验参数	(1)放大检查:愈合裂隙,包体重影,矿物包体;(2)折射率/双折射率(RI/DR):RI,1.52(点测);(3)密度(g/cm³):2.72;(4)多色性:不可测;(5)光性特征:非均质集合体(偏光镜下显示全亮);(6)荧光观察:LW无显示,SW显示中等强度白色荧光;(7)吸收光谱:无;(8)其他:无			

样品照片（正面）	样品照片（背面）	放大观察（正面）	放大观察（背面）
			可见矿物包体、愈合裂隙

红外反射图谱

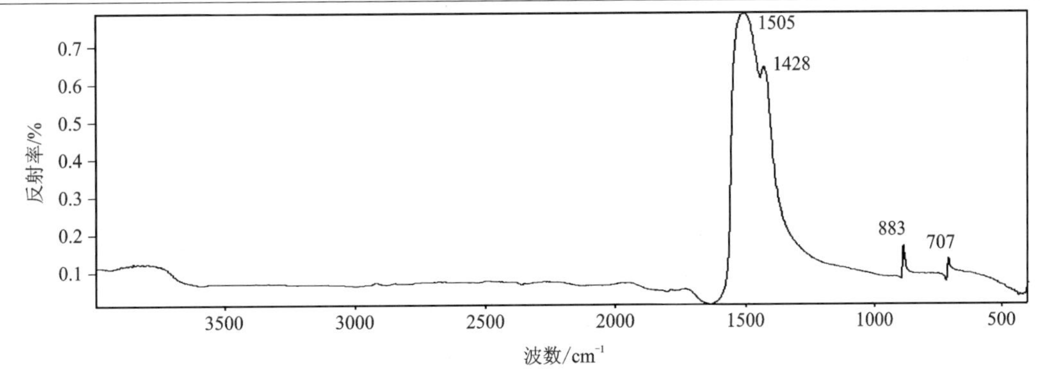

红外反射图谱显示:1505cm^{-1}、1428cm^{-1}红外吸收峰归属于$[CO_3]^{2-}$不对称伸缩振动,883cm^{-1}红外吸收峰归属于$[CO_3]^{2-}$面外弯曲振动,707cm^{-1}红外吸收峰归属于$[CO_3]^{2-}$面内弯曲振动。

红外透射图谱

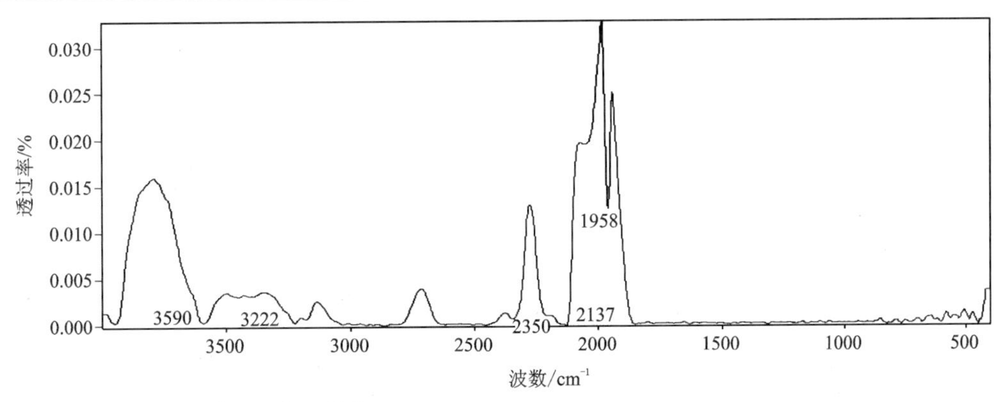

红外透射图谱显示:未见明显典型红外吸收峰。

备注	

3.11 锡石

编号:81

样品信息（含肉眼观察）	宝石种类	锡石	饰品名称	戒面
	颜色	黄色	形状(琢型)	祖母绿琢型刻面
	光泽	强玻璃光泽	透明度	透明
	质量	0.334 7g	尺寸(长×宽×高)	6mm×5mm×4mm
实验参数	(1)放大检查:愈合裂隙,晶体包体,后刻面棱重影;(2)折射率/双折射率(RI/DR):RI,>1.78;(3)密度(g/cm^3):6.97;(4)多色性:二色性,中等,无色,浅黄色;(5)光性特征:非均质体(偏光镜下显示四明四暗);(6)荧光观察:无;(7)吸收光谱:无;(8)其他:无			

样品照片(正面)	样品照片(背面)	放大观察(正面)	放大观察(背面)
			可见晶体包体、后刻面棱重影

红外反射图谱

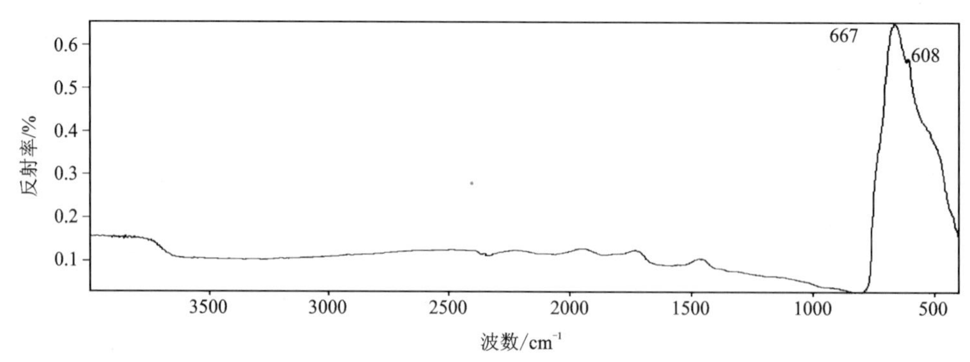

红外反射图谱显示:667cm^{-1}典型红外吸收峰,归属于Sn—O反对称振动。

红外透射图谱

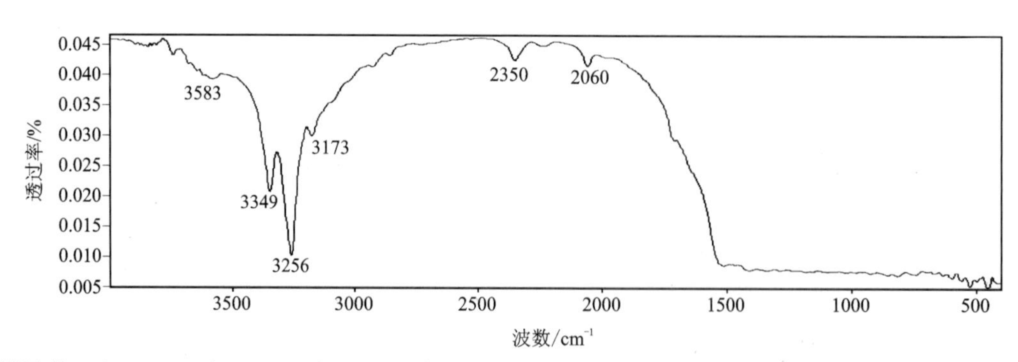

红外透射图谱显示:3583cm^{-1}、3349cm^{-1}、3256cm^{-1}、3173cm^{-1}、2350cm^{-1}、2060cm^{-1}等附近的红外吸收峰。

备注	

3.12 赛黄晶

编号:82

样品信息(含肉眼观察)	宝石种类	赛黄晶	饰品名称	戒面
	颜色	无色	形状(琢型)	圆形刻面
	光泽	玻璃光泽	透明度	透明
	质量	0.595 9g	尺寸(长×宽×高)	9mm×9mm×6mm
实验参数	(1)放大检查:纤维状包体,针包体,晶体包体;(2)折射率/双折射率(RI/DR):RI 为 1.630~1.636,DR 为 0.006,二轴晶正光性;(3)密度(g/cm³):3.00;(4)多色性:不可测;(5)光性特征:非均质体(偏光镜下显示四明四暗);(6)荧光观察:LW 无显示,SW 显示弱白色荧光;(7)吸收光谱:无;(8)其他:无			
样品照片(正面)	样品照片(背面) 	放大观察(正面) 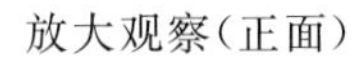	放大观察(背面)	
		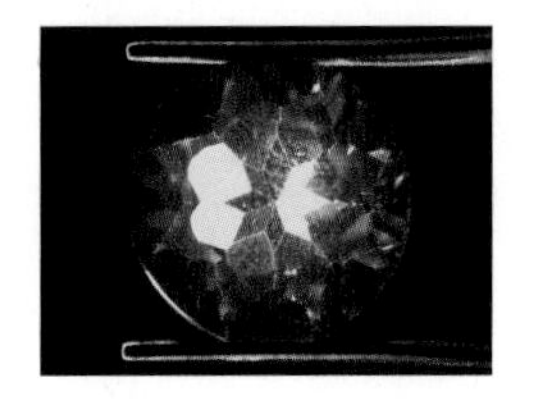	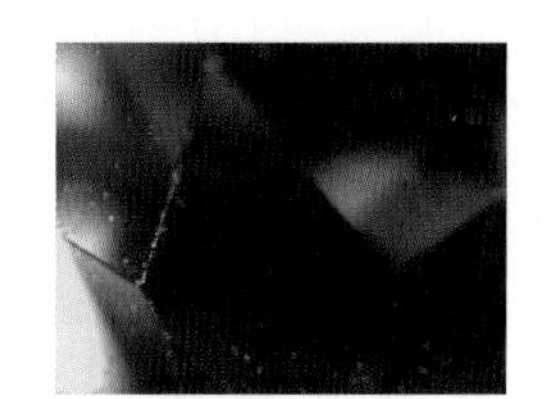 可见针状包体	

红外反射图谱

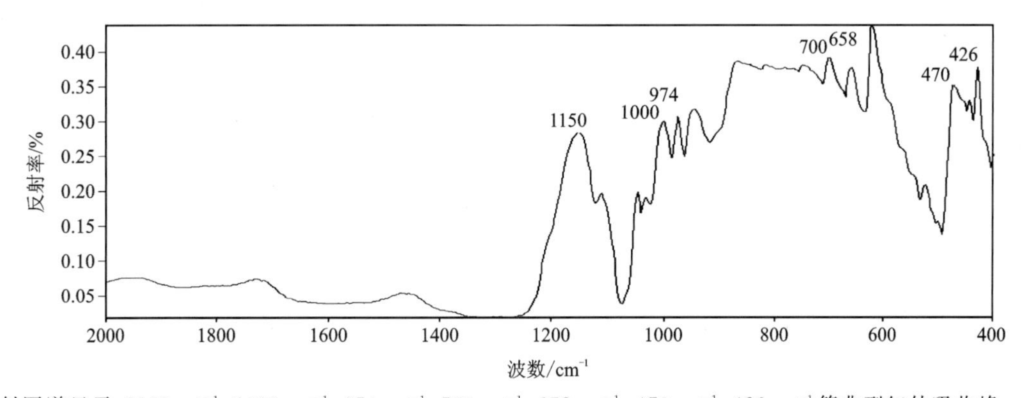

红外反射图谱显示:1150cm^{-1}、1000cm^{-1}、974cm^{-1}、700cm^{-1}、658cm^{-1}、470cm^{-1}、426cm^{-1}等典型红外吸收峰。

红外透射图谱

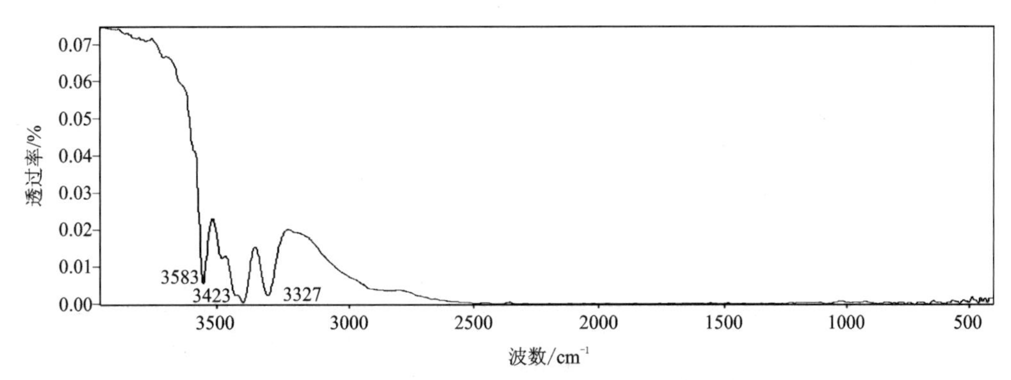

红外透射图谱显示:3800~3000cm^{-1}区域内的红外吸收峰与水或 OH^- 的振动相关。

备注	

3.13 硅铍石

编号:83

样品信息（含肉眼观察）	宝石种类	硅铍石	饰品名称	戒面
	颜色	无色	形状（琢型）	圆形刻面
	光泽	玻璃光泽	透明度	透明
	质量	0.073 8g	尺寸（长×宽×高）	4mm×4mm×4mm
实验参数	(1)放大检查:晶体包体，短针状包体，愈合裂隙，后刻面棱重影;(2)折射率/双折射率(RI/DR):RI 为 1.654～1.670，DR 为 0.016，一轴晶正光性;(3)密度(g/cm^3):2.97;(4)多色性:不可测;(5)光性特征:非均质体(偏光镜下显示四明四暗);(6)荧光观察:无;(7)吸收光谱:无;(8)其他:无			

样品照片（正面）	样品照片（背面）	放大观察（正面）	放大观察（背面）
		可见晶体包体	可见后刻面棱重影

红外反射图谱

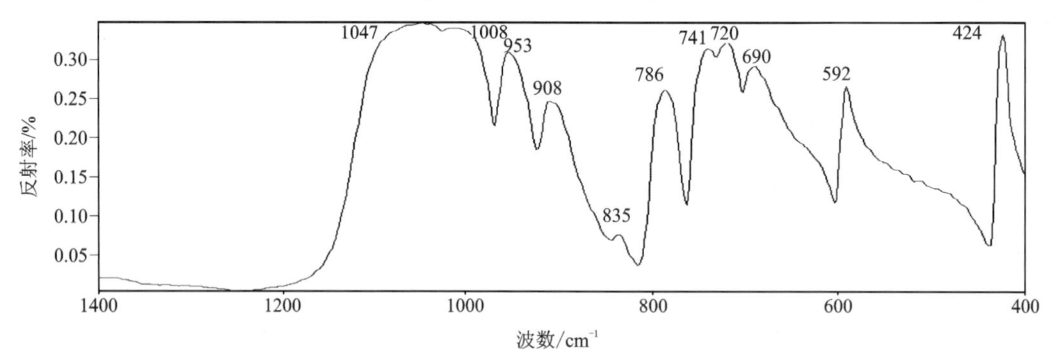

红外反射图谱显示:1047cm^{-1}、1008cm^{-1}红外吸收峰归属于[SiO_3]反对称伸缩振动，953cm^{-1}、908cm^{-1}红外吸收峰与[SiO_3]对称伸缩振动有关，690cm^{-1}红外吸收峰由 Si—O 对称伸缩振动引起。

红外透射图谱

该样品检测不出红外透射图谱。

备注	

4

优化处理宝石的红外光谱

4.1 充填红宝石

编号:84

样品信息（含肉眼观察）	宝石种类	充填红宝石	饰品名称	戒面
	颜色	红色	形状(琢型)	椭圆形刻面
	光泽	玻璃光泽	透明度	半透明
	质量	0.186 3g	尺寸(长×宽×高)	7mm×5mm×4mm
实验参数	(1)放大检查:气泡,表面光泽差异,晶体包体,充填物残余;(2)折射率/双折射率(RI/DR):RI 为 1.762～1.770,DR 为 0.008,一轴晶负光性;(3)密度(g/cm³):4.00;(4)多色性:二色性,中等,紫红—橙红色;(5)光性特征:非均质体(偏光镜下显示四明四暗);(6)荧光观察:无;(7)吸收光谱:694nm、692nm、668nm、659nm 吸收线,620～540nm 吸收带,476nm、475nm 强吸收线,468nm 弱吸收线,440～400nm 全吸收;(8)其他:无			

样品照片(正面)	样品照片(背面)	放大观察(正面)	放大观察(背面)
			可见气泡、充填物残余

红外反射图谱

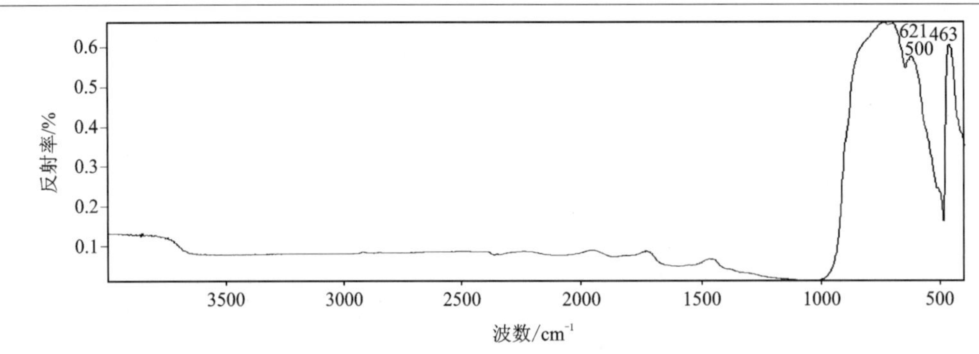

红外反射图谱显示:1000～500cm^{-1} 区域内强且宽的谱带,463cm^{-1} 附近的红外吸收峰。与刚玉的红外反射图谱显示基本一致。

红外透射图谱

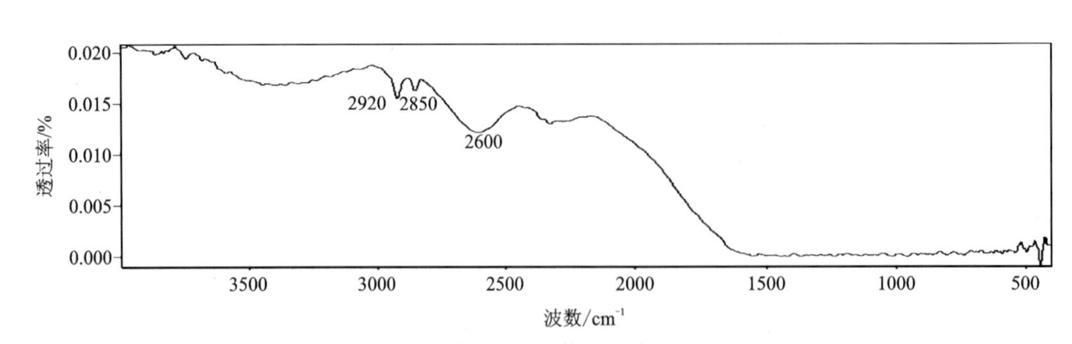

红外透射图谱显示:2920cm^{-1}、2850cm^{-1}、2600cm^{-1} 附近的红外吸收峰。

备注	与天然红宝石相比,多了 2600cm^{-1} 吸收峰,可能与充填物质有关。

4.2 扩散蓝宝石

编号:85

样品信息（含肉眼观察）	宝石种类	扩散蓝宝石	饰品名称	戒面
	颜色	蓝色	形状(琢型)	椭圆形刻面
	光泽	玻璃光泽	透明度	半透明
	质量	0.135 5g	尺寸(长×宽×高)	5mm×4mm×3mm
实验参数	(1)放大检查:愈合裂隙,颜色富集于裂隙、包体及棱线处,包体雾化;(2)折射率/双折射率(RI/DR):RI为1.762～1.770,DR为0.008,一轴晶负光性;(3)密度(g/cm³):3.99;(4)多色性:二色性,中等,浅蓝—蓝紫色;(5)光性特征:非均质体(偏光镜下显示四明四暗);(6)荧光观察:无;(7)吸收光谱:450nm、460nm、470nm吸收线;(8)其他:无			
样品照片(正面)	样品照片(背面)	放大观察(正面)	放大观察(背面)	
			可见颜色沿棱线处富集	

红外反射图谱

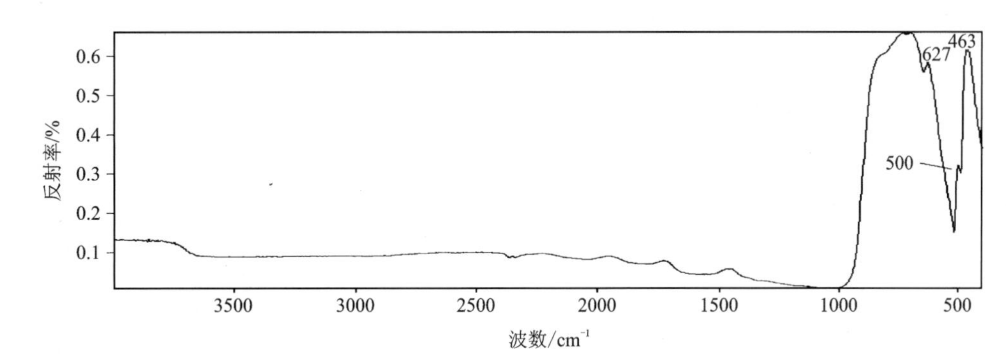

红外反射图谱显示:1000～500cm^{-1}区域内强且宽的谱带,500cm^{-1}、463cm^{-1}附近的红外吸收峰。

红外透射图谱

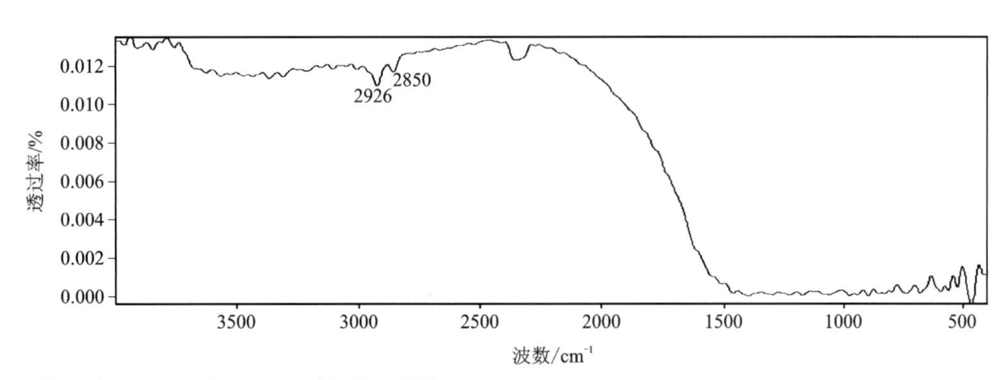

红外透射图谱显示:2926cm^{-1}、2850cm^{-1}红外吸收峰。

备注	

4.3 充填碧玺

编号:86

样品信息（含肉眼观察）	宝石种类	充填碧玺	饰品名称	戒面
	颜色	绿色	形状(琢型)	椭圆形弧面
	光泽	玻璃光泽	透明度	透明
	质量	0.135 6g	尺寸(长×宽×高)	7mm×5mm×2mm
实验参数	(1)放大检查:愈合裂隙,晶体包体;(2)折射率/双折射率(RI/DR):RI,1.62(点测);(3)密度(g/cm^3):3.05;(4)多色性:二色性,弱,蓝绿—黄绿色;(5)光性特征:非均质体(偏光镜下显示四明四暗);(6)荧光观察:无;(7)吸收光谱:498nm 强吸收带;(8)其他:无			
样品照片(正面)	样品照片(背面)	放大观察(正面)	放大观察(背面)	
			可见毛晶状包体、愈合裂隙	

红外反射图谱

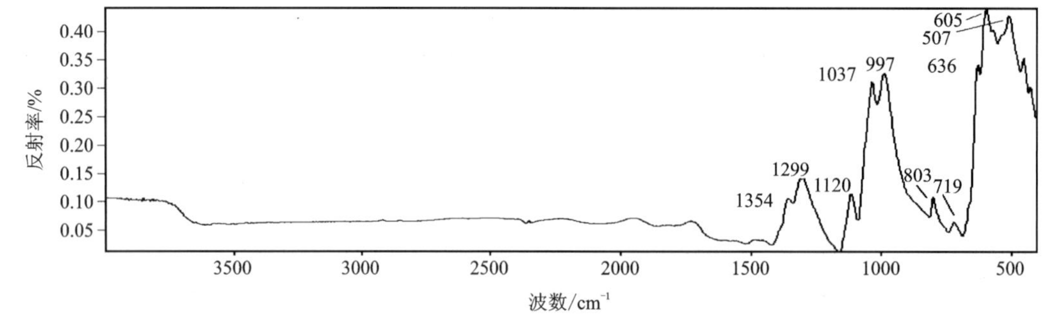

红外反射图谱显示:与天然碧玺图谱一致,可见 1299cm^{-1}、1120cm^{-1}、1037cm^{-1}、997cm^{-1}、803cm^{-1}、719cm^{-1}、507cm^{-1}附近的红外吸收峰。

红外透射图谱

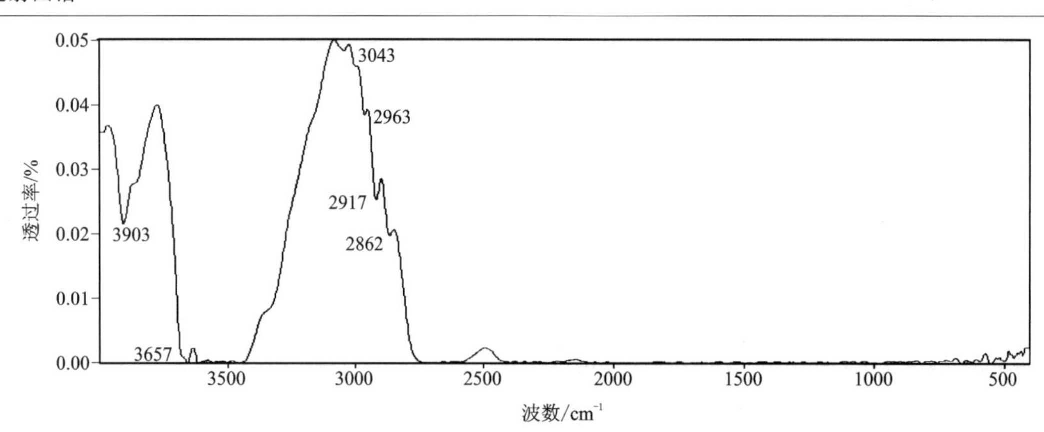

红外透射图谱显示:经人工树脂充填处理的碧玺,有时会出现 3060～3030cm^{-1}吸收带,并伴有与甲基(—CH_3)、亚甲基(—CH_2—)有关的红外吸收峰(2963cm^{-1}、2917cm^{-1}、2862cm^{-1}),相关峰往往向高频区偏移。

备注	

4.4 充填海蓝宝石

编号:87

样品信息（含肉眼观察）	宝石种类	充填海蓝宝石	饰品名称	戒面
	颜色	浅蓝色	形状（琢型）	椭圆形弧面
	光泽	玻璃光泽	透明度	半透明
	质量	0.293 3g	尺寸（长×宽×高）	8mm×6mm×4mm
实验参数	(1)放大检查:大量愈合裂隙,晶体包体,暗色矿物包体;(2)折射率/双折射率(RI/DR):RI,1.58(点测);(3)密度(g/cm^3):2.70;(4)多色性:二色性,弱,无色、浅蓝色;(5)光性特征:非均质体(偏光镜下显示四明四暗);(6)荧光观察:无;(7)吸收光谱:427nm强吸收带,537nm、456nm模糊吸收带;(8)其他:无			

样品照片（正面）	样品照片（背面）	放大观察（正面）	放大观察（背面）
		可见充填物残余	表面可见光泽差异

红外反射图谱

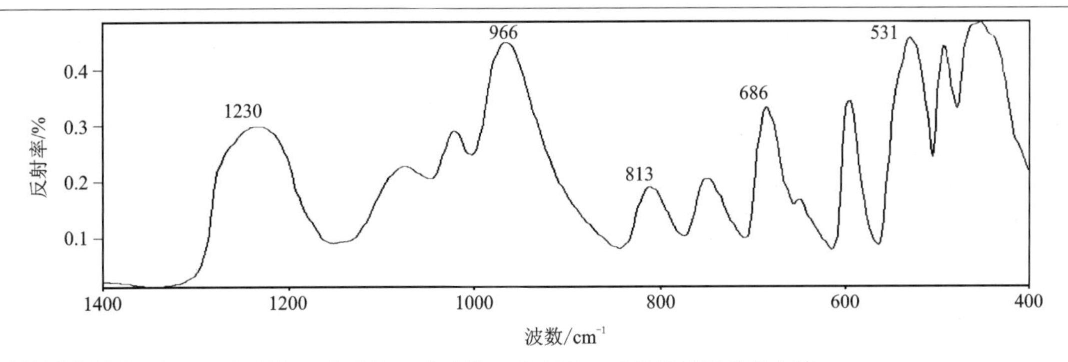

红外反射图谱显示:$1230cm^{-1}$、$966cm^{-1}$、$813cm^{-1}$、$686cm^{-1}$、$531cm^{-1}$附近的红外吸收峰。

红外透射图谱

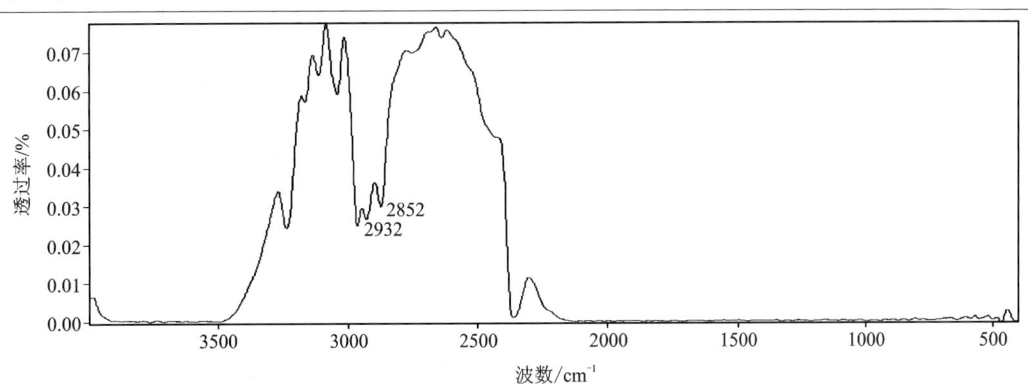

红外透射图谱显示:绿柱石中存在与甲基($—CH_3$)以及亚甲基($—CH_2—$)有关的物质,例如机器的防锈油、空气中有机挥发分、人体的油脂、有色油、无色油、各色蜡等,$2932cm^{-1}$为与甲基($—CH_3$)有关的红外吸收峰,$2932cm^{-1}$、$2852cm^{-1}$附近呈现与亚甲基($—CH_2—$)有关的红外吸收峰。

备注	

4.5 拼合水晶

编号:88

样品信息（含肉眼观察）	宝石种类	拼合水晶	饰品名称	戒面
	颜色	绿色	形状(琢型)	椭圆形刻面
	光泽	玻璃光泽	透明度	透明
	质量	0.211 0g	尺寸(长×宽×高)	8mm×6mm×4mm
实验参数	(1)放大检查:侧面可见拼合缝,下层可见愈合裂隙;(2)折射率/双折射率(RI/DR):RI,1.520;(3)密度(g/cm^3):2.59;(4)多色性:不可测;(5)光性特征:不可测;(6)荧光观察:LW 无显示,SW 显示弱白色荧光;(7)吸收光谱:无;(8)其他:无			

样品照片(正面)	样品照片(背面)	放大观察(正面)	放大观察(背面)
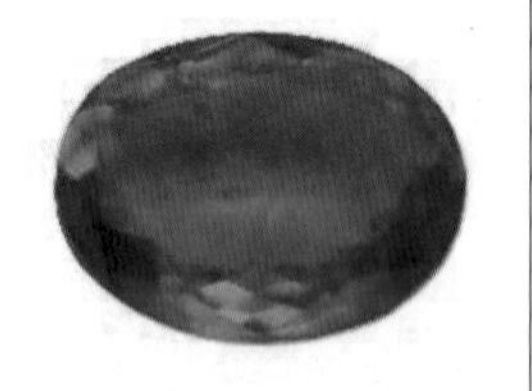	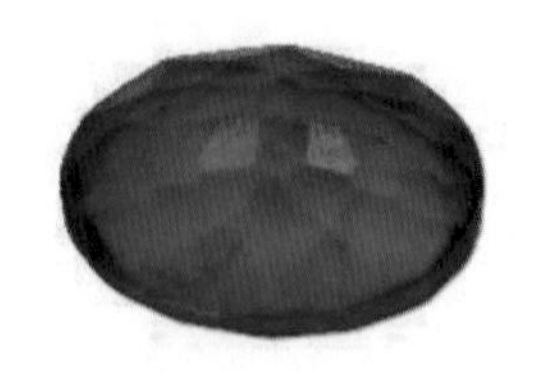	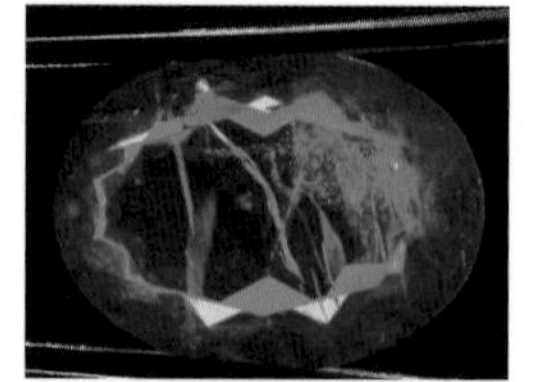 下层可见愈合裂隙	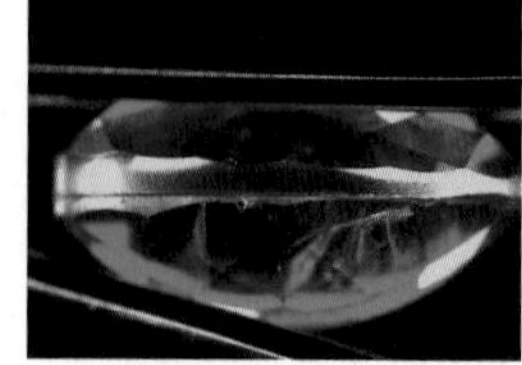 侧面可见拼合缝

红外反射图谱

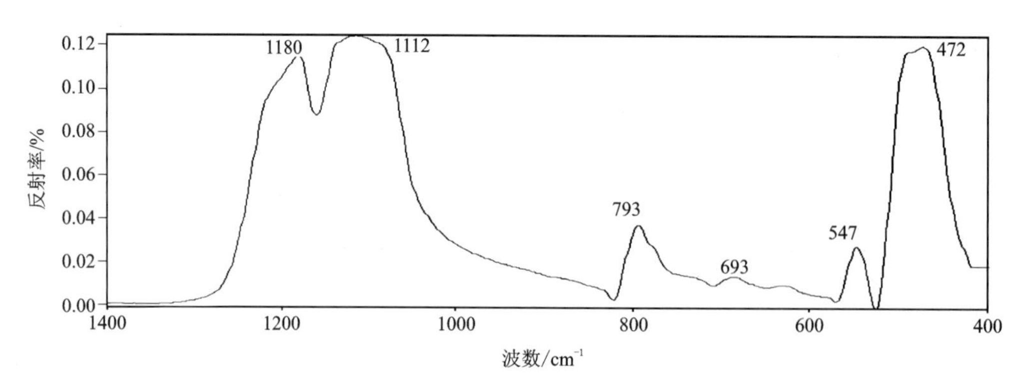

红外反射图谱显示:1180cm^{-1}、1112cm^{-1}、793cm^{-1}、693cm^{-1}、547cm^{-1}、472cm^{-1}附近的红外吸收峰。

红外透射图谱

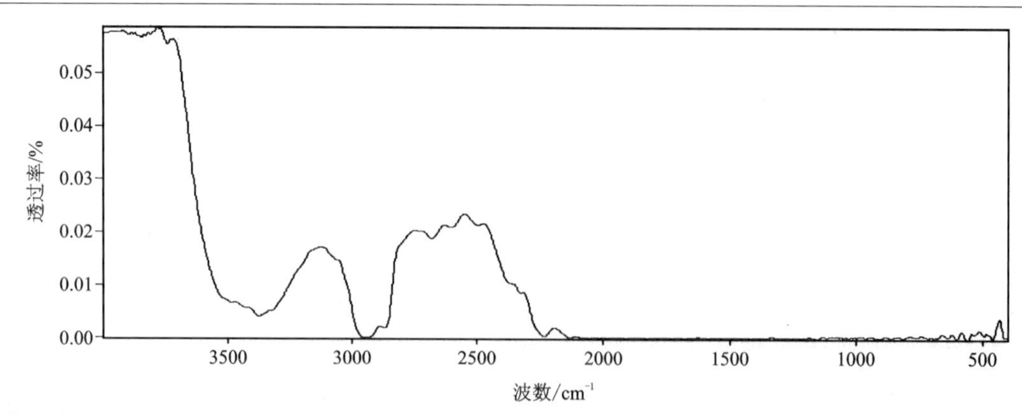

红外透射图谱显示:未见明显典型红外吸收峰。

备注	测的是拼合石的顶部水晶部分。

4.6 染色水晶

编号:89

样品信息（含肉眼观察）	宝石种类	染色水晶	饰品名称	戒面
	颜色	紫色	形状（琢型）	圆形
	光泽	玻璃光泽	透明度	透明
	质量	1.255 4g	尺寸（直径）	10mm
实验参数	(1)放大检查:颜色沿裂隙分布,可见晶体包体、气液两相包体;(2)折射率/双折射率(RI/DR):RI,1.54(点测);(3)密度(g/cm^3):2.57(有孔);(4)多色性:不可测;(5)光性特征:非均质体(偏光镜下显示四明四暗,牛眼干涉图);(6)荧光观察:LW 显示中等强度白色荧光,SW 显示中等强度白色荧光;(7)吸收光谱:红区有两条吸收带,可见 550nm 吸收带;(8)其他:无			
样品照片（正面）	样品照片（背面）	放大观察（正面）	放大观察（背面）	
		可见颜色分布不均	可见气液两相包体	

红外反射图谱

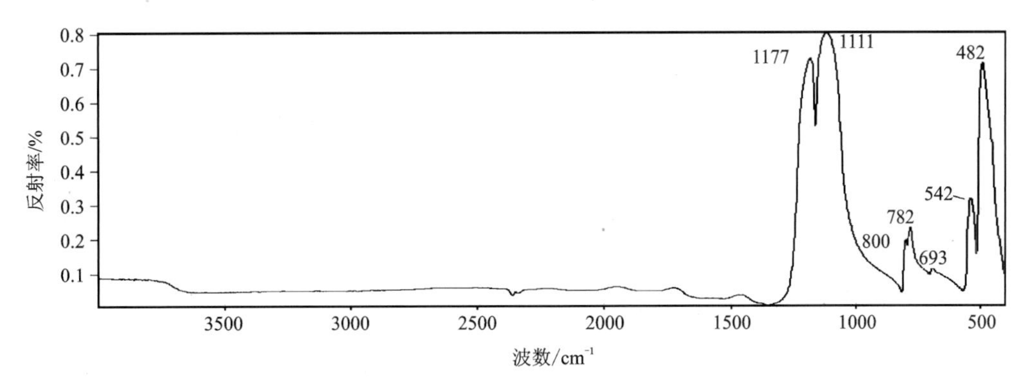

红外反射图谱显示:1177cm⁻¹、1111cm⁻¹、800cm⁻¹、782cm⁻¹、693cm⁻¹、542cm⁻¹、482cm⁻¹附近的红外吸收峰。

红外透射图谱　染色水晶红外反射图谱跟天然水晶一样。

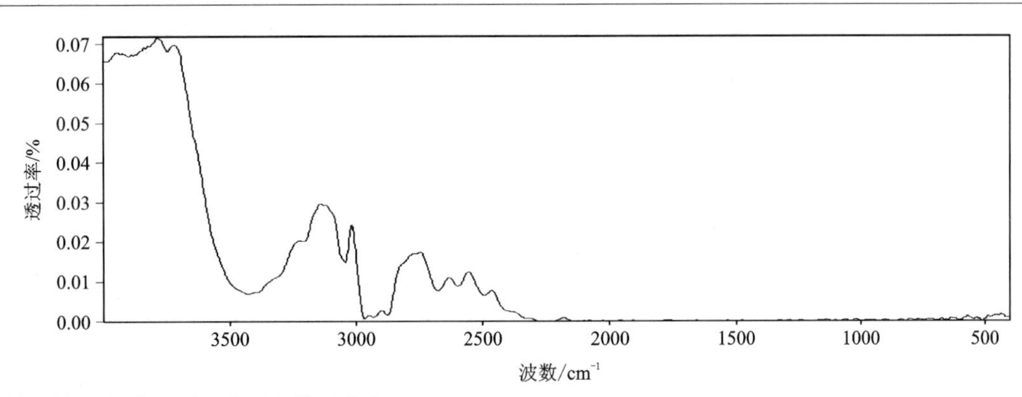

红外透射图谱显示:未见明显典型红外吸收峰。

备注	

4.7 覆膜水晶

编号:90

样品信息(含肉眼观察)	宝石种类	覆膜水晶	饰品名称	戒面
	颜色	橙色	形状(琢型)	圆形
	光泽	玻璃光泽	透明度	透明
	质量	1.329 2g	尺寸(直径)	10mm
实验参数	(1)放大检查:愈合裂隙,表面可见薄膜脱落;(2)折射率/双折射率(RI/DR):RI,1.54(点测);(3)密度(g/cm^3):2.63(有孔);(4)多色性:不可测;(5)光性特征:非均质体(偏光镜下显示四明四暗,牛眼干涉图);(6)荧光观察:无;(7)吸收光谱:无;(8)其他:无			
样品照片(正面)	样品照片(背面)	放大观察(正面)	放大观察(背面)	
			表面可见薄膜脱落	

红外反射图谱

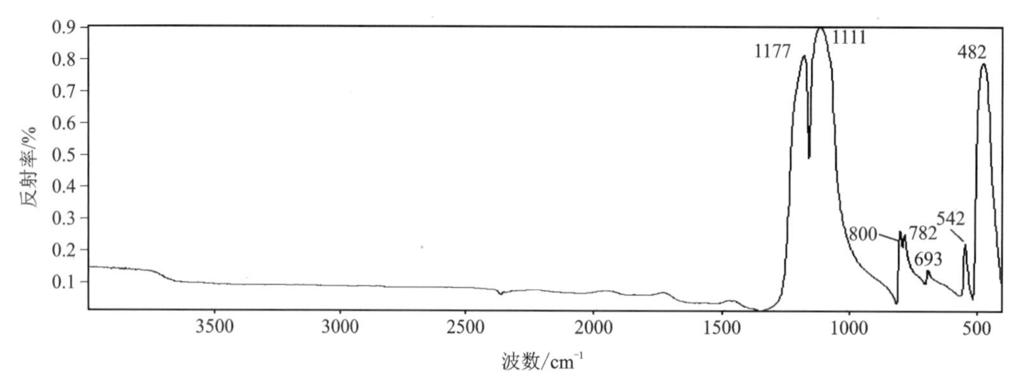

红外反射图谱显示:$1177cm^{-1}$、$1111cm^{-1}$、$800cm^{-1}$、$782cm^{-1}$、$693cm^{-1}$、$542cm^{-1}$、$482cm^{-1}$附近的红外吸收峰。

红外透射图谱

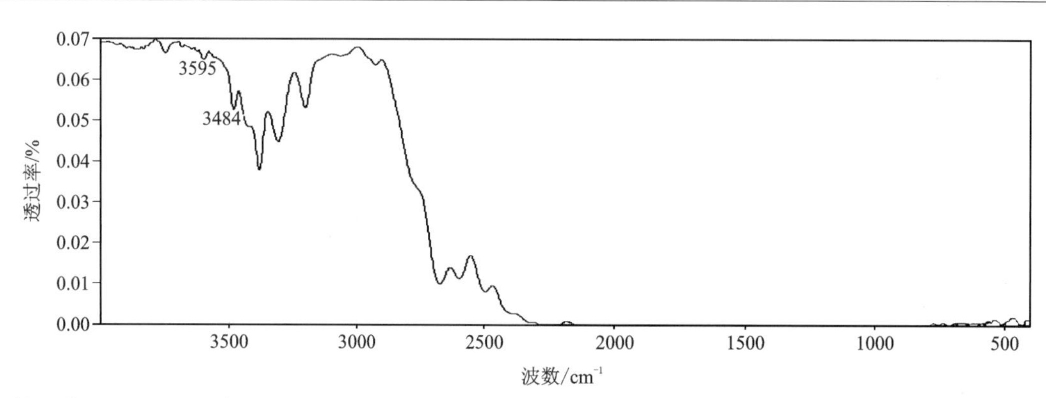

红外透射图谱显示:$3595cm^{-1}$、$3484cm^{-1}$红外吸收峰。

备注	

4.8 覆膜托帕石

编号:91

样品信息（含肉眼观察）	宝石种类	覆膜托帕石	饰品名称	戒面
	颜色	红褐色	形状(琢型)	水滴形刻面
	光泽	玻璃光泽	透明度	透明
	质量	0.195 8g	尺寸(长×宽×高)	8mm×5mm×4mm
实验参数	(1)放大检查:表面可见薄膜脱落,内部干净;(2)折射率/双折射率(RI/DR):RI 为 1.605～1.620,DR为0.015,二轴晶正光性;(3)密度(g/cm^3):3.55;(4)多色性:不可测;(5)光性特征:非均质体(偏光镜下显示四明四暗,单臂干涉图);(6)荧光观察:无;(7)吸收光谱:无;(8)其他:无			

样品照片(正面)	样品照片(背面)	放大观察(正面)	放大观察(背面)
			表面可见薄膜脱落

红外反射图谱

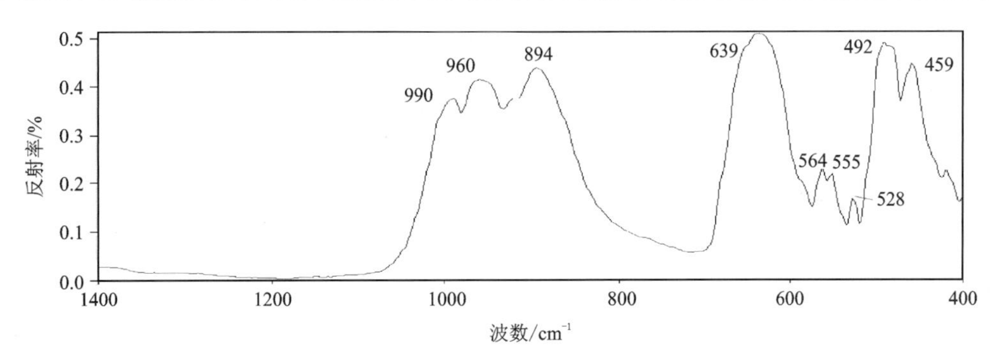

红外反射图谱显示:990cm^{-1}、960cm^{-1}、894cm^{-1}、639cm^{-1}、564cm^{-1}、555cm^{-1}、528cm^{-1}、492cm^{-1}、459cm^{-1}附近的红外吸收峰。

红外透射图谱

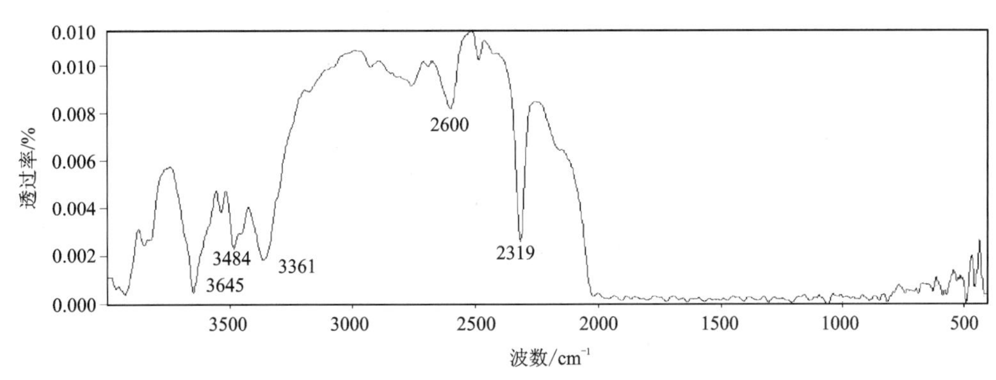

红外透射图谱显示:3645cm^{-1}、3484cm^{-1}、3361cm^{-1}、2600cm^{-1}、2319cm^{-1}红外吸收峰。

备注	托帕石透射的稳定性好,即使经过覆膜、涂层处理,透射图谱仍是指认宝石内核为托帕石的重要证据。

4.9 覆膜赛黄晶

编号:92

样品信息（含肉眼观察）	宝石种类	覆膜赛黄晶	饰品名称	戒面
	颜色	粉色	形状(琢型)	长方形刻面
	光泽	玻璃光泽	透明度	透明
	质量	0.173 1g	尺寸(长×宽×高)	7mm×5mm×4mm
实验参数	(1)放大检查:愈合裂隙,表面可见异常干涉色,可见薄膜脱落;(2)折射率/双折射率(RI/DR):RI 为 1.630～1.636,DR 为 0.006,二轴晶正光性;(3)密度(g/cm^3):3.00;(4)多色性:不可测;(5)光性特征:非均质体(偏光镜下显示四明四暗,单臂干涉图);(6)荧光观察:无;(7)吸收光谱:无;(8)其他:无			

样品照片(正面)	样品照片(背面)	放大观察(正面)	放大观察(背面)
		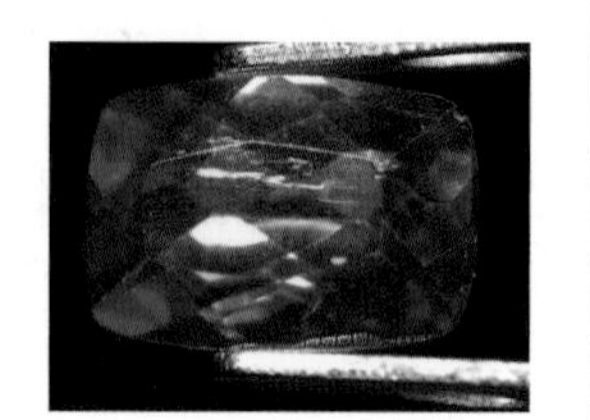	 表面可见薄膜脱落

红外反射图谱

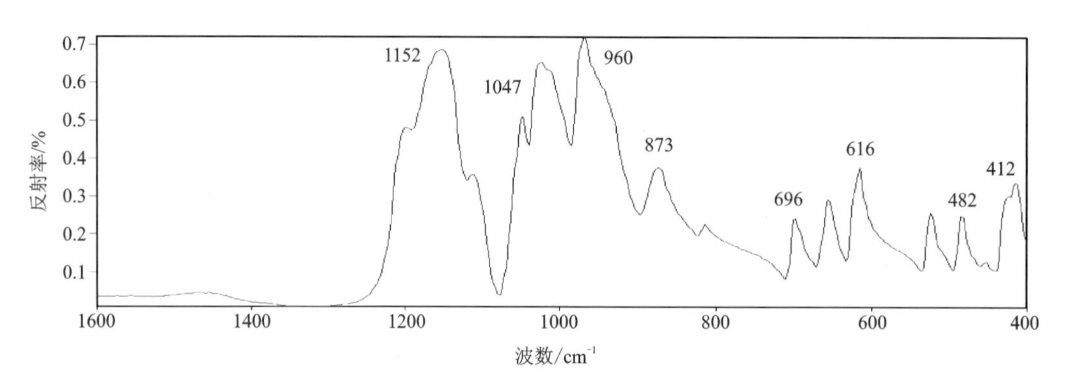

红外反射图谱显示:1152cm^{-1}、1047cm^{-1}、960cm^{-1}、873cm^{-1}、696cm^{-1}、616cm^{-1}、482cm^{-1}、412cm^{-1}红外吸收峰。

红外透射图谱

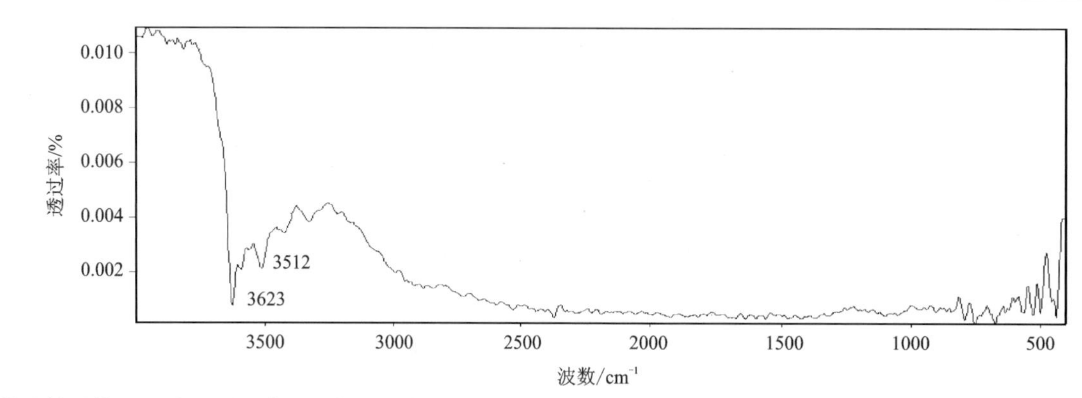

红外透射图谱显示:未见明显典型红外吸收峰。

备注	

4.10 石榴石拼合石

编号:93

样品信息 (含肉眼观察)	宝石种类	石榴石拼合石	饰品名称	戒面
	颜色	橙色	形状(琢型)	椭圆形刻面
	光泽	玻璃光泽	透明度	透明
	质量	0.342 6g	尺寸(长×宽×高)	7mm×5mm×4mm
实验参数	(1)放大检查:上层晶体包体、针状包体、愈合裂隙,侧面可见拼合缝;(2)折射率/双折射率(RI/DR):RI,>1.78;(3)密度(g/cm^3):3.96;(4)多色性:无;(5)光性特征:非均质体(偏光镜下显示四明四暗);(6)荧光观察:无;(7)吸收光谱:505nm、520nm 吸收线,575nm、450nm 吸收带;(8)其他:无			
样品照片(正面)	样品照片(背面)	放大观察(正面)	放大观察(背面)	
	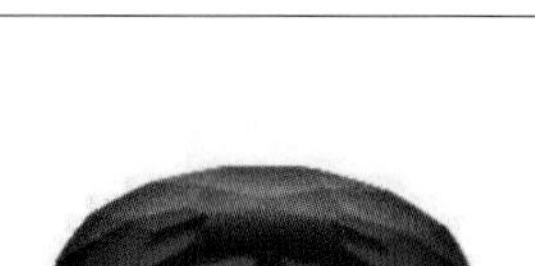	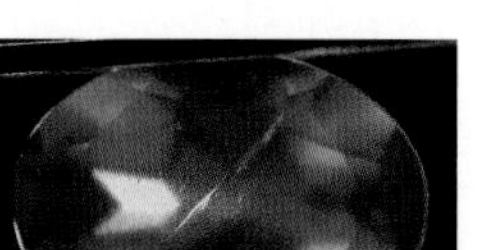 上层可见针状包体、愈合裂隙	 侧面可见拼合缝	

红外反射图谱

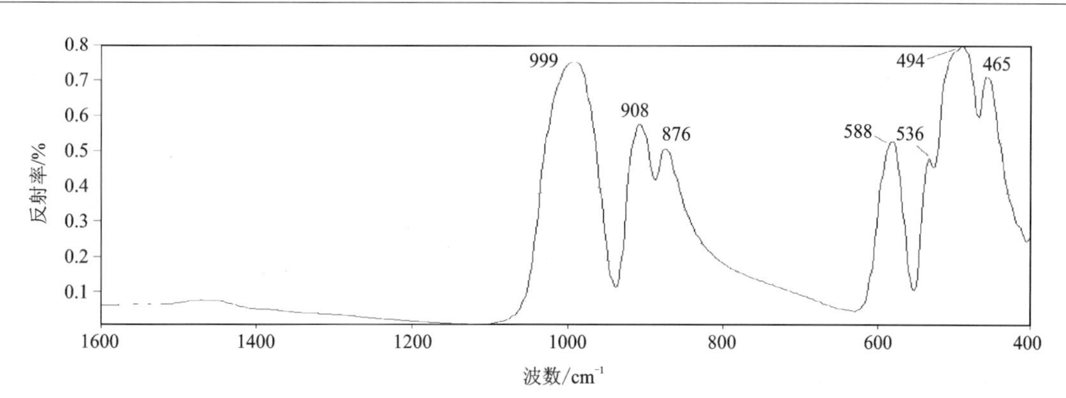

红外反射图谱显示:999cm^{-1}、908cm^{-1}、876cm^{-1}、588cm^{-1}、536cm^{-1}、494cm^{-1}、465cm^{-1}红外吸收峰。

红外透射图谱

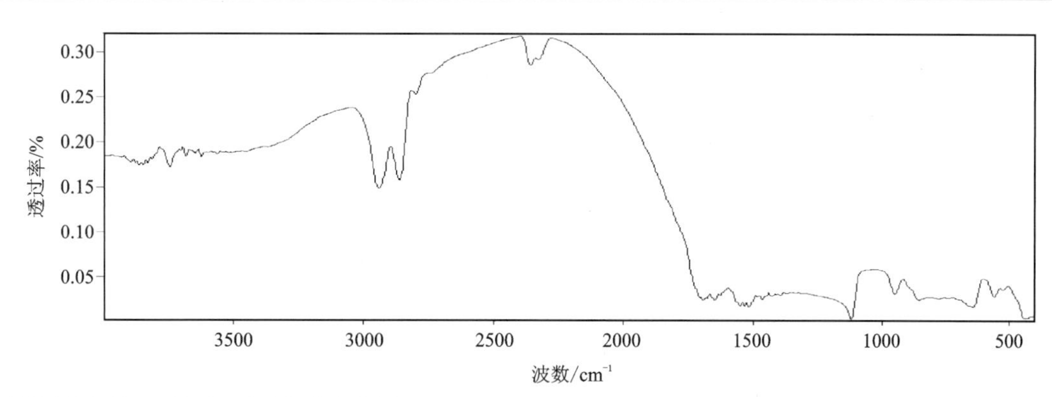

红外透射图谱显示:未见明显典型红外吸收峰。

备注	红外透射测试的是拼合石顶部石榴石部分。

5

人工宝石的红外光谱

5.1 合成钻石

编号:94

<table>
<tr><td rowspan="4">样品信息
(含肉眼观察)</td><td>宝石种类</td><td>合成钻石</td><td>饰品名称</td><td>戒面</td></tr>
<tr><td>颜色</td><td>无色</td><td>形状(琢型)</td><td>圆形弧面</td></tr>
<tr><td>光泽</td><td>玻璃光泽</td><td>透明度</td><td>透明</td></tr>
<tr><td>质量</td><td>0.075 8g</td><td>尺寸(长×宽×高)</td><td>5mm×5mm×3mm</td></tr>
<tr><td>实验参数</td><td colspan="4">(1)放大检查:暗色矿物包体;(2)折射率/双折射率(RI/DR):RI,>1.78;(3)密度(g/cm³):3.50;(4)多色性:不可测;(5)光性特征:非均质体(偏光镜下显示四明四暗);(6)荧光观察:LW 无显示,SW 显示弱白色荧光;(7)吸收光谱:无;(8)其他:无</td></tr>
<tr><td>样品照片(正面)</td><td colspan="2">样品照片(背面)</td><td>放大观察(正面)</td><td>放大观察(背面)</td></tr>
<tr><td colspan="5">红外反射图谱</td></tr>
<tr><td colspan="5">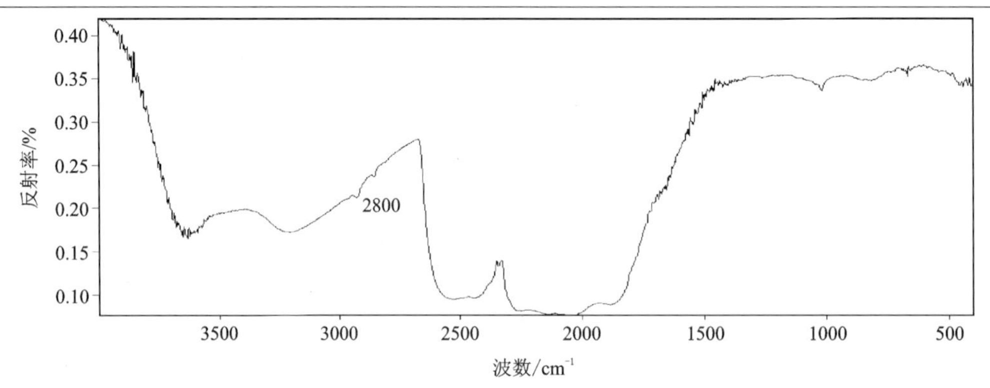

红外反射图谱显示:1400~1100cm⁻¹区域内无明显 N 的红外吸收峰,且未见明显 B 的红外吸收峰,可判断钻石为Ⅱa 型,属于 CVD 合成钻石。</td></tr>
<tr><td colspan="5">红外透射图谱</td></tr>
<tr><td colspan="5">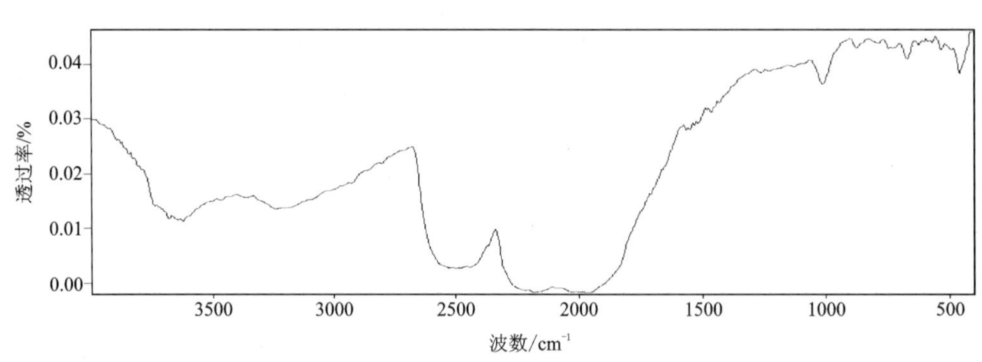

红外透射图谱显示:未见明显典型红外吸收峰。</td></tr>
<tr><td>备注</td><td colspan="4"></td></tr>
</table>

5.2 合成红宝石

编号:95

样品信息（含肉眼观察）	宝石种类	合成红宝石	饰品名称	戒面
	颜色	红色	形状(琢型)	椭圆形刻面
	光泽	玻璃光泽	透明度	透明
	质量	0.276 8g	尺寸(长×宽×高)	8mm×6mm×4mm
实验参数	(1)放大检查:弧形生长纹;(2)折射率/双折射率(RI/DR):RI 为 1.762～1.770,DR 为 0.008,一轴晶负光性;(3)密度(g/cm^3):3.99;(4)多色性:二色性,中等,紫红色、橙红色;(5)光性特征:非均质体(偏光镜下显示四明四暗);(6)荧光观察:LW 显示强红色荧光,SW 显示中等强度红色荧光;(7)吸收光谱:694nm、692nm、668nm、659nm 吸收线,620～540nm 吸收带,476nm、475nm 强吸收线,468nm 弱吸收线,440～400nm 全吸收;(8)其他:无			

样品照片(正面)	样品照片(背面)	放大观察(正面)	放大观察(背面)
			可见弧形生长纹

红外反射图谱

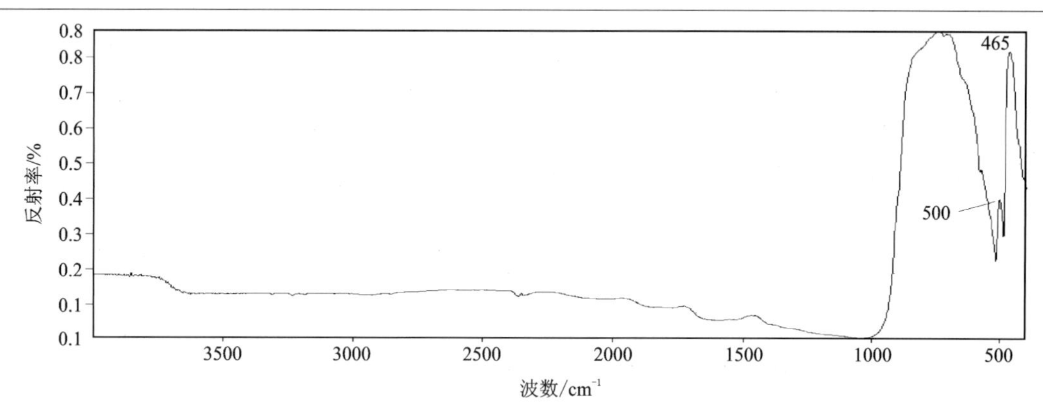

红外反射图谱显示:1000～500cm^{-1}区域内强且宽的谱带,500cm^{-1}、465cm^{-1}附近的红外吸收峰。与刚玉的红外反射图谱显示基本一致。

红外透射图谱

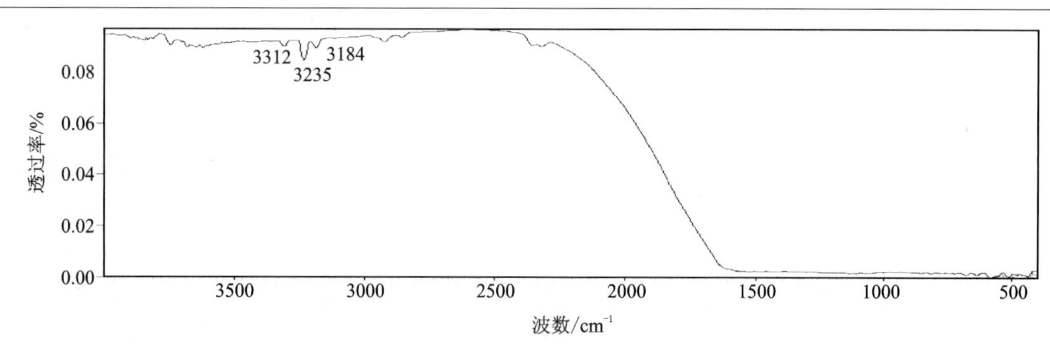

红外透射图谱显示:3312cm^{-1}、3235cm^{-1}、3184cm^{-1}附近明显吸收。

备注	

5.3 合成红宝石

编号:96

<table>
<tr><td rowspan="4">样品信息
(含肉眼观察)</td><td>宝石种类</td><td>合成红宝石</td><td>饰品名称</td><td>戒面</td></tr>
<tr><td>颜色</td><td>红色</td><td>形状(琢型)</td><td>祖母绿琢型刻面</td></tr>
<tr><td>光泽</td><td>玻璃光泽</td><td>透明度</td><td>透明</td></tr>
<tr><td>质量</td><td>0.279 8g</td><td>尺寸(长×宽×高)</td><td>7mm×5mm×5mm</td></tr>
<tr><td>实验参数</td><td colspan="4">(1)放大检查:助溶剂残余;(2)折射率/双折射率(RI/DR):RI 为 1.762~1.770,DR 为 0.008,一轴晶负光性;(3)密度(g/cm^3):4.00;(4)多色性:二色性,中等,紫红—橙红色;(5)光性特征:非均质体(偏光镜下显示四明四暗);(6)荧光观察:LW 显示强红色荧光,SW 显示强红色荧光;(7)吸收光谱:694nm、692nm、668nm、659nm 吸收线,620~540nm 吸收带,476nm、475nm 强吸收线,468nm 弱吸收线,440~400nm 全吸收;(8)其他:无</td></tr>
<tr><td>样品照片(正面)</td><td colspan="2">样品照片(背面)</td><td>放大观察(正面)</td><td>放大观察(背面)</td></tr>
<tr><td></td><td colspan="2"></td><td></td><td>可见助溶剂残余</td></tr>
</table>

红外反射图谱

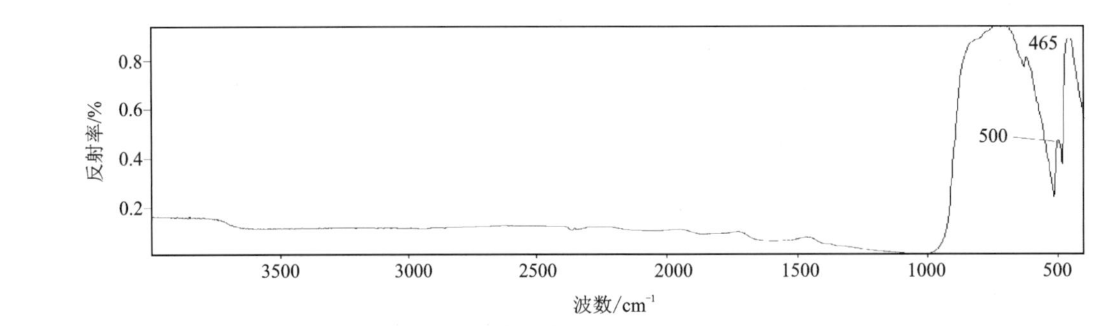

红外反射图谱显示:与刚玉的红外反射图谱显示基本一致。

红外透射图谱

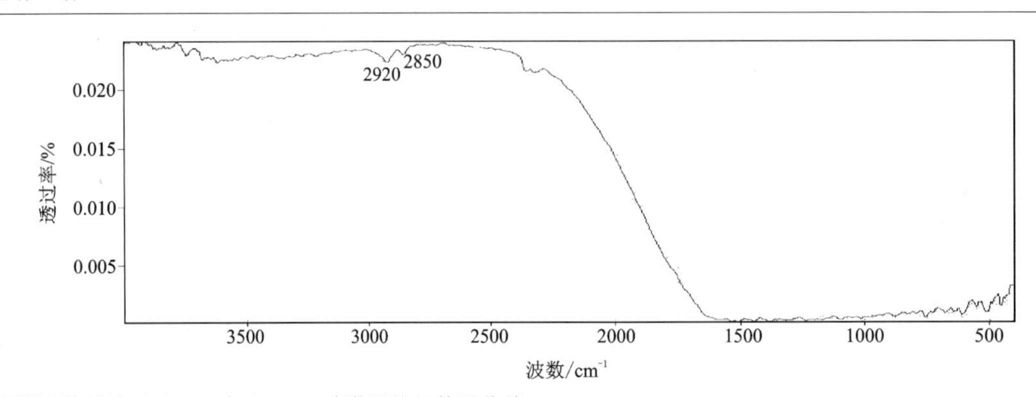

红外透射图谱显示:$2920cm^{-1}$、$2850cm^{-1}$附近的红外吸收峰。

备注	

5.4 合成红宝石

编号:97

样品信息（含肉眼观察）	宝石种类	合成红宝石	饰品名称	戒面
	颜色	红色	形状(琢型)	椭圆形刻面
	光泽	玻璃光泽	透明度	透明
	质量	0.196 8g	尺寸(长×宽×高)	7mm×5mm×4mm
实验参数	(1)放大检查:水波纹;(2)折射率/双折射率(RI/DR):RI 为 1.762～1.770,DR 为 0.008,一轴晶负光性;(3)密度(g/cm³):3.99;(4)多色性:二色性,中等,紫红—橙红色;(5)光性特征:非均质体(偏光镜下显示四明四暗);(6)荧光观察:LW 显示中等强度红色荧光,SW 显示弱红色荧光;(7)吸收光谱:694nm、692nm、668nm、659nm 吸收线,620～540nm 吸收带,476nm、475nm 强吸收线,468nm 弱吸收线,440～400nm 全吸收;(8)其他:无			

样品照片(正面)	样品照片(背面)	放大观察(正面)	放大观察(背面)
			可见水波纹

红外反射图谱

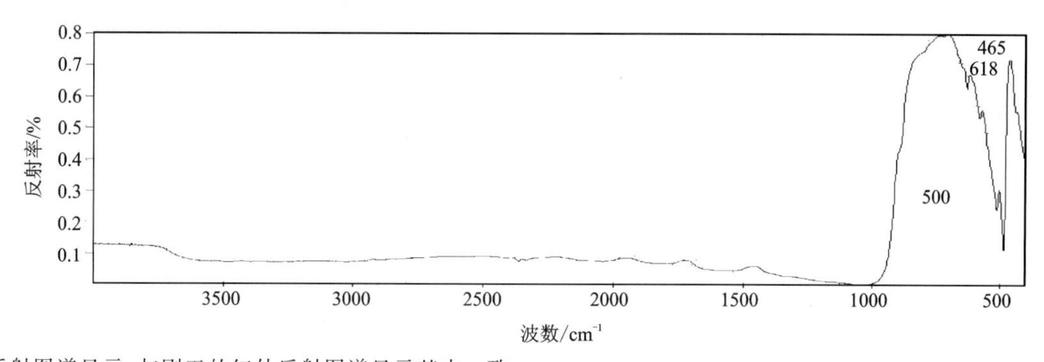

红外反射图谱显示:与刚玉的红外反射图谱显示基本一致。

红外透射图谱

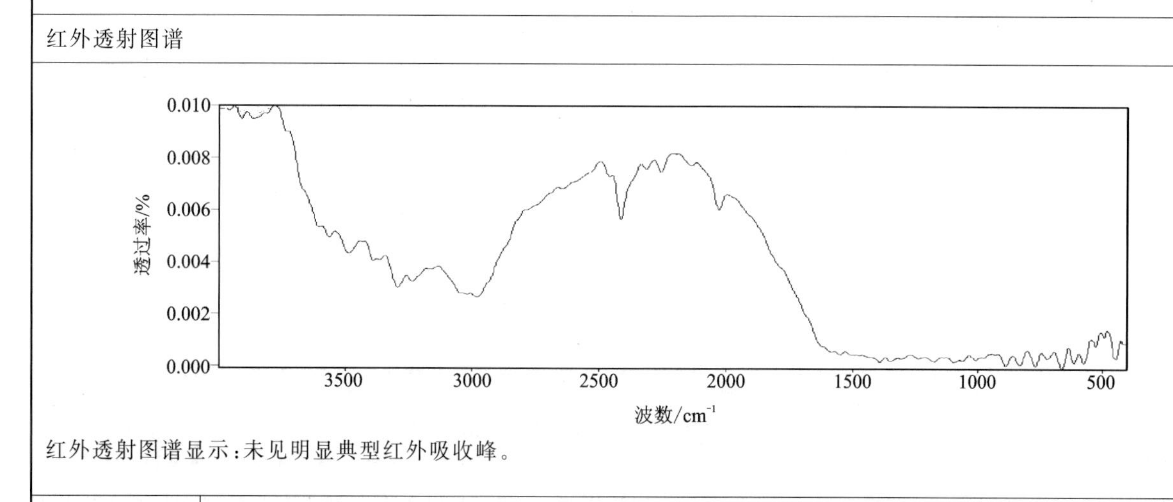

红外透射图谱显示:未见明显典型红外吸收峰。

备注	

5.5 合成蓝宝石

编号:98

<table>
<tr><td rowspan="4">样品信息
(含肉眼观察)</td><td>宝石种类</td><td>合成蓝宝石</td><td>饰品名称</td><td>戒面</td></tr>
<tr><td>颜色</td><td>蓝色</td><td>形状(琢型)</td><td>椭圆形刻面</td></tr>
<tr><td>光泽</td><td>玻璃光泽</td><td>透明度</td><td>亚透明</td></tr>
<tr><td>质量</td><td>0.281 3g</td><td>尺寸(长×宽×高)</td><td>8mm×6mm×4mm</td></tr>
<tr><td>实验参数</td><td colspan="4">(1)放大检查:弧形生长纹;(2)折射率/双折射率(RI/DR):RI 为 1.762～1.770,DR 为 0.008,一轴晶负光性;(3)密度(g/cm3):3.98;(4)多色性:二色性,中等,深紫—蓝紫色;(5)光性特征:非均质体(偏光镜下显示四明四暗);(6)荧光观察:LW 无显示,SW 显示中等强度白垩色荧光;(7)吸收光谱:450nm、460nm、470nm 吸收线;(8)其他:无</td></tr>
<tr><td>样品照片(正面)</td><td>样品照片(背面)</td><td>放大观察(正面)</td><td colspan="2">放大观察(背面)</td></tr>
<tr><td></td><td></td><td>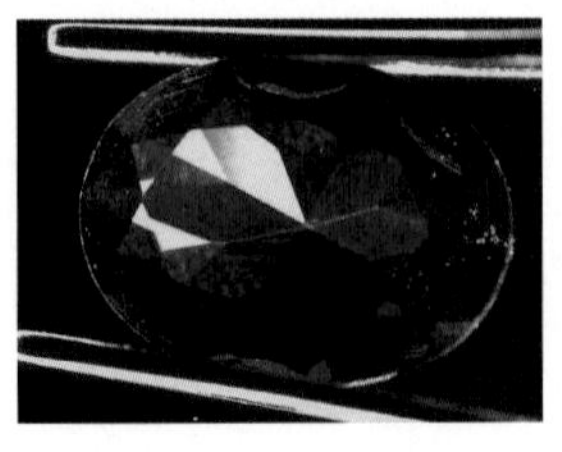</td><td colspan="2">
可见气泡和未溶粉末</td></tr>
<tr><td colspan="5">红外反射图谱</td></tr>
<tr><td colspan="5">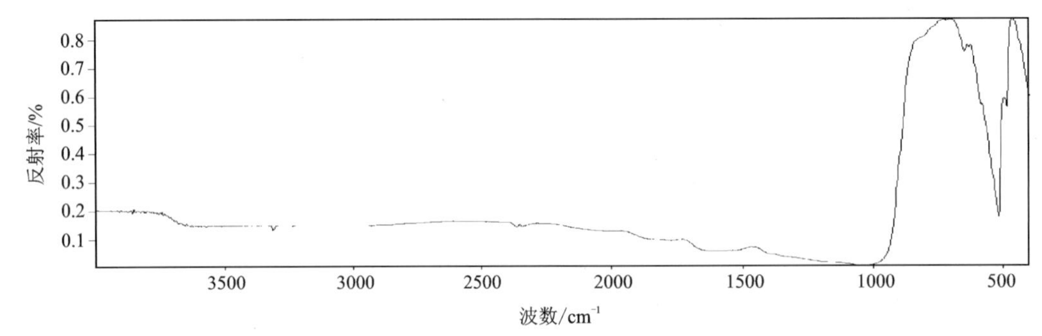
红外反射图谱显示:天然蓝宝石与合成蓝宝石呈现相似的红外反射图谱显示特征,Al—O 振动的红外吸收峰集中于 $1000cm^{-1}$ 以下的区域。</td></tr>
<tr><td colspan="5">红外透射图谱</td></tr>
<tr><td colspan="5">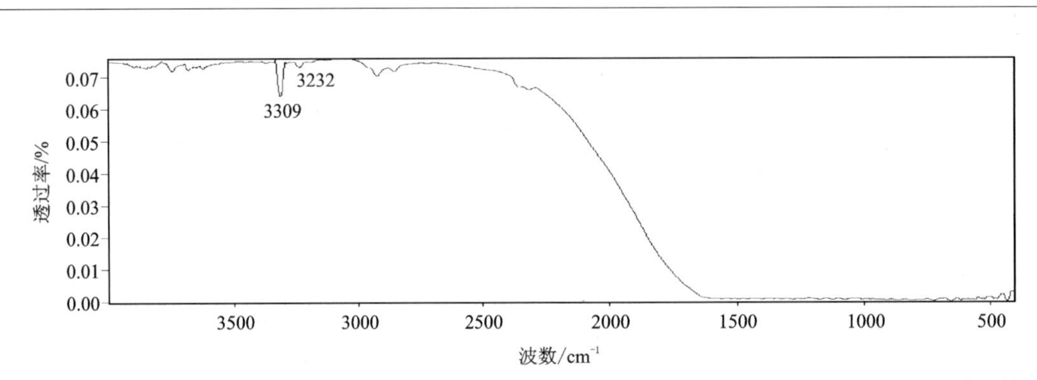
红外透射图谱显示:$3309cm^{-1}$、$3232cm^{-1}$ 附近明显吸收。焰熔法合成蓝宝石比天然蓝宝石多了 $3232cm^{-1}$ 红外吸收峰。</td></tr>
<tr><td>备注</td><td colspan="4"></td></tr>
</table>

5.6 合成蓝宝石

编号:99

样品信息（含肉眼观察）	宝石种类	合成蓝宝石	饰品名称	戒面
	颜色	蓝色	形状(琢型)	心形刻面
	光泽	玻璃光泽	透明度	亚透明
	质量	0.124 8g	尺寸(长×宽×高)	5mm×5mm×3mm
实验参数	(1)放大检查:助溶剂残余;(2)折射率/双折射率(RI/DR):RI 为 1.762～1.770,DR 为 0.008,一轴晶负光性;(3)密度(g/cm³):3.99;(4)多色性:二色性,强,深紫—蓝紫色;(5)光性特征:非均质体(偏光镜下显示四明四暗);(6)荧光观察:无;(7)吸收光谱:450nm 吸收带;(8)其他:无			
样品照片(正面)	样品照片(背面)	放大观察(正面)	放大观察(背面)	
			可见助溶剂残余	

红外反射图谱

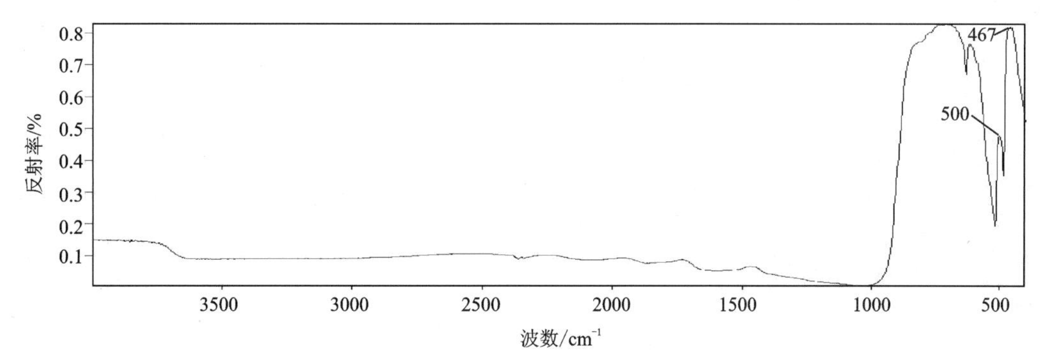

红外反射图谱显示:天然蓝宝石与合成蓝宝石呈现相似的红外反射图谱显示特征,可见 500cm^{-1}、467cm^{-1}附近的红外吸收率。

红外透射图谱

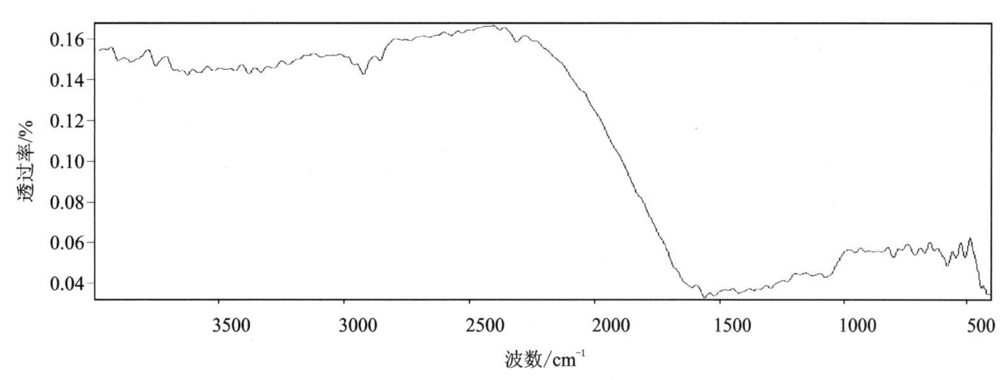

红外透射图谱显示:未见明显典型红外吸收峰。

备注	

5.7 合成蓝宝石

编号：100

样品信息（含肉眼观察）	宝石种类	合成蓝宝石	饰品名称	戒面
	颜色	蓝色	形状（琢型）	椭圆形弧面
	光泽	玻璃光泽	透明度	透明
	质量	0.197 1g	尺寸（长×宽×高）	7mm×5mm×4mm
实验参数	(1)放大检查：水波纹；(2)折射率/双折射率（RI/DR）：RI 为 1.762～1.770，DR 为 0.008，一轴晶负光性；(3)密度（g/cm³）：3.98；(4)多色性：二色性，中等，深紫—蓝紫色；(5)光性特征：非均质体（偏光镜下显示四明四暗）；(6)荧光观察：无；(7)吸收光谱：450nm 吸收带；(8)其他：无			

样品照片（正面）	样品照片（背面）	放大观察（正面）	放大观察（背面）
			可见水波纹

红外反射图谱

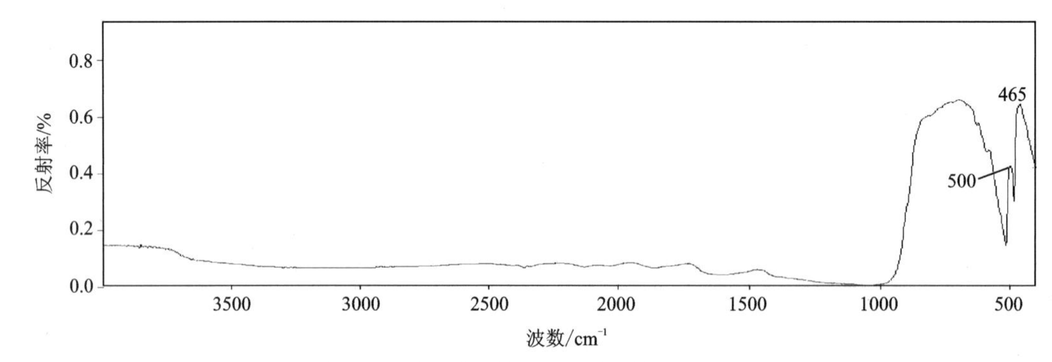

红外反射图谱显示：天然蓝宝石与合成蓝宝石呈现相似的红外反射图谱显示特征。

红外透射图谱

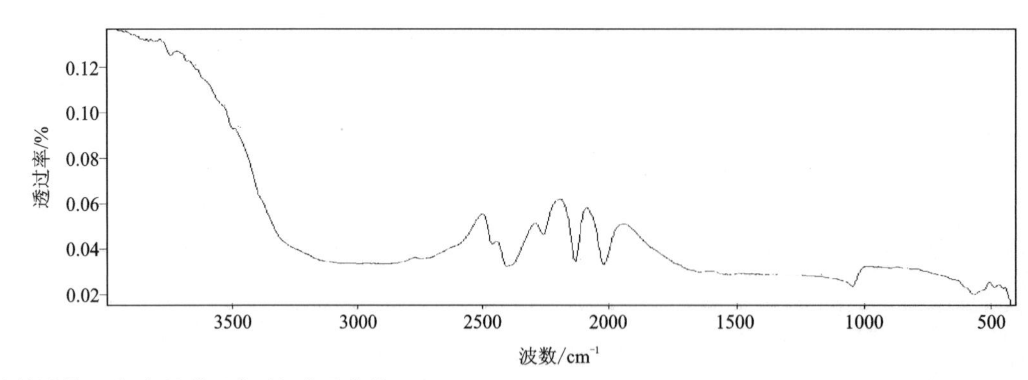

红外透射图谱显示：未见明显典型红外吸收峰。

备注	

5.8 合成变色蓝宝石

编号:101

样品信息（含肉眼观察）	宝石种类	合成变色蓝宝石	饰品名称	戒面
	颜色	紫色	形状(琢型)	祖母绿形刻面
	光泽	玻璃光泽	透明度	透明
	质量	0.487 4g	尺寸(长×宽×高)	9mm×7mm×5mm
实验参数	(1)放大检查:弧形生长纹;(2)折射率/双折射率(RI/DR):RI为1.762～1.770,DR为0.008,一轴晶负光性;(3)密度(g/cm^3):3.99;(4)多色性:中等,无色—紫色;(5)光性特征:非均质体(偏光镜下显示四明四暗);(6)荧光观察:LW显示强蓝白色荧光,SW显示中等强度蓝白色荧光;(7)吸收光谱:685.5nm吸收线,600～550nm强吸收带,470.5nm吸收线;(8)其他:变色效应			

样品照片(正面)	样品照片(背面)	放大观察(正面)	放大观察(背面)
	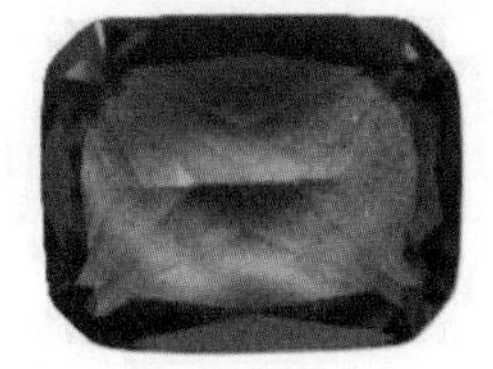	 可见弧形生长纹	

红外反射图谱

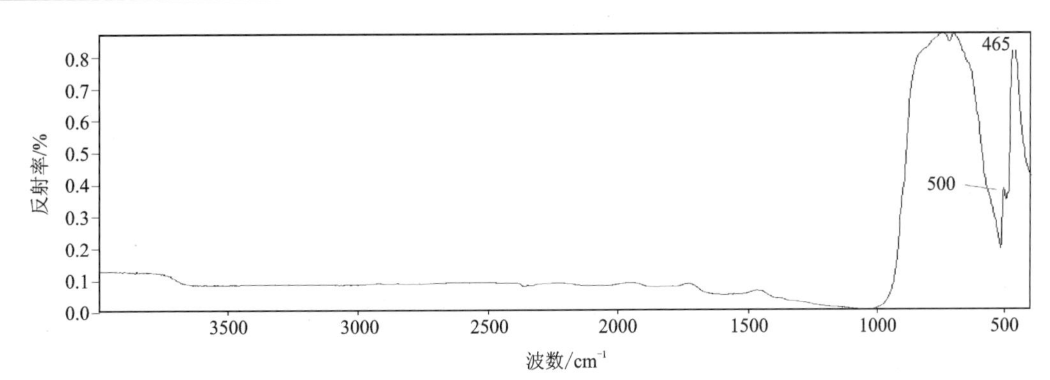

红外反射图谱显示:天然蓝宝石与合成蓝宝石呈现相似的红外反射图谱显示特征。

红外透射图谱

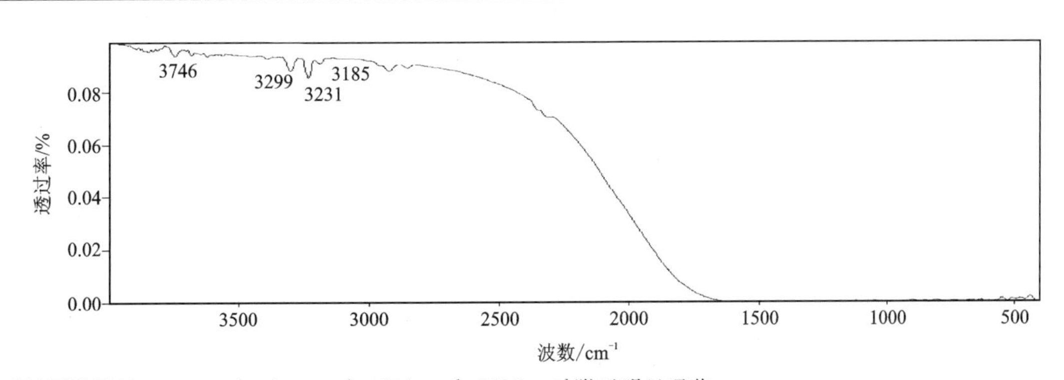

红外透射图谱显示:3746cm^{-1}、3299cm^{-1}、3231cm^{-1}、3185cm^{-1}附近明显吸收。

备注	

5.9 合成星光红宝石

编号:102

样品信息（含肉眼观察）	宝石种类	合成星光红宝石	饰品名称	戒面
	颜色	红色	形状(琢型)	椭圆形弧面
	光泽	玻璃光泽	透明度	不透明
	质量	0.360 9g	尺寸(长×宽×高)	8mm×6mm×4mm
实验参数	(1)放大检查:弧形生长纹,表面可见出融的细小针状包体;(2)折射率/双折射率(RI/DR):RI,1.76;(3)密度(g/cm³):3.97;(4)多色性:不可测;(5)光性特征:不可测;(6)荧光观察:LW 显示中等强度红色荧光,SW 显示中等强度白色荧光;(7)吸收光谱:694nm、692nm、668nm、659nm 吸收线,620~540nm 吸收带,476nm、475nm 强吸收线,468nm 弱吸收线,440~400nm 全吸收;(8)其他:星光效应			

样品照片(正面)	样品照片(背面)	放大观察(正面)	放大观察(背面)
		表面可见出融的细小针状包体	可见弧形生长纹

红外反射图谱

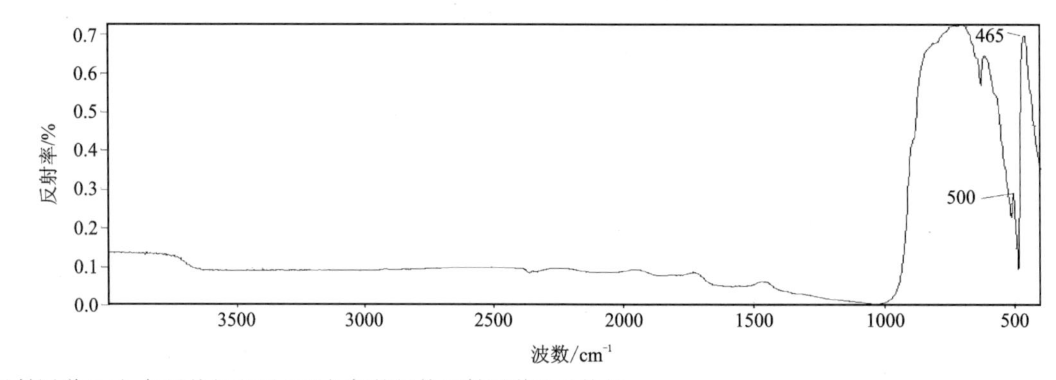

红外反射图谱显示:与天然红宝石呈现相似的红外反射图谱显示特征。

红外透射图谱

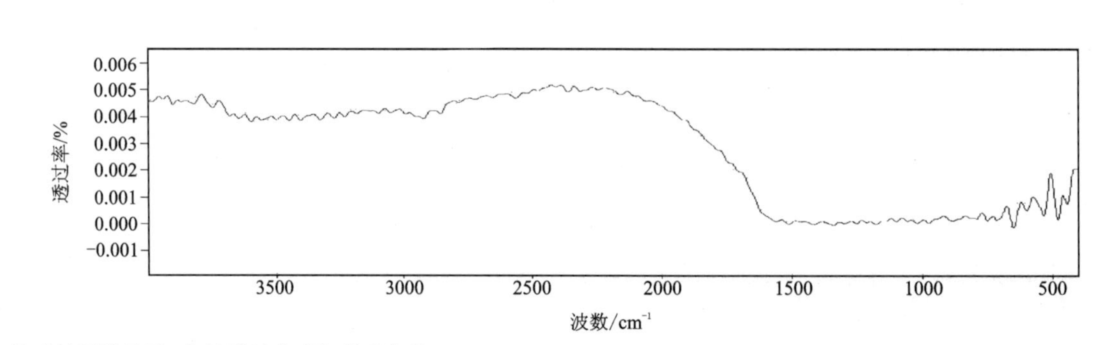

红外透射图谱显示:未见明显典型红外吸收峰。

备注	

5.10 拼合合成红宝石

编号:103

样品信息 (含肉眼观察)	宝石种类	拼合合成红宝石	饰品名称	戒面
	颜色	红色	形状(琢型)	椭圆形刻面
	光泽	玻璃光泽	透明度	透明
	质量	0.305g	尺寸(长×宽×高)	8mm×6mm×6mm
实验参数	(1)放大检查:侧面可见拼合缝,拼合面内可见杂质;(2)折射率/双折射率(RI/DR):RI 为 1.762~1.770,DR 为 0.008,一轴晶负光性;(3)密度(g/cm³):3.5;(4)多色性:中等,紫红—橙红色;(5)光性特征:非均质体(偏光镜下显示四明四暗);(6)荧光观察:LW 显示中等强度橙红色荧光,SW 显示强白垩色荧光;(7)吸收光谱:694nm、692nm、668nm、659nm 吸收线,620~540nm 吸收带,476nm、475nm 强吸收线,468nm 弱吸收线,440~400nm 全吸收;(8)其他:无			
样品照片(正面)	样品照片(背面)	放大观察(正面)	放大观察(背面)	
		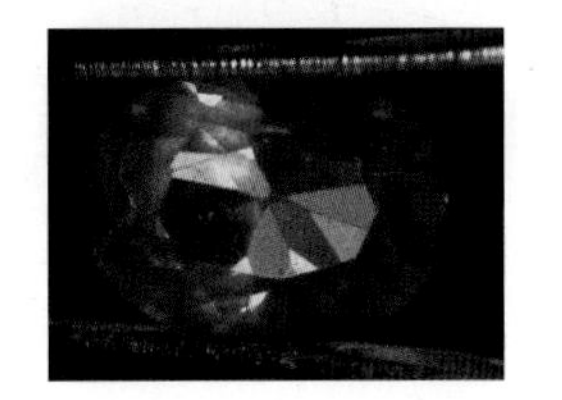	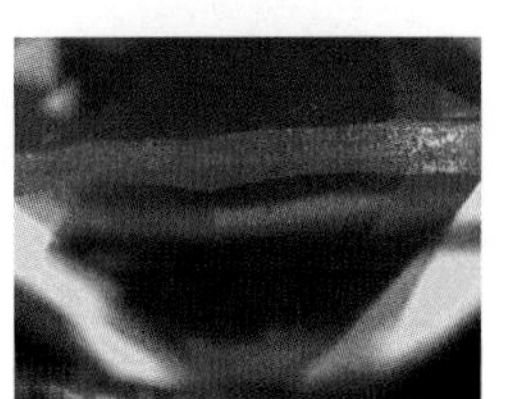 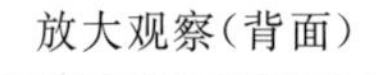 侧面可见拼合缝,拼合面内可见杂质	

红外反射图谱

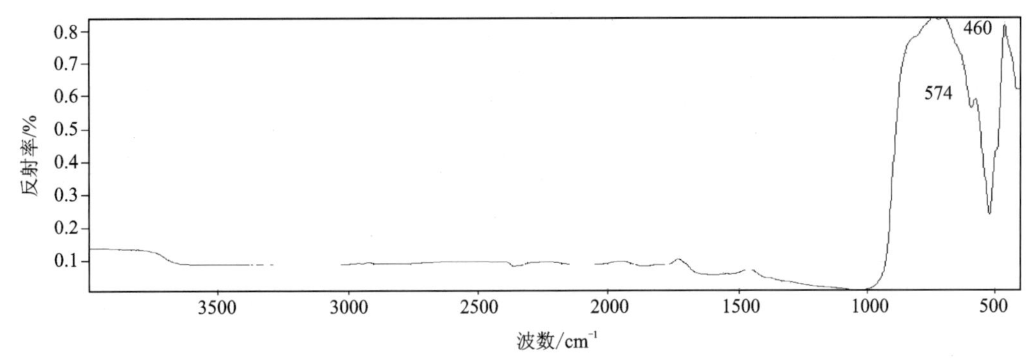

红外反射图谱显示:与天然红宝石呈现相似的红外反射图谱显示特征。

红外透射图谱

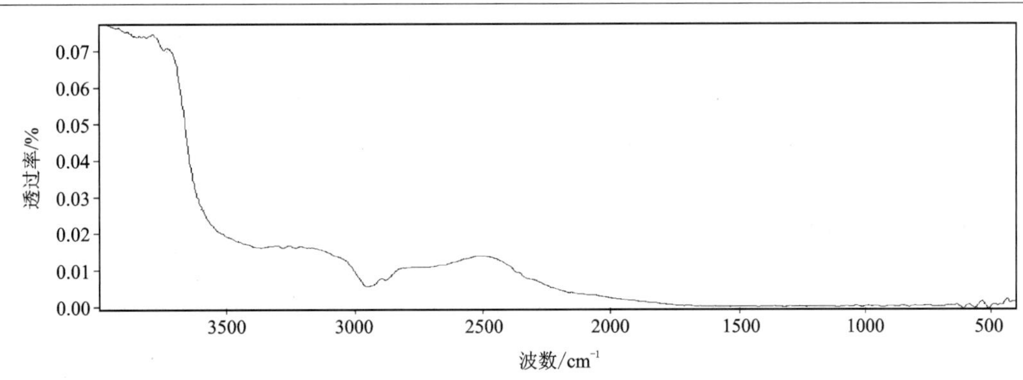

红外透射图谱显示:未见明显典型红外吸收峰。

备注	红外反射测的是拼合石顶面。

5.11 合成蓝宝石

编号:104

样品信息（含肉眼观察）	宝石种类	合成蓝宝石	饰品名称	戒面
	颜色	蓝色	形状(琢型)	椭圆形刻面
	光泽	玻璃光泽	透明度	透明
	质量	0.325 2g	尺寸(长×宽×高)	8mm×6mm×4mm
实验参数	(1)放大检查:颜色富集于棱线处,可见暗色矿物包体;(2)折射率/双折射率(RI/DR):RI为1.762~1.770,DR为0.008,一轴晶负光性;(3)密度(g/cm^3):3.97;(4)多色性:中等,深蓝—蓝紫色;(5)光性特征:非均质体(偏光镜下显示四明四暗);(6)荧光观察:无;(7)吸收光谱:450nm吸收带;(8)其他:无			
样品照片(正面)	样品照片(背面)	放大观察(正面)	放大观察(背面)	
		可见晶体包体、暗色矿物包体	可见颜色富集于棱线处	

红外反射图谱

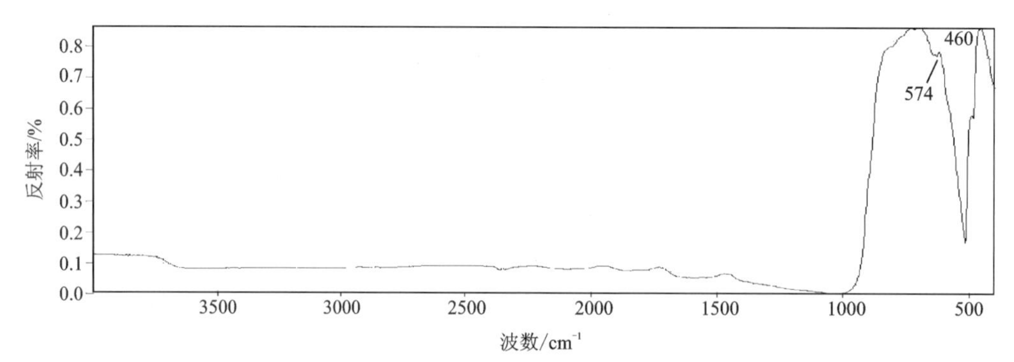

红外反射图谱显示:天然蓝宝石与合成蓝宝石呈现相似的红外反射图谱显示特征。

红外透射图谱

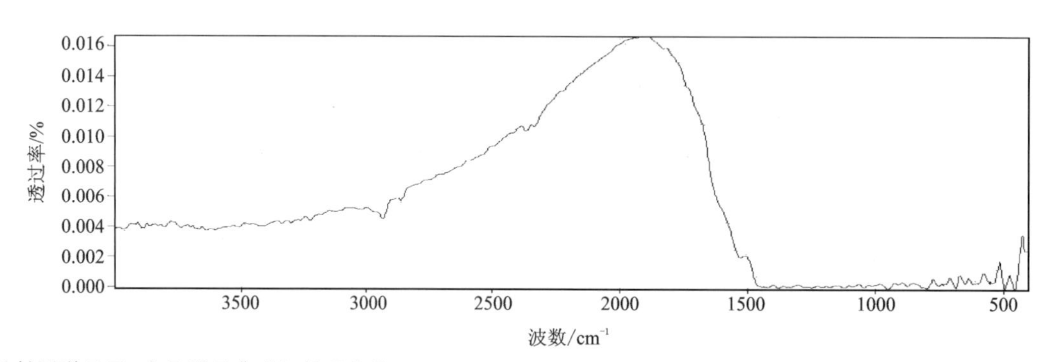

红外透射图谱显示:未见明显典型红外吸收峰。

备注	

5.12 合成祖母绿

编号:105

样品信息(含肉眼观察)	宝石种类	合成祖母绿	饰品名称	戒面
	颜色	绿色	形状(琢型)	祖母绿琢型刻面
	光泽	玻璃光泽	透明度	透明
	质量	0.226 2g	尺寸(长×宽×高)	8mm×6mm×5mm
实验参数	(1)放大检查:助溶剂残余;(2)折射率/双折射率(RI/DR):RI 为 1.560~1.565,DR 为 0.005,一轴晶负光性;(3)密度(g/cm³):2.63;(4)多色性:中等,绿色、蓝绿色;(5)光性特征:非均质体(偏光镜下显示四明四暗);(6)荧光观察:LW 显示强蓝白色荧光,SW 显示中等强度蓝白色荧光;(7)吸收光谱:红区可见 683nm、680nm 强吸收,662nm、646nm 弱吸收线,630~580nm 部分吸收带,紫区全吸收;(8)其他:无			
样品照片(正面)	样品照片(背面)	放大观察(正面)	放大观察(背面)	
			可见助溶剂残余	

红外反射图谱

红外反射图谱显示:1245cm^{-1}、815cm^{-1}、682cm^{-1}、528cm^{-1}、442cm^{-1}红外吸收峰。

红外透射图谱

红外透射图谱显示:未见明显典型红外吸收峰。

备注	

5.13 合成祖母绿

编号:106

样品信息(含肉眼观察)	宝石种类	合成祖母绿	饰品名称	戒面
	颜色	绿色	形状(琢型)	椭圆形刻面
	光泽	玻璃光泽	透明度	透明
	质量	0.182 6g	尺寸(长×宽×高)	8mm×6mm×4mm
实验参数	(1)放大检查:内部裂隙,水波纹;(2)折射率/双折射率(RI/DR):RI为1.576～1.582,DR为0.006,一轴晶负光性;(3)密度(g/cm^3):2.69;(4)多色性:中等,绿色、蓝绿色;(5)光性特征:偏光镜下显示四明四暗;(6)荧光观察:无;(7)吸收光谱:红区可见683nm、680nm强吸收,662nm、646nm弱吸收线,630～580nm部分吸收带,紫区全吸收;(8)其他:无			

样品照片(正面)	样品照片(背面)	放大观察(正面)	放大观察(背面)
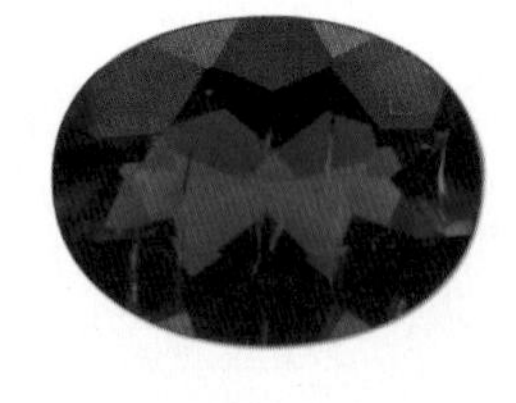		 可见内部裂隙	 可见水波纹

红外反射图谱

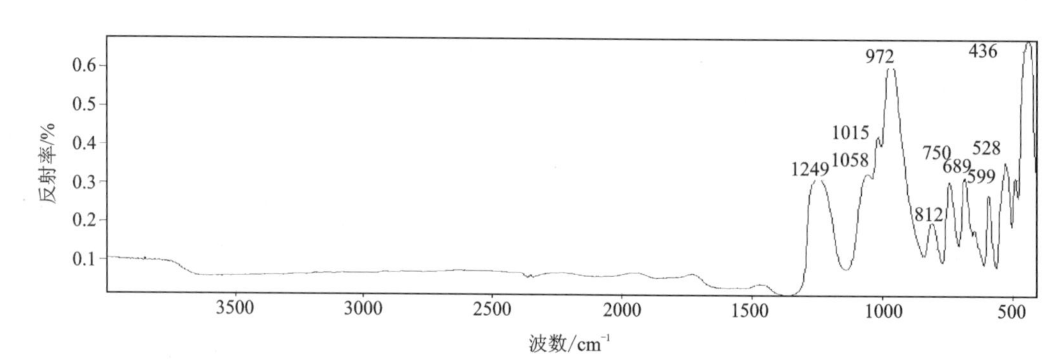

红外反射图谱显示:$1249cm^{-1}$、$972cm^{-1}$、$689cm^{-1}$、$528cm^{-1}$、$436cm^{-1}$红外吸收峰。

红外透射图谱

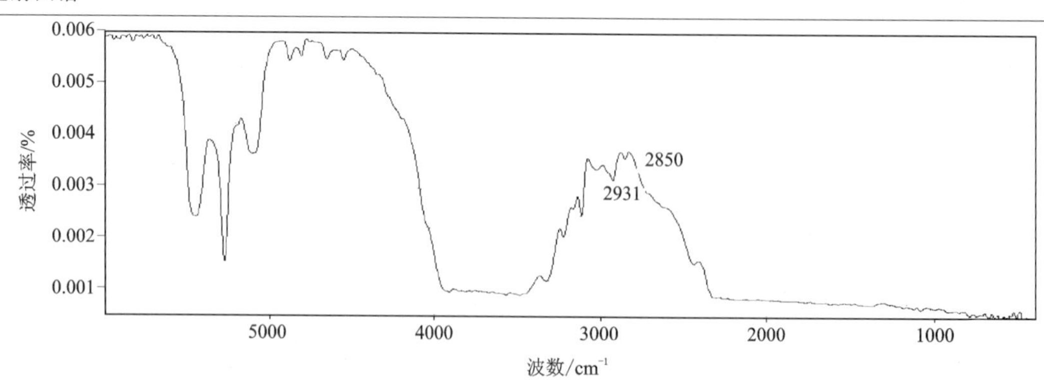

红外透射图谱显示:对比水热法合成祖母绿红外透射图谱与天然祖母绿红外透射图谱,前者在3000～$2500cm^{-1}$区域内可见明显红外吸收峰(可能与Cl^-有关)。

备注	

5.14 拼合合成祖母绿

编号:107

样品信息（含肉眼观察）	宝石种类	拼合合成祖母绿	饰品名称	戒面
	颜色	绿色	形状(琢型)	椭圆形刻面
	光泽	玻璃光泽	透明度	透明
	质量	0.246 8g	尺寸(长×宽×高)	8mm×6mm×5mm
实验参数	(1)放大检查:亭部可见拼合缝,拼合面可见气泡、胶状物,上层可见水波纹;(2)折射率/双折射率(RI/DR):RI为1.576～1.582,DR为0.006,一轴晶负光性;(3)密度(g/cm³):2.61;(4)多色性:不可测;(5)光性特征:非均质体(偏光镜下显示四明四暗);(6)荧光观察:无;(7)吸收光谱:红区可见683nm、680nm强吸收,662nm、646nm弱吸收线,630～580nm部分吸收带,紫区全吸收;(8)其他:特殊光学效应			

样品照片(正面)	样品照片(背面)	放大观察(正面)	放大观察(背面)
		拼合面可见气泡、胶状物	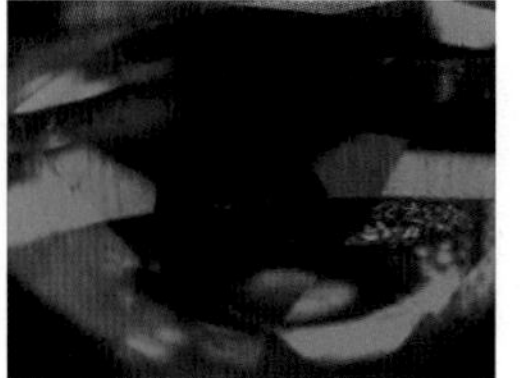 亭部可见拼合缝,上层可见水波纹

红外反射图谱

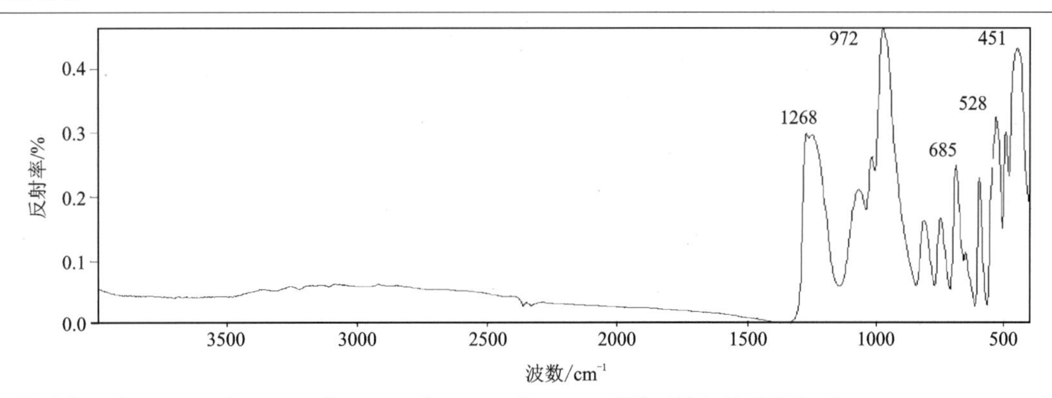

红外反射图谱显示:1268cm⁻¹、972cm⁻¹、685cm⁻¹、528cm⁻¹、451cm⁻¹附近的红外吸收峰。

红外透射图谱

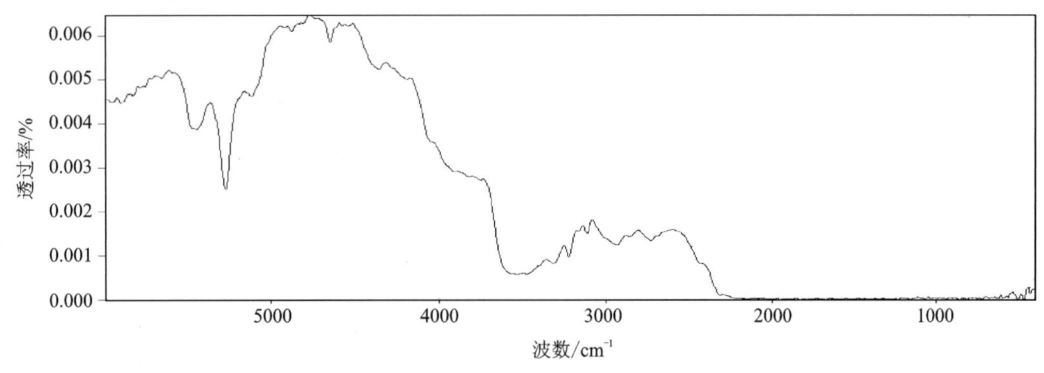

红外透射图谱显示:未见明显典型红外吸收峰。

备注	

5.15 合成绿柱石

编号：108

样品信息（含肉眼观察）	宝石种类	合成绿柱石	饰品名称	戒面
	颜色	粉红色	形状（琢型）	椭圆形刻面
	光泽	玻璃光泽	透明度	透明
	质量	0.100 6g	尺寸（长×宽×高）	7mm×5mm×3mm
实验参数	(1)放大检查：水波纹；(2)折射率/双折射率(RI/DR)：RI 为 1.571～1.578，DR 为 0.007，一轴晶负光性；(3)密度(g/cm^3)：2.67；(4)多色性：中等，玫红—紫色；(5)光性特征：非均质体（偏光镜下显示四明四暗）；(6)荧光观察：无；(7)吸收光谱：450nm 吸收带；(8)其他：无			

样品照片（正面）	样品照片（背面）	放大观察（正面）	放大观察（背面）
			可见水波纹

红外反射图谱

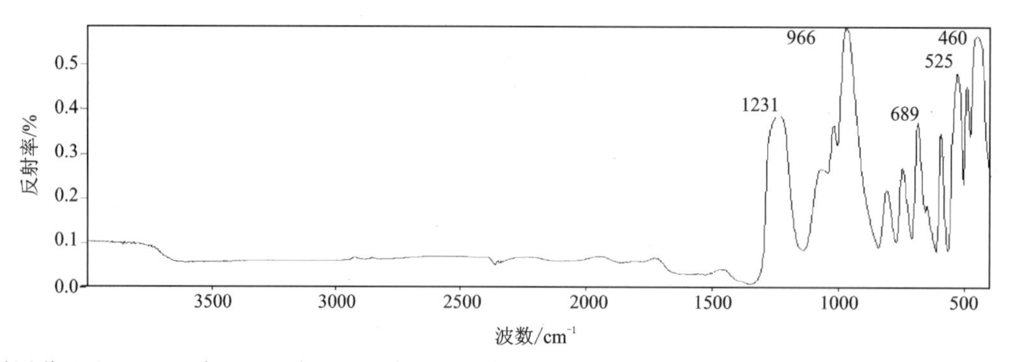

红外反射图谱显示：$1231cm^{-1}$、$966cm^{-1}$、$689cm^{-1}$、$525cm^{-1}$、$460cm^{-1}$附近的红外吸收峰。

红外透射图谱

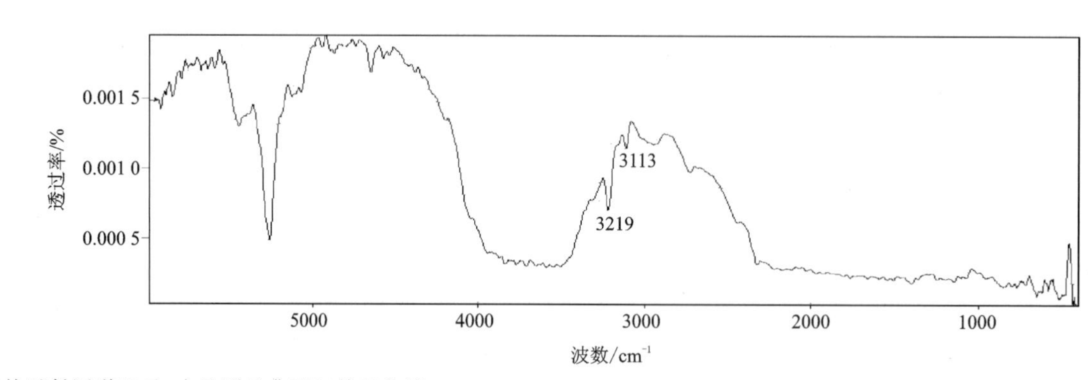

红外透射图谱显示：未见明显典型红外吸收峰。

备注	

5.16 合成海蓝宝石

编号:109

<table>
<tr><td rowspan="4">样品信息
(含肉眼观察)</td><td>宝石种类</td><td>合成海蓝宝石</td><td>饰品名称</td><td>戒面</td></tr>
<tr><td>颜色</td><td>浅蓝色</td><td>形状(琢型)</td><td>椭圆形刻面</td></tr>
<tr><td>光泽</td><td>玻璃光泽</td><td>透明度</td><td>透明</td></tr>
<tr><td>质量</td><td>0.134 6g</td><td>尺寸(长×宽×高)</td><td>7mm×5mm×4mm</td></tr>
<tr><td>实验参数</td><td colspan="4">(1)放大检查:水波纹,硅铍石晶体包体;(2)折射率/双折射率(RI/DR):RI 为 1.572～1.578,DR 为 0.006,一轴晶负光性;(3)密度(g/cm³):2.70;(4)多色性:中等,蓝—浅蓝色;(5)光性特征:非均质体(偏光镜下显示四明四暗);(6)荧光观察:LW 显示中等强度白色荧光,SW 显示弱白色荧光;(7)吸收光谱:无;(8)其他:无</td></tr>
<tr><td>样品照片(正面)</td><td>样品照片(背面)</td><td>放大观察(正面)</td><td colspan="2">放大观察(背面)</td></tr>
<tr><td> </td><td> </td><td> 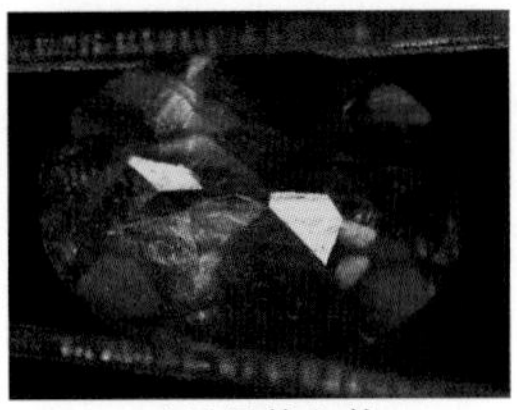可见晶体包体</td><td colspan="2"> 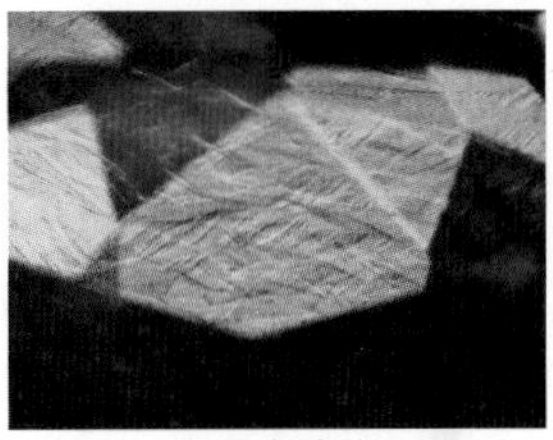可见水波纹</td></tr>
<tr><td colspan="5">红外反射图谱</td></tr>
<tr><td colspan="5">反射率/% — 波数/cm⁻¹ 图谱(峰:1231, 969, 812, 638, 525)
红外反射图谱显示:1231cm⁻¹、969cm⁻¹、812cm⁻¹、638cm⁻¹、525cm⁻¹红外吸收峰。</td></tr>
<tr><td colspan="5">红外透射图谱</td></tr>
<tr><td colspan="5">红外透射图谱显示:未见明显典型红外吸收峰。</td></tr>
<tr><td>备注</td><td colspan="4"></td></tr>
</table>

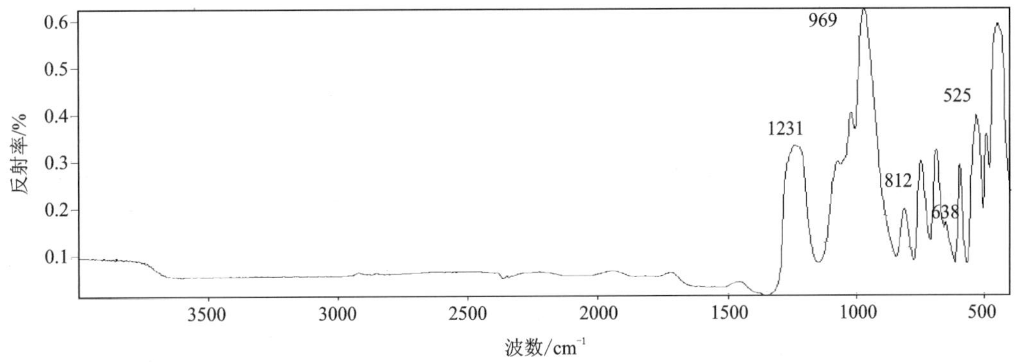

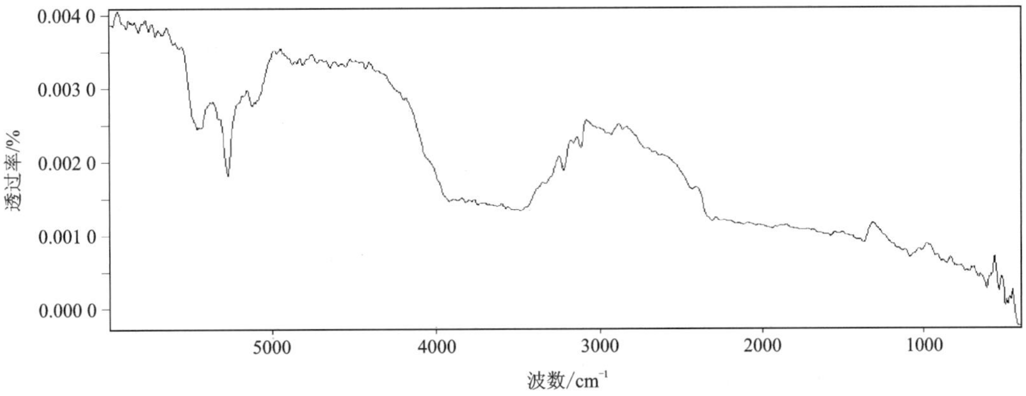

5.17 合成变石

编号:110

样品信息（含肉眼观察）	宝石种类	合成变石	饰品名称	戒面
	颜色	绿色	形状(琢型)	祖母绿琢型刻面
	光泽	玻璃光泽	透明度	透明
	质量	0.245 6g	尺寸(长×宽×高)	7mm×5mm×4mm
实验参数	(1)放大检查:干净;(2)折射率/双折射率(RI/DR):RI 为 1.743～1.751,DR 为 0.008,二轴晶正光性;(3)密度(g/cm^3):3.72;(4)多色性:强,紫—蓝—黄色;(5)光性特征:非均质体(偏光镜下显示四明四暗);(6)荧光观察:LW 显示强红色荧光,SW 显示强红色荧光;(7)吸收光谱:680nm、678nm 强吸收线,665nm、655nm、645nm 弱吸收线,476nm、473nm、468nm 弱吸收线;(8)其他:变色效应			

样品照片(正面)	样品照片(背面)	放大观察(正面)	放大观察(背面)
		可见变色效应	

红外反射图谱

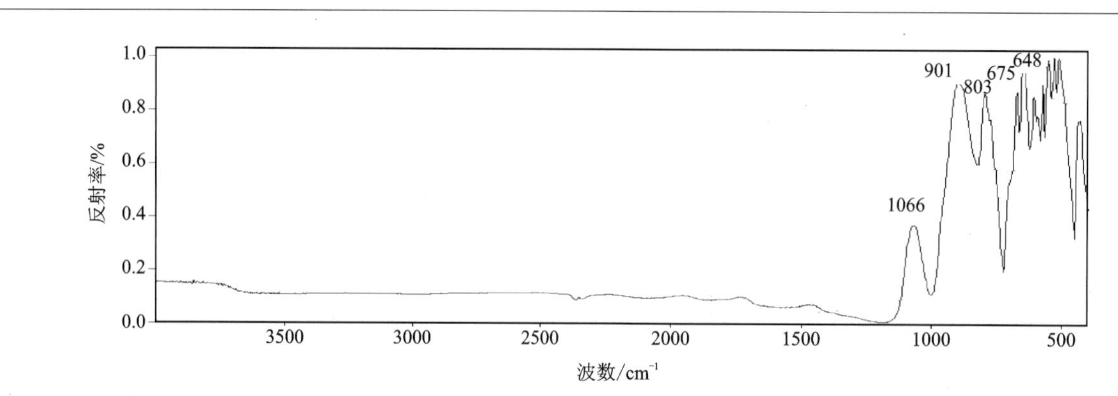

红外反射图谱显示:1066cm^{-1}、901cm^{-1}、803cm^{-1}、675cm^{-1}、648cm^{-1}等附近的红外吸收峰。

红外透射图谱

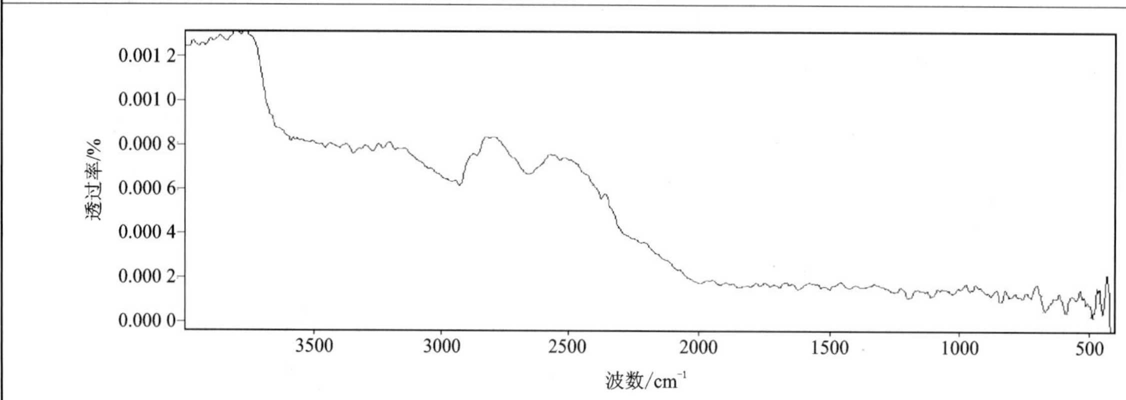

红外透射图谱显示:未见明显典型红外吸收峰。

备注	

5.18 合成尖晶石

编号:111

样品信息（含肉眼观察）	宝石种类	合成尖晶石	饰品名称	戒面
	颜色	蓝色	形状(琢型)	椭圆形刻面
	光泽	玻璃光泽	透明度	透明
	质量	0.385 6g	尺寸(长×宽×高)	8mm×6mm×5mm
实验参数	(1)放大检查:干净;(2)折射率/双折射率(RI/DR):RI,1.728;(3)密度(g/cm^3):3.62;(4)多色性:无;(5)光性特征:均质体(偏光镜下显示异常消光);(6)荧光观察:LW 显示中等强度红色荧光,SW 显示强蓝白色荧光;(7)吸收光谱:544nm、575nm、595nm、622nm 有宽吸收带;(8)其他:无			
样品照片(正面)	样品照片(背面)	放大观察(正面)	放大观察(背面)	
		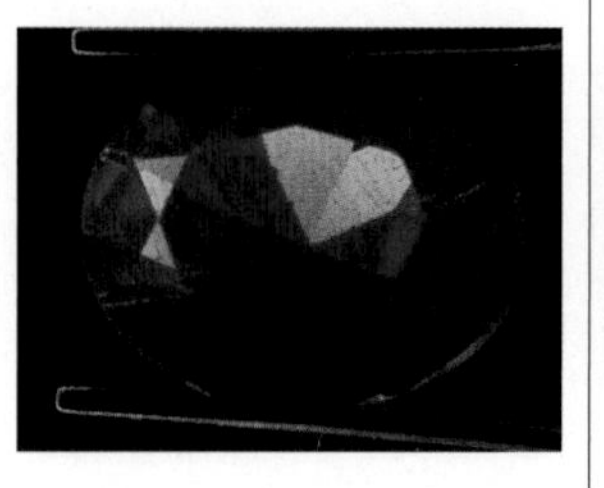	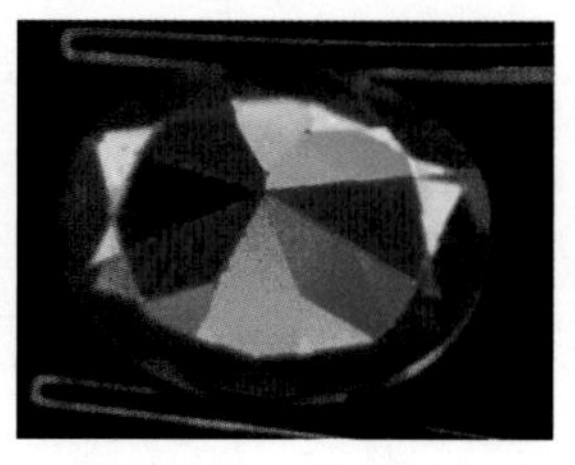	

红外反射图谱

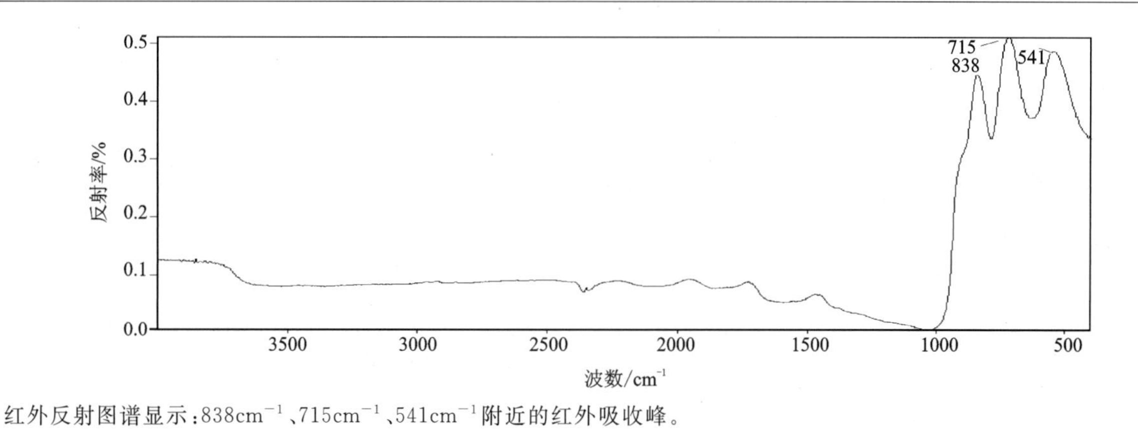

红外反射图谱显示:838cm^{-1}、715cm^{-1}、541cm^{-1}附近的红外吸收峰。

红外透射图谱

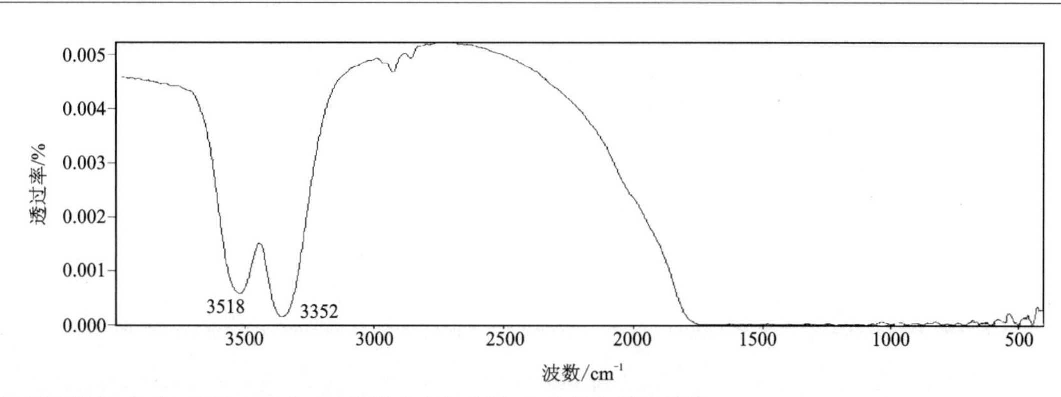

红外透射图谱显示:在 3518～3352cm^{-1}区域内有与 OH$^-$有关的红外吸收峰。

备注	红外反射图谱无法区分天然尖晶石与助溶剂法合成尖晶石。

5.19　拼合合成尖晶石

编号:112

样品信息(含肉眼观察)	宝石种类	拼合合成尖晶石	饰品名称	戒面
	颜色	深蓝色	形状(琢型)	椭圆形刻面
	光泽	玻璃光泽	透明度	透明
	质量	0.271 9g	尺寸(长×宽×高)	8mm×6mm×6mm
实验参数	(1)放大检查:侧面可见拼合缝;(2)折射率/双折射率(RI/DR):RI,1.728;(3)密度(g/cm^3):3.08;(4)多色性:无;(5)光性特征:均质体(偏光镜下显示异常消光);(6)荧光观察:无;(7)吸收光谱:544nm、575nm、595nm、622nm宽吸收带;(8)其他:无			
样品照片(正面)	样品照片(背面)	放大观察(正面)	放大观察(背面)	
			侧面可见拼合缝	
红外反射图谱				

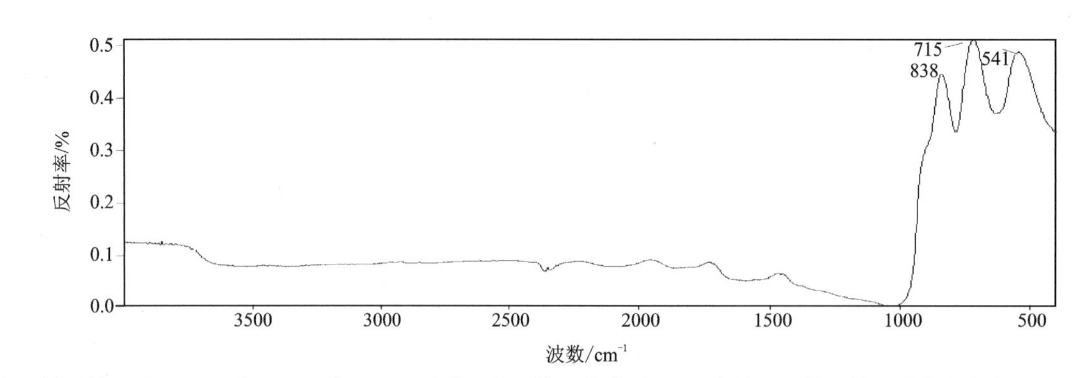

红外反射图谱显示:838cm^{-1}、715cm^{-1}、541cm^{-1}附近的红外吸收峰,与天然尖晶石红外反射图谱存在较大的差异。

红外透射图谱

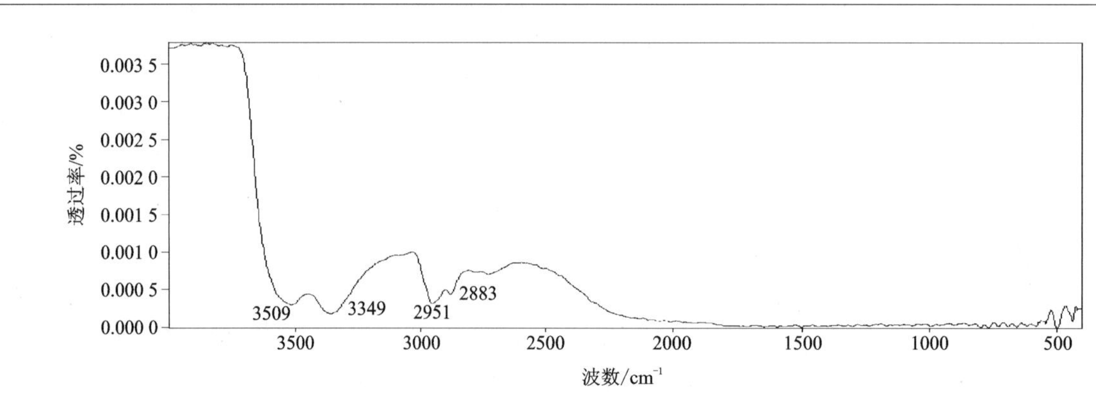

红外透射图谱显示:未见明显典型红外吸收峰。

备注	

5.20 合成紫晶

编号:113

样品信息（含肉眼观察）	宝石种类	合成紫晶	饰品名称	戒面
	颜色	紫色	形状(琢型)	椭圆形刻面
	光泽	玻璃光泽	透明度	透明
	质量	0.362 9g	尺寸(长×宽×高)	9mm×6mm×3mm
实验参数	(1)放大检查:愈合裂隙;(2)折射率/双折射率(RI/DR):RI 为 1.545～1.553,DR 为 0.008,一轴晶正光性;(3)密度(g/cm^3):2.64;(4)多色性:中等,紫—蓝紫色;(5)光性特征:非均质体(偏光镜下显示四明四暗,牛眼干涉图);(6)荧光观察:无;(7)吸收光谱:无;(8)其他:无			

样品照片(正面)	样品照片(背面)	放大观察(正面)	放大观察(背面)
			可见愈合裂隙

红外反射图谱

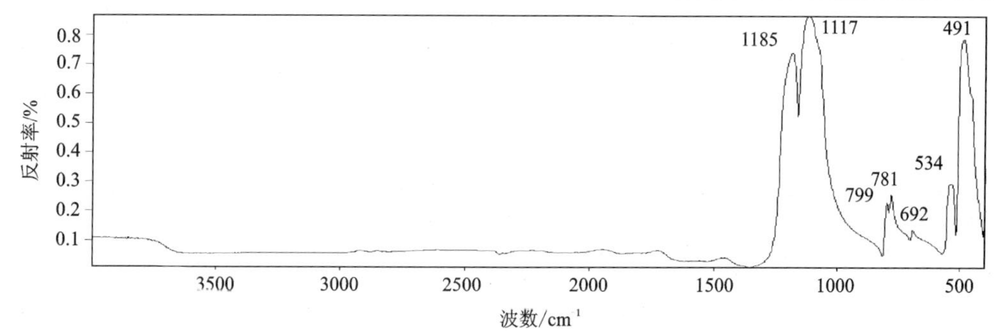

红外反射图谱显示:1200～900cm^{-1} 区域内的谱带归属于 Si—O 伸缩振动,799cm^{-1}、781cm^{-1} 附近的谱带归属于 Si—O 对称伸缩振动。

红外透射图谱

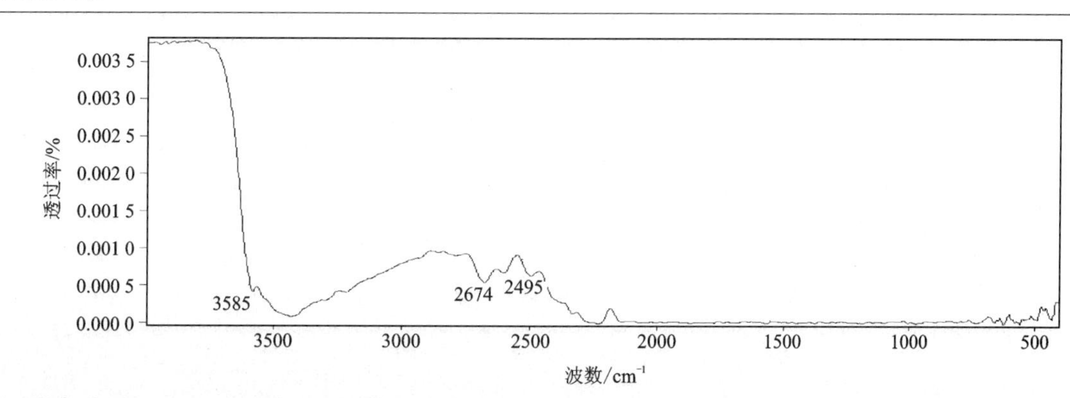

红外透射图谱显示:3585cm^{-1} 红外吸收峰。

备注	红外透射反映出来的是合成黄水晶的图谱,说明这颗合成紫水晶可能是由合成黄水晶经热处理或者辐照改色而来。

5.21 合成金红石

编号:114

样品信息（含肉眼观察）	宝石种类	合成金红石	饰品名称	戒面
	颜色	浅黄色	形状(琢型)	圆形刻面
	光泽	强玻璃光泽	透明度	透明
	质量	0.120 2g	尺寸(长×宽×高)	5mm×5mm×4mm
实验参数	(1)放大检查:后刻面棱重影,火彩;(2)折射率/双折射率(RI/DR):RI,>1.78;(3)密度(g/cm^3):4.25;(4)多色性:中等,无色—黄色;(5)光性特征:非均质体(偏光镜下显示四明四暗);(6)荧光观察:LW 无显示,SW 显示中等强度白色荧光;(7)吸收光谱:无;(8)其他:无			

样品照片(正面)	样品照片(背面)	放大观察(正面)	放大观察(背面)
			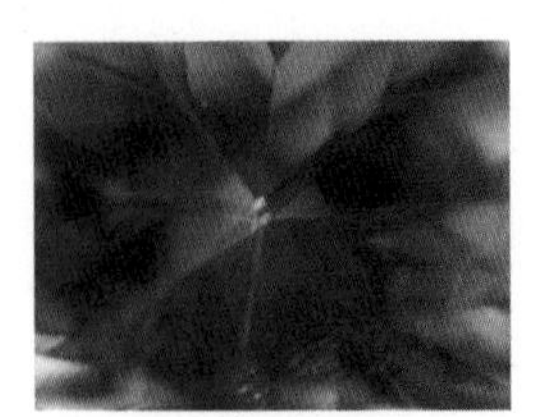 可见刻面棱重影

红外反射图谱

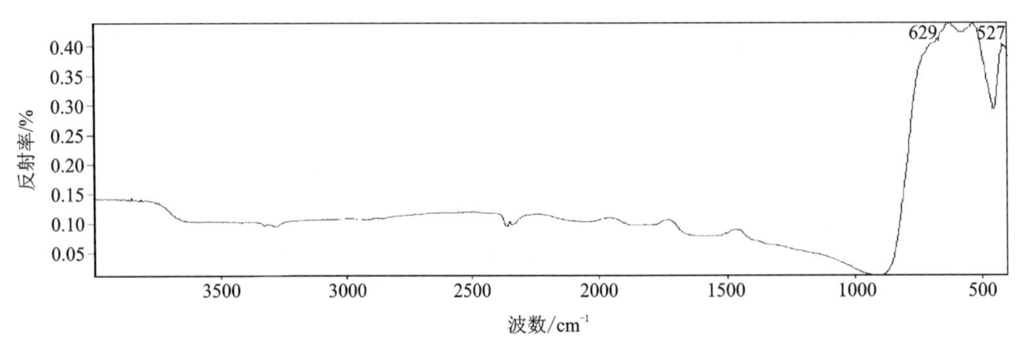

红外反射图谱显示:与金红石的红外反射图谱显示基本一致,可见 629cm^{-1}、527cm^{-1}等附近的典型红外吸收峰。

红外透射图谱

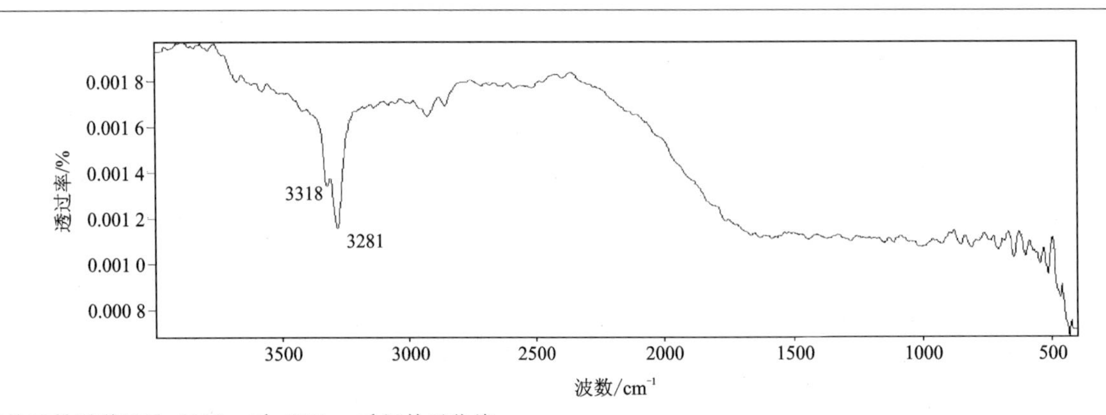

红外透射图谱显示:3318cm^{-1}、3281cm^{-1}红外吸收峰。

备注	

5.22 合成立方氧化锆

编号:115

样品信息(含肉眼观察)	宝石种类	合成立方氧化锆	饰品名称	戒面
	颜色	无色	形状(琢型)	圆形刻面
	光泽	玻璃光泽	透明度	透明
	质量	0.168 4g	尺寸(长×宽×高)	5mm×5mm×5mm
实验参数	(1)放大检查:棱线磨损;(2)折射率/双折射率(RI/DR):RI,>1.78;(3)密度(g/cm^3):5.95;(4)多色性:无;(5)光性特征:均质体(偏光镜下显示异常消光);(6)荧光观察:LW显示强白色荧光,SW无显示;(7)吸收光谱:无;(8)其他:无			
样品照片(正面)	样品照片(背面)	放大观察(正面)	放大观察(背面)	
			可见棱线磨损	

红外反射图谱

红外反射图谱显示:未见明显典型红外吸收峰。

红外透射图谱

红外透射图谱显示:未见明显典型红外吸收峰。

备注	当立方氧化锆成分不一样时,红外光谱不同。

5.23　合成碳化硅

编号:116

样品信息（含肉眼观察）	宝石种类	合成碳化硅	饰品名称	戒面
	颜色	无色	形状(琢型)	圆形刻面
	光泽	强玻璃光泽	透明度	透明
	质量	0.184 3g	尺寸(长×宽×高)	7mm×7mm×5mm
实验参数	(1)放大检查:后刻面棱重影,针状包体,无色透明短柱状晶体包体;(2)折射率/双折射率(RI/DR):RI,>1.78;(3)密度(g/cm³):3.22;(4)多色性:无;(5)光性特征:均质体(偏光镜下显示四明四暗);(6)荧光观察:无;(7)吸收光谱:无;(8)其他:无			

样品照片(正面)	样品照片(背面)	放大观察(正面)	放大观察(背面)
		 可见针状包体、无色透明短柱状晶体包体	 可见后刻面棱重影

红外反射图谱

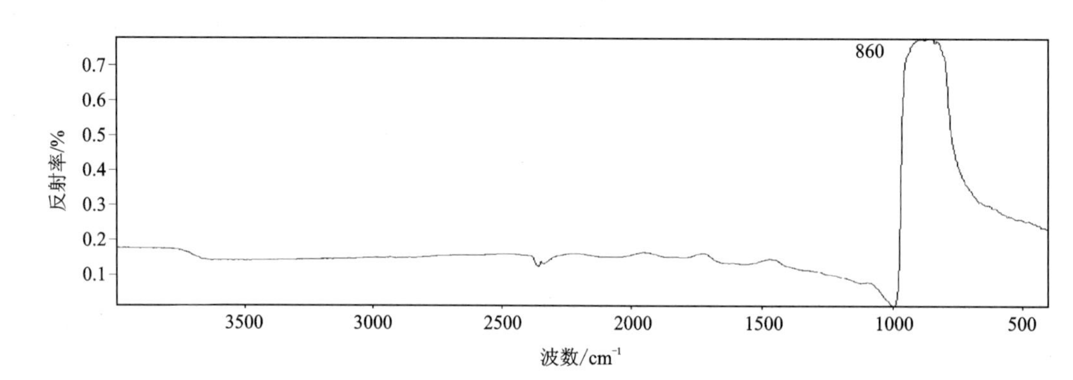

红外反射图谱显示:860cm^{-1}红外吸收峰。

红外透射图谱

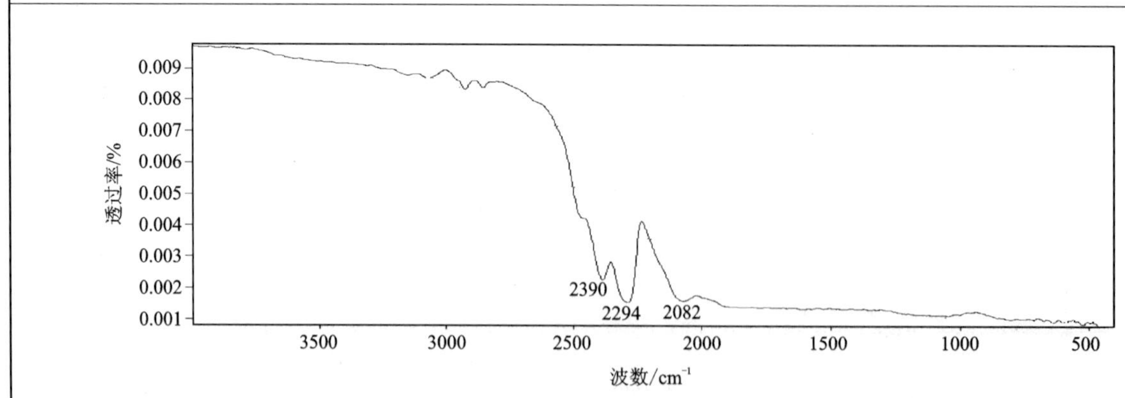

红外透射图谱显示:2390cm^{-1}、2294cm^{-1}、2082cm^{-1}红外吸收峰。

备注	

5.24 人造钇铝榴石

编号:117

样品信息（含肉眼观察）	宝石种类	人造钇铝榴石	饰品名称	戒面
	颜色	无色	形状(琢型)	圆形刻面
	光泽	亚金刚光泽	透明度	透明
	质量	0.263 2g	尺寸(长×宽×高)	6mm×6mm×6mm
实验参数	(1)放大检查:干净;(2)折射率/双折射率(RI/DR):RI,>1.78;(3)密度(g/cm³):4.56;(4)多色性:无;(5)光性特征:均质体(偏光镜下显示异常消光);(6)荧光观察:LW 显示弱黄色荧光,SW 显示弱黄色荧光;(7)吸收光谱:无;(8)其他:无			
样品照片(正面)		样品照片(背面)	放大观察(正面)	放大观察(背面)
				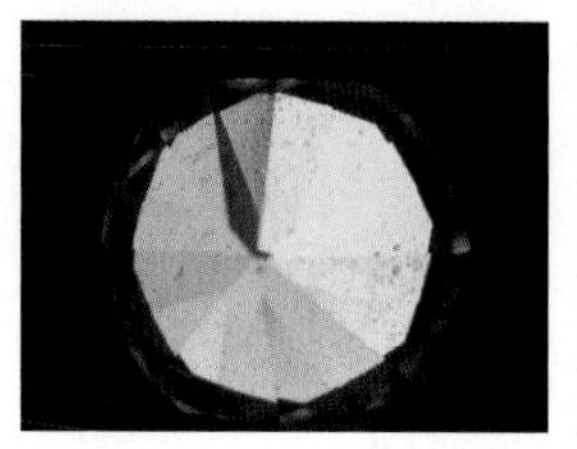

红外反射图谱

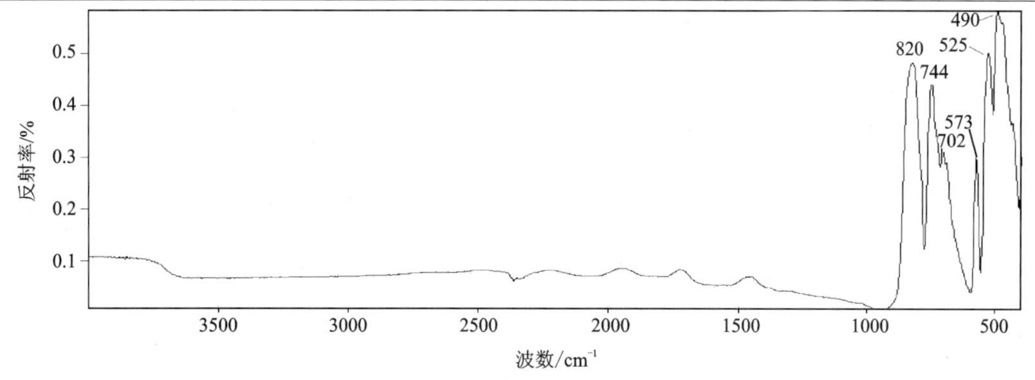

红外反射图谱显示:人造钇铝榴石的红外反射图谱谱形与天然石榴石的谱形相似,可见 820cm^{-1}、744cm^{-1}、702cm^{-1}、573cm^{-1}、525cm^{-1}、490cm^{-1} 典型红外吸收峰。

红外透射图谱

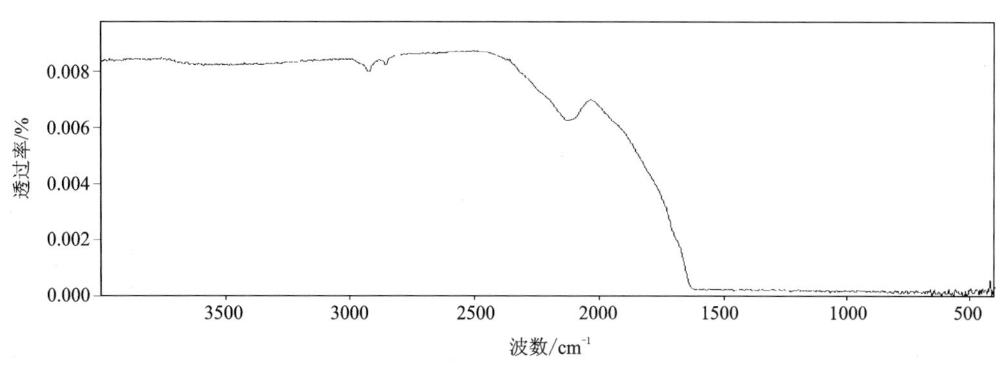

红外透射图谱显示:未见明显典型红外吸收峰。

备注	

5.25 人造钆镓榴石

编号:118

<table>
<tr><td rowspan="4">样品信息（含肉眼观察）</td><td>宝石种类</td><td>人造钆镓榴石</td><td>饰品名称</td><td>戒面</td></tr>
<tr><td>颜色</td><td>无色</td><td>形状(琢型)</td><td>圆形刻面</td></tr>
<tr><td>光泽</td><td>亚金刚光泽</td><td>透明度</td><td>透明</td></tr>
<tr><td>质量</td><td>0.466 2g</td><td>尺寸(长×宽×高)</td><td>6.5mm×6.5mm×4mm</td></tr>
<tr><td>实验参数</td><td colspan="4">(1)放大检查:干净;(2)折射率/双折射率(RI/DR):RI,>1.78;(3)密度(g/cm³):7.16;(4)多色性:无;(5)光性特征:均质体(偏光镜下显示异常消光);(6)荧光观察:LW 无显示,SW 显示弱橙红色荧光;(7)吸收光谱:无;(8)其他:无</td></tr>
<tr><td>样品照片(正面)</td><td>样品照片(背面)</td><td>放大观察(正面)</td><td colspan="2">放大观察(背面)</td></tr>
<tr><td></td><td></td><td></td><td colspan="2"></td></tr>
</table>

红外反射图谱

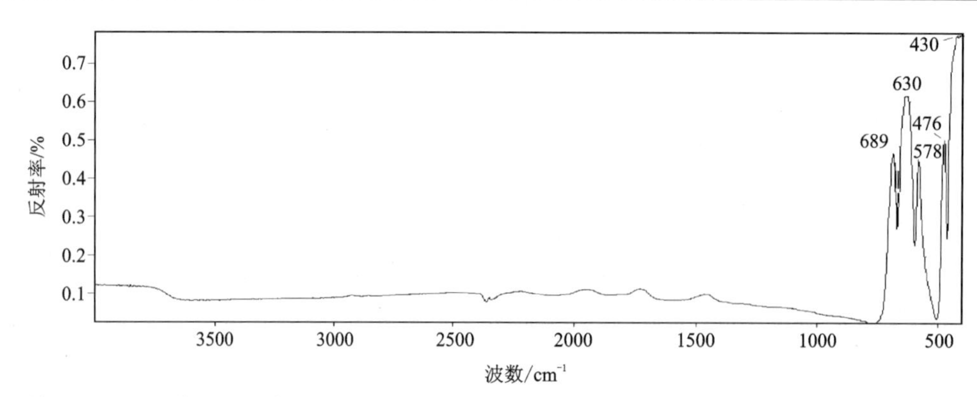

红外反射图谱显示:689cm^{-1}、630cm^{-1}、578cm^{-1}、476cm^{-1}、430cm^{-1}附近的红外吸收峰。

红外透射图谱

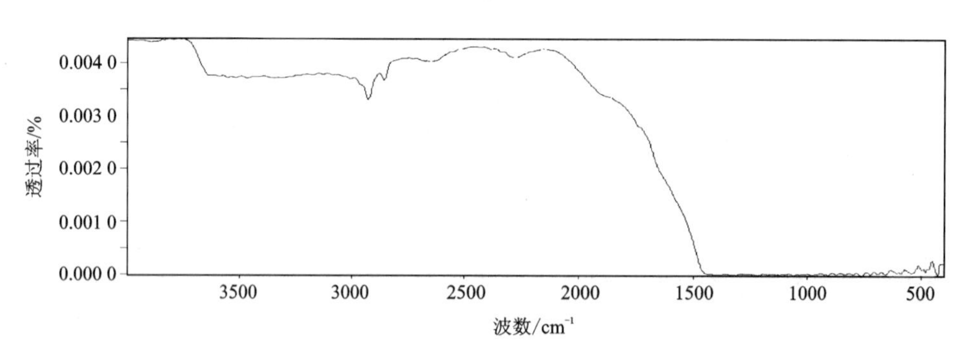

红外透射图谱显示:未见明显典型红外吸收峰。

备注	

5.26 玻璃

编号:119

<table>
<tr><td rowspan="4">样品信息
(含肉眼观察)</td><td>宝石种类</td><td>玻璃</td><td>饰品名称</td><td>戒面</td></tr>
<tr><td>颜色</td><td>无色</td><td>形状(琢型)</td><td>圆形刻面</td></tr>
<tr><td>光泽</td><td>玻璃光泽</td><td>透明度</td><td>透明</td></tr>
<tr><td>质量</td><td>0.140 3g</td><td>尺寸(长×宽×高)</td><td>7mm×5mm×4mm</td></tr>
<tr><td>实验参数</td><td colspan="4">(1)放大检查:流动纹;(2)折射率/双折射率(RI/DR):RI,1.470(点测);(3)密度(g/cm³):2.26;(4)多色性:无;(5)光性特征:非均质体(偏光镜下显示全暗);(6)荧光观察:LW 无显示,SW 显示弱白色荧光;(7)吸收光谱:无;(8)其他:无</td></tr>
<tr><td>样品照片(正面)</td><td>样品照片(背面)</td><td>放大观察(正面)</td><td colspan="2">放大观察(背面)</td></tr>
<tr><td></td><td></td><td></td><td colspan="2">可见流动纹</td></tr>
<tr><td colspan="5">红外反射图谱</td></tr>
</table>

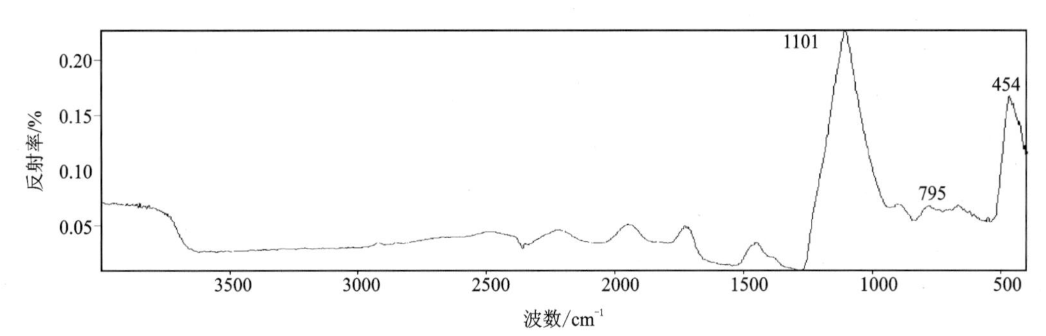

红外反射图谱显示:在 1200~1000cm⁻¹ 区域内有强的红外吸收峰,800~700cm⁻¹ 区域内有弱的红外吸收峰,500~400cm⁻¹ 区域内有较强的红外吸收峰。

红外透射图谱

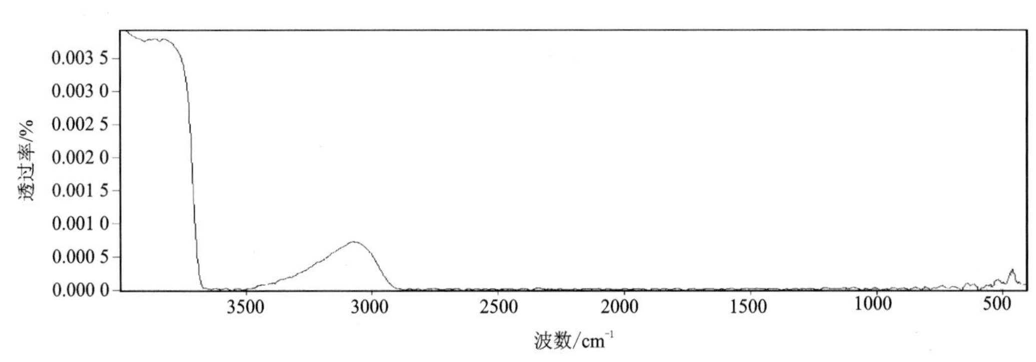

红外透射图谱显示:未见明显典型红外吸收峰。

备注	

5.27 玻璃猫眼

编号:120

<table>
<tr><td rowspan="4">样品信息
(含肉眼观察)</td><td>宝石种类</td><td>玻璃猫眼</td><td>饰品名称</td><td>戒面</td></tr>
<tr><td>颜色</td><td>蓝色</td><td>形状(琢型)</td><td>椭圆形弧面</td></tr>
<tr><td>光泽</td><td>玻璃光泽</td><td>透明度</td><td>微透明</td></tr>
<tr><td>质量</td><td>0.338 4g</td><td>尺寸(长×宽×高)</td><td>7mm×5mm×4mm</td></tr>
<tr><td>实验参数</td><td colspan="4">(1)放大检查:蜂窝状构造,一组平行排解的玻璃纤维;(2)折射率/双折射率(RI/DR):RI,1.53(点测);(3)密度(g/cm^3):3.18;(4)多色性:无;(5)光性特征:均质体(偏光镜下显示全暗);(6)荧光观察:LW无显示,SW显示强蓝白色荧光;(7)吸收光谱:无;(8)其他:猫眼效应</td></tr>
<tr><td colspan="2">样品照片(正面)</td><td>样品照片(背面)</td><td>放大观察(正面)</td><td>放大观察(背面)</td></tr>
<tr><td colspan="2">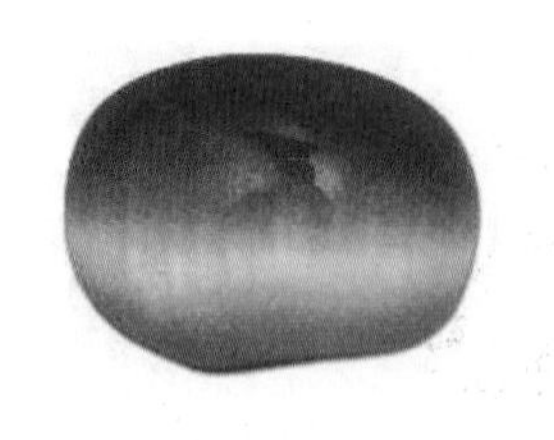</td><td></td><td>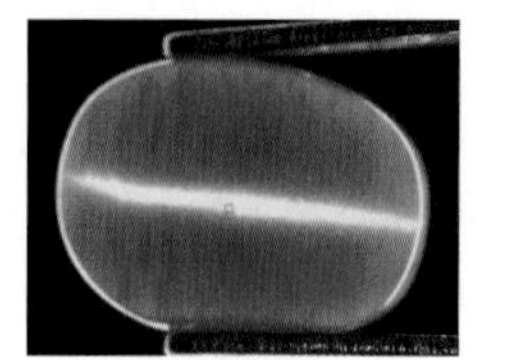
可见猫眼效应</td><td>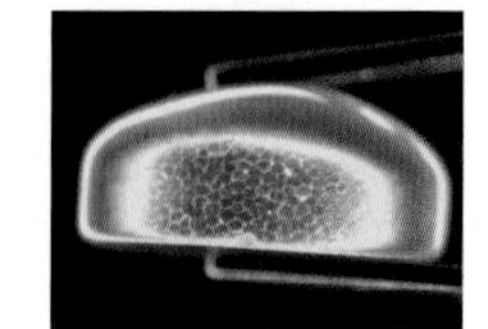
可见蜂窝状构造</td></tr>
<tr><td colspan="5">红外反射图谱</td></tr>
<tr><td colspan="5">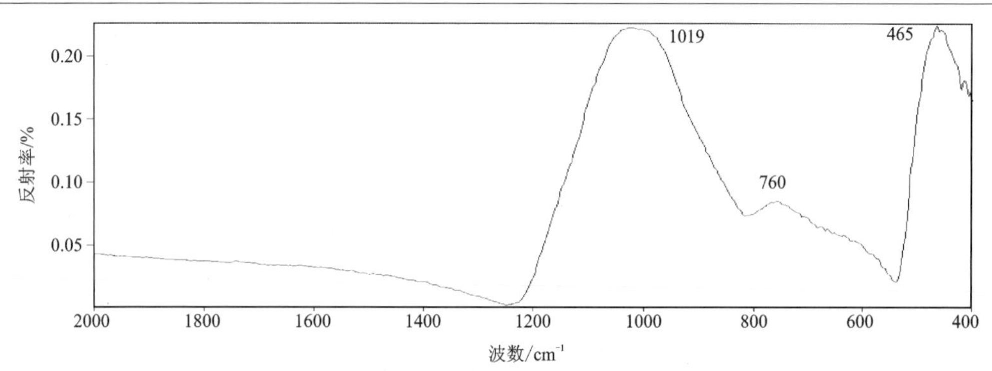

红外反射图谱显示:在 1200～1000cm^{-1} 区域内有强的红外吸收峰,800～700cm^{-1} 区域内有弱的红外吸收峰,500～400cm^{-1} 区域内有较强的红外吸收峰。</td></tr>
<tr><td colspan="5">红外透射图谱</td></tr>
<tr><td colspan="5">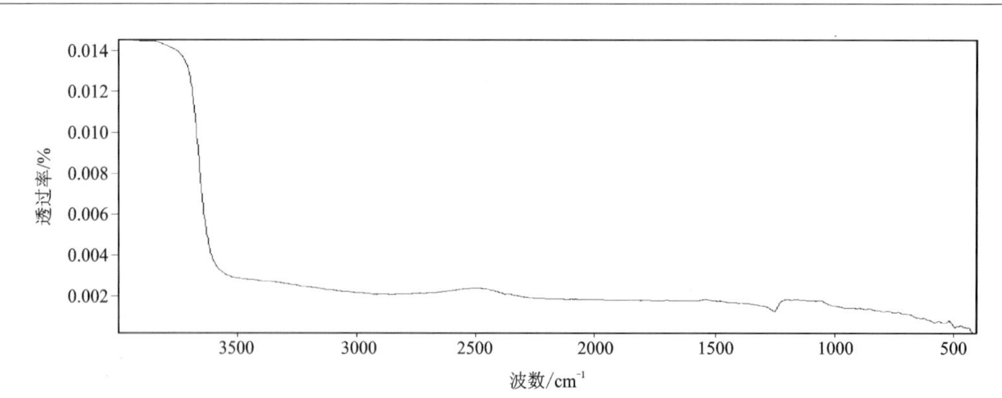

红外透射图谱显示:亚稳态玻璃,其红外透射光谱常常不稳定,谱图多。</td></tr>
<tr><td>备注</td><td colspan="4"></td></tr>
</table>

6

常见玉石的红外光谱

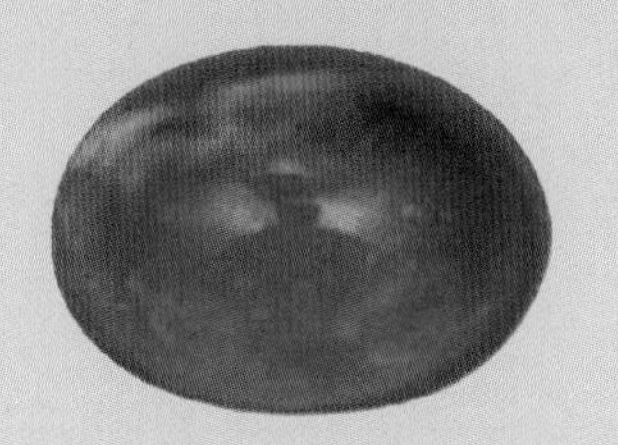

6.1 翡翠

编号:121

样品信息（含肉眼观察）	宝石种类	翡翠	饰品名称	戒面
	颜色	绿色	形状(琢型)	椭圆形弧面
	光泽	玻璃光泽	透明度	微透明
	质量	0.144 9g	尺寸(长×宽×高)	5mm×7mm×3mm
实验参数	(1)放大检查:纤维状结构,暗色矿物包体,次生矿物包体呈丝网状分布;(2)折射率/双折射率(RI/DR):RI,1.66;(3)密度(g/cm³):3.33;(4)多色性:无;(5)光性特征:非均质集合体(偏光镜下显示全亮);(6)荧光观察:无;(7)吸收光谱:红区有630nm、660nm、690nm阶梯状吸收带,437nm吸收线;(8)其他:无			

样品照片(正面)	样品照片(背面)	放大观察(正面)	放大观察(背面)
		可见纤维状结构,可见暗色矿物包体,次生矿物包体呈丝网状分布	

红外反射图谱

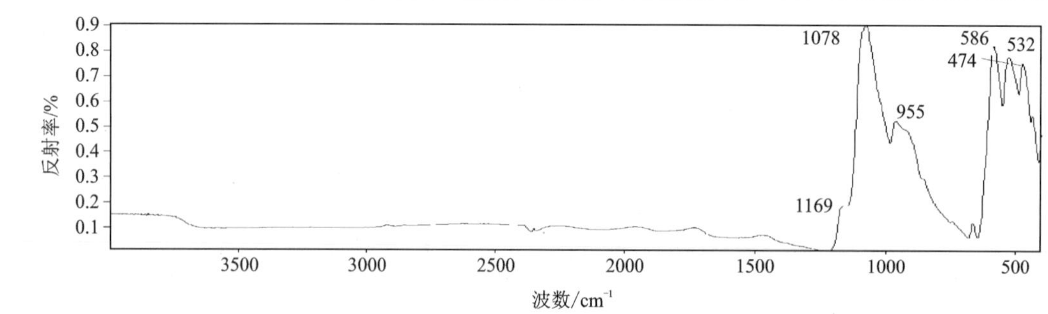

红外反射图谱显示:翡翠的主要成分为硬玉,硬玉的晶体结构较为规则,其振动带的频率较高,在1200～900cm^{-1}区域内可见31个谱带,在600～400cm^{-1}区域内主要为M1和M2配位体的振动吸收。可见1169cm^{-1}、1078cm^{-1}、955cm^{-1}、586cm^{-1}、532cm^{-1}、474cm^{-1}附近的红外吸收峰。

红外透射图谱

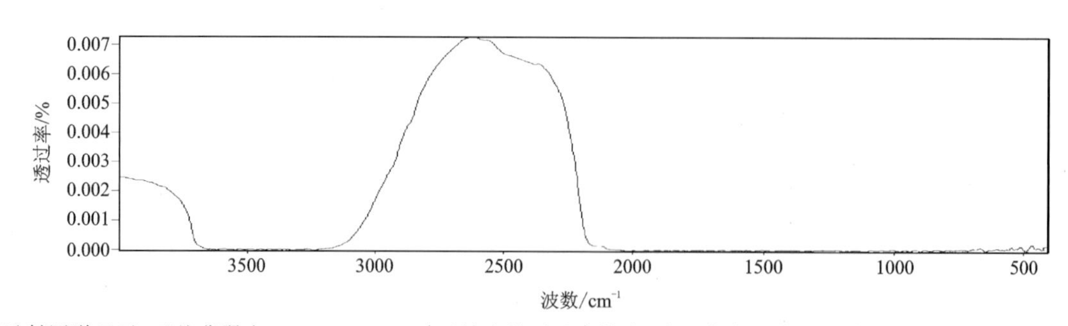

红外透射图谱显示:天然翡翠在3200～2600cm^{-1}区域内的透过率较高,多不存在红外吸收峰。

备注	

6.2 翡翠

编号:122

样品信息（含肉眼观察）	宝石种类	翡翠	饰品名称	戒面
	颜色	黄色	形状(琢型)	椭圆形弧面
	光泽	玻璃光泽	透明度	微透明
	质量	1.945 3g	尺寸(长×宽×高)	14mm×10mm×6mm
实验参数	(1)放大检查:白色絮状包体,纤维状结构,愈合裂隙;(2)折射率/双折射率(RI/DR):RI,1.66;(3)密度(g/cm^3):3.32;(4)多色性:无;(5)光性特征:非均质集合体(偏光镜下显示全亮);(6)荧光观察:无;(7)吸收光谱:437nm吸收线;(8)其他:橘皮效应			

样品照片(正面)	样品照片(背面)	放大观察(正面)	放大观察(背面)
		纤维状结构,可见白色絮状包体、愈合裂隙	

红外反射图谱

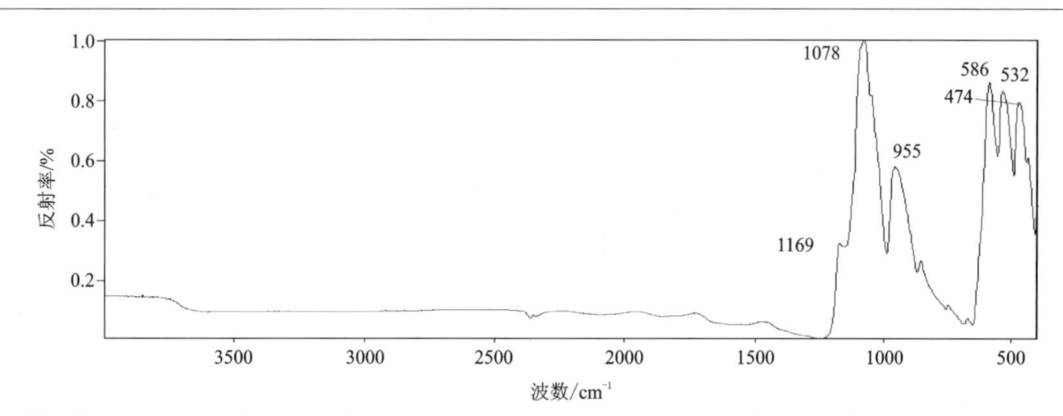

红外反射图谱显示:$1169cm^{-1}$、$1078cm^{-1}$、$955cm^{-1}$、$586cm^{-1}$、$532cm^{-1}$、$474cm^{-1}$附近的红外吸收峰。

红外透射图谱

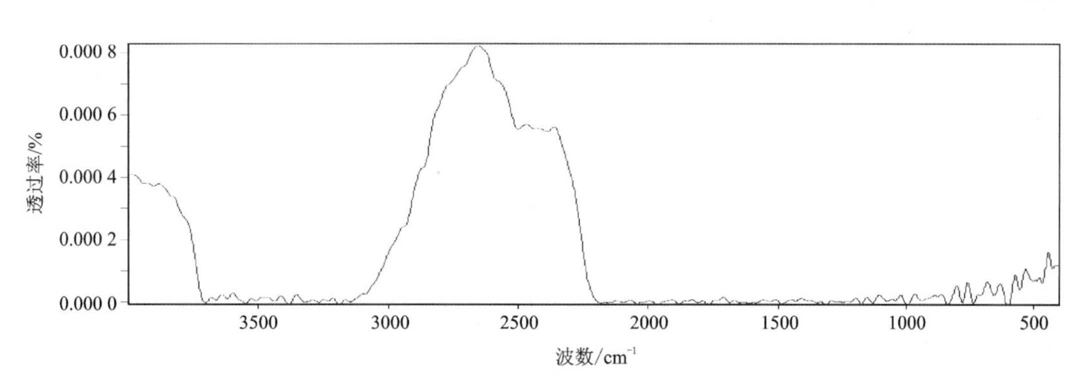

红外透射图谱显示:天然翡翠在$3200\sim2600cm^{-1}$区域内的透过率较高,多不存在红外吸收峰。

备注	

6.3　软玉

编号：123

<table>
<tr><td rowspan="4">样品信息
（含肉眼观察）</td><td>宝石种类</td><td>软玉</td><td>饰品名称</td><td>戒面</td></tr>
<tr><td>颜色</td><td>黄绿色</td><td>形状（琢型）</td><td>椭圆形弧面</td></tr>
<tr><td>光泽</td><td>油脂光泽</td><td>透明度</td><td>微透明</td></tr>
<tr><td>质量</td><td>0.925 5g</td><td>尺寸（长×宽×高）</td><td>12mm×10mm×5mm</td></tr>
<tr><td>实验参数</td><td colspan="4">（1）放大检查：毛毡状结构，大量絮状包体；（2）折射率/双折射率（RI/DR）：RI，1.61；（3）密度（g/cm³）：2.96；（4）多色性：无；（5）光性特征：非均质集合体（偏光镜下显示全亮）；（6）荧光观察：LW 无显示，SW 显示中等强度黄白色荧光；（7）吸收光谱：无；（8）其他：无</td></tr>
<tr><td colspan="2">样品照片（正面）</td><td>样品照片（背面）</td><td>放大观察（正面）</td><td>放大观察（背面）</td></tr>
<tr><td colspan="2"></td><td></td><td>毛毡状结构，可见大量絮状包体</td><td></td></tr>
</table>

红外反射图谱

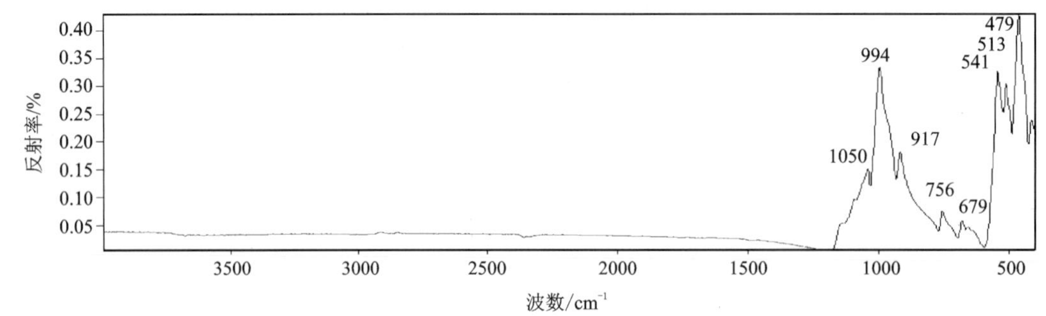

红外反射图谱显示：1150～850cm^{-1}区域内的谱带归属于 O—Si—O 与 Si—O—Si 反对称伸缩振动和 O—Si—O 对称伸缩振动，756cm^{-1}、679cm^{-1}附近的红外吸收峰归属于 Si—O—Si 对称伸缩振动，541cm^{-1}、479cm^{-1}红外吸收峰归属于 Si—O 弯曲振动、M—O 伸缩振动和 OH^- 平动的耦合振动。

红外透射图谱

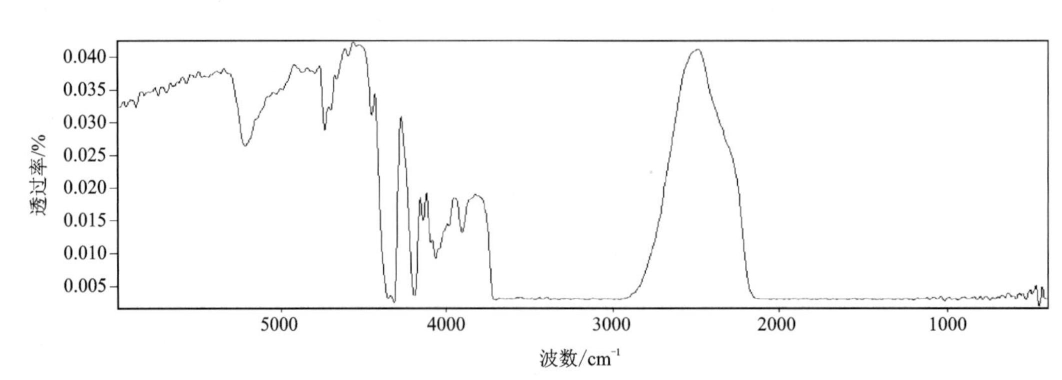

红外透射图谱显示：3200～2000cm^{-1}区域内无明显红外吸收峰。

备注	

6.4 软玉

编号:124

样品信息(含肉眼观察)	宝石种类	软玉	饰品名称	戒面
	颜色	绿色	形状(琢型)	椭圆形弧面
	光泽	油脂光泽	透明度	微透明
	质量	1.035 7g	尺寸(长×宽×高)	14mm×10mm×5mm
实验参数	(1)放大检查:毛毡状结构,黑色点状絮状包体;(2)折射率/双折射率(RI/DR):RI,1.66;(3)密度(g/cm³):2.96;(4)多色性:无;(5)光性特征:非均质体(偏光镜下显示全亮);(6)荧光观察:无;(7)吸收光谱:无;(8)其他:无			
样品照片(正面)	样品照片(背面)	放大观察(正面)	放大观察(背面)	
		毛毡状结构,可见黑色点状絮状包体		

红外反射图谱

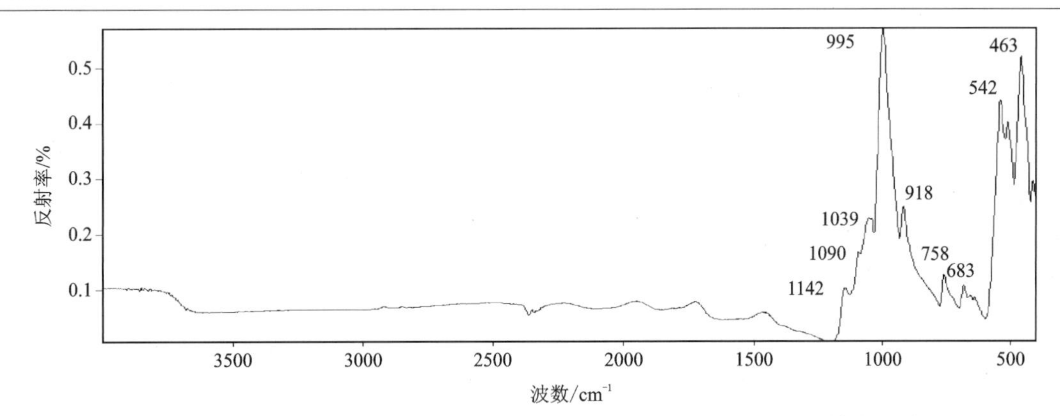

红外反射图谱显示:1150~850cm^{-1}区域内的谱带归属于O—Si—O与Si—O—Si反对称伸缩振动和O—Si—O对称伸缩振动,758cm^{-1}、683cm^{-1}附近的红外吸收峰归属于Si—O—Si对称伸缩振动,542cm^{-1}、463cm^{-1}红外吸收峰归属于Si—O弯曲振动、M—O伸缩振动和OH^-平动的耦合振动。

红外透射图谱

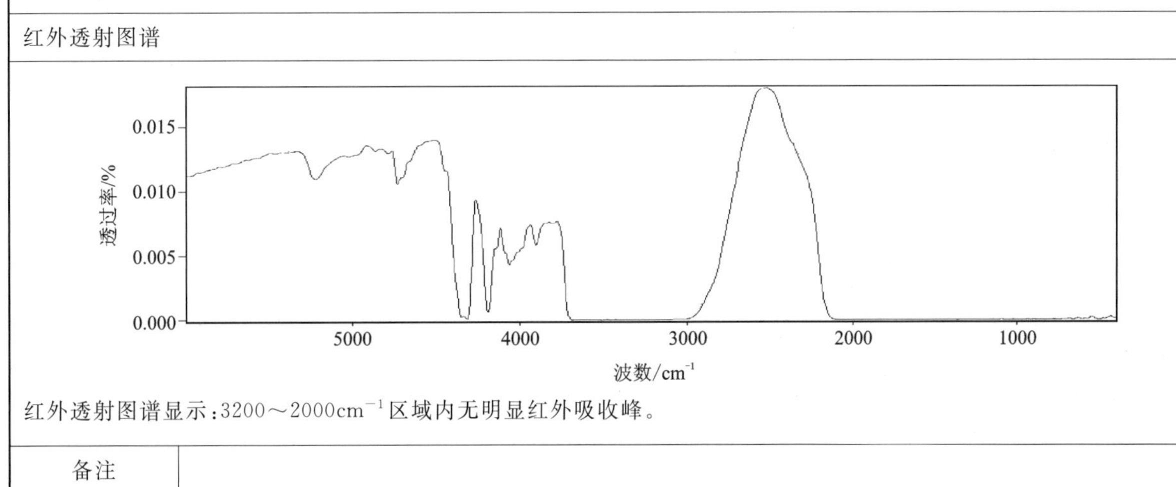

红外透射图谱显示:3200~2000cm^{-1}区域内无明显红外吸收峰。

备注	

6.5　软玉猫眼

编号:125

样品信息（含肉眼观察）	宝石种类	软玉猫眼	饰品名称	戒面
	颜色	绿色	形状(琢型)	椭圆形弧面
	光泽	油脂光泽	透明度	微透明
	质量	1.510 2g	尺寸(长×宽×高)	14mm×11mm×7mm
实验参数	(1)放大检查:毛毡状结构,大量絮状包体;(2)折射率/双折射率(RI/DR):RI,1.66;(3)密度(g/cm³):3.00;(4)多色性:无;(5)光性特征:非均质体(偏光镜下显示全亮);(6)荧光观察:无;(7)吸收光谱:无;(8)其他:猫眼效应			

样品照片(正面)	样品照片(背面)	放大观察(正面)	放大观察(背面)
		可见猫眼效应	毛毡状结构,可见大量絮状包体

红外反射图谱

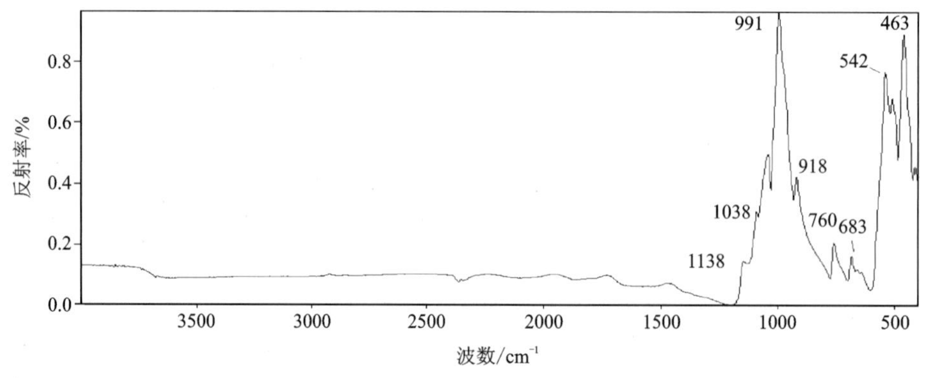

红外反射图谱显示:1150～850cm^{-1}区域内的谱带归属于O—Si—O与Si—O—Si反对称伸缩振动和O—Si—O对称伸缩振动,760cm^{-1}、683cm^{-1}附近的红外吸收峰归属于Si—O—Si对称伸缩振动,542cm^{-1}、463cm^{-1}红外吸收峰归属于Si—O弯曲振动、M—O伸缩振动和OH^-平动的耦合振动。

红外透射图谱

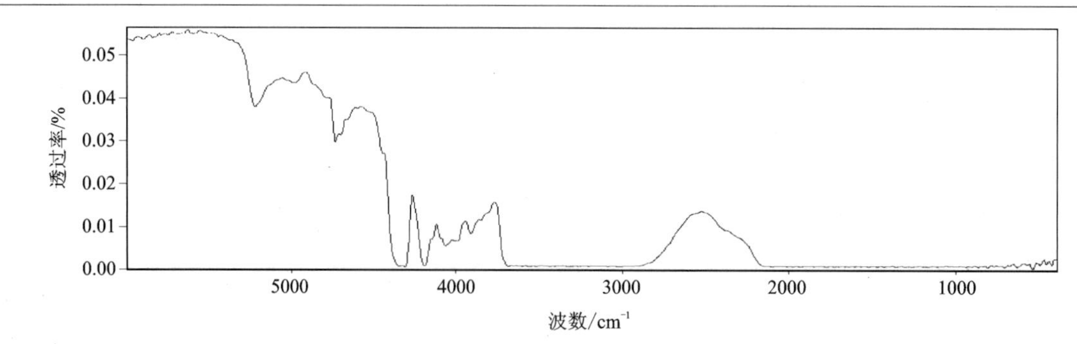

红外透射图谱显示:3200～2000cm^{-1}区域内无明显红外吸收峰。

备注	

6.6 欧泊

编号:126

样品信息 (含肉眼观察)	宝石种类	欧泊	饰品名称	戒面
	颜色	白色	形状(琢型)	水滴形弧面
	光泽	玻璃光泽	透明度	微透明
	质量	0.119 1g	尺寸(长×宽×高)	8mm×5mm×3mm
实验参数	(1)放大检查:色斑呈二维面纱状分布,边界不清晰、过渡自然;(2)折射率/双折射率(RI/DR):RI,1.45;(3)密度(g/cm³):2.10;(4)多色性:无;(5)光性特征:均质体(偏光镜下显示异常消光);(6)荧光观察:LW 显示强白色荧光,SW 显示中等强度白色荧光;(7)吸收光谱:无;(8)其他:变彩效应			

样品照片(正面)	样品照片(背面)	放大观察(正面)	放大观察(背面)
			色斑呈二维面纱状分布,边界不清晰、过渡自然

红外反射图谱

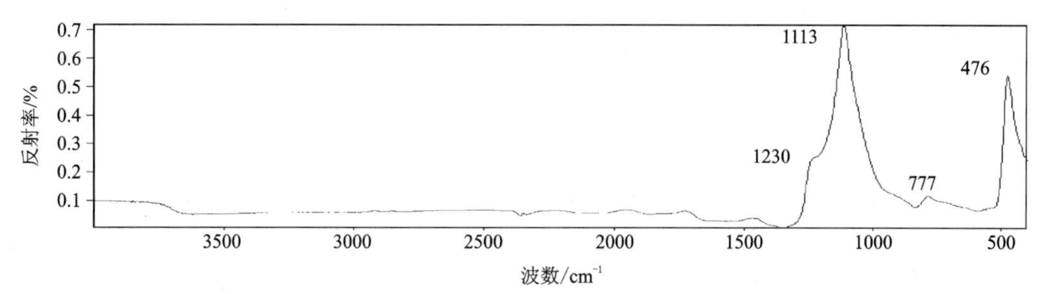

红外反射图谱显示:欧泊的成分为含水的二氧化硅,其红外反射光谱表现为典型 Si—O 键特征谱,与晶体宝石石英不同,非晶质宝石欧泊在 1200~900cm^{-1} 区域内的谱带归属于 Si—O 伸缩振动,800~700cm^{-1} 区域内的谱带归属于 Si—O 对称伸缩振动,500~400cm^{-1} 区域内的谱带归属于 Si—O 弯曲振动。

红外透射图谱

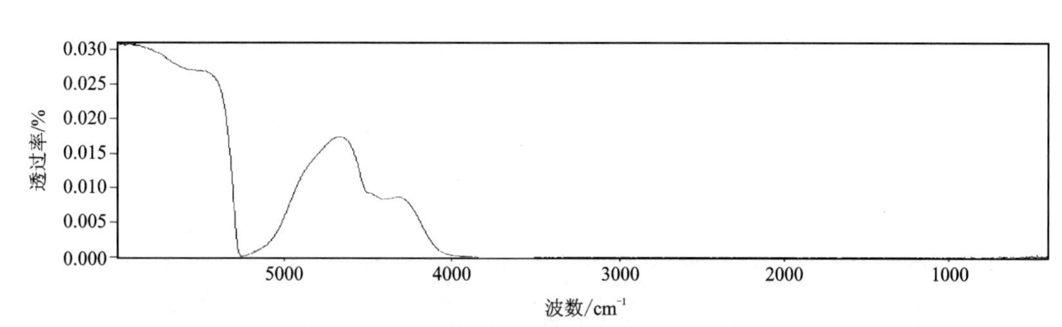

红外透射图谱显示:欧泊中的水分子在近红外区域呈现倍频或/和合频谱带,而在中红外区域常常全吸收。

备注	

6.7 火欧泊

编号:127

样品信息(含肉眼观察)	宝石种类	火欧泊	饰品名称	戒面
	颜色	橙色	形状(琢型)	水滴形刻面
	光泽	玻璃光泽	透明度	透明
	质量	0.088 5g	尺寸(长×宽×高)	8mm×5mm×4mm
实验参数	(1)放大检查:大量丝状包体,暗色矿物包体;(2)折射率/双折射率(RI/DR):RI,1.41;(3)密度(g/cm^3):2.00;(4)多色性:无;(5)光性特征:均质体(偏光镜下显示异常消光);(6)荧光观察:LW 无显示,SW 显示弱白色荧光;(7)吸收光谱:无;(8)其他:无			
样品照片(正面)	样品照片(背面)	放大观察(正面)	放大观察(背面)	
		可见大量丝状包体、暗色矿物包体		

红外反射图谱

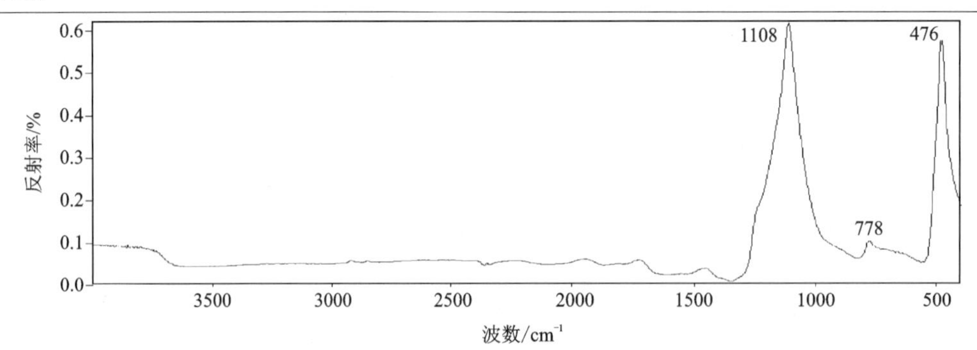

红外反射图谱显示:欧泊的成分为含水的二氧化硅,其红外反射光谱表现为 Si—O 键典型特征,与晶体宝石石英不同,非晶质宝石欧泊在 1200~900cm^{-1} 区域内的谱带归属于 Si—O 伸缩振动,800~700cm^{-1} 区域内的谱带归属于 Si—O 对称伸缩振动,500~400cm^{-1} 区域内的谱带归属于 Si—O 弯曲振动。

红外透射图谱

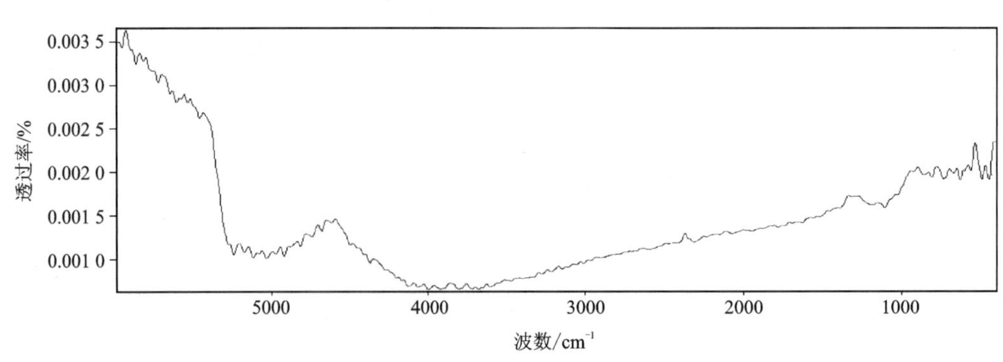

红外透射图谱显示:未见明显典型红外吸收峰。

备注	

6.8 火欧泊

编号:128

样品信息 (含肉眼观察)	宝石种类	火欧泊	饰品名称	戒面
	颜色	橙色	形状(琢型)	椭圆形弧面
	光泽	玻璃光泽	透明度	半透明
	质量	0.148 4g	尺寸(长×宽×高)	7mm×5mm×4mm
实验参数	(1)放大检查:色斑呈二维面纱状分布,边界不清晰、过渡自然,可见丝状矿物包体、串珠状点状包体;(2)折射率/双折射率(RI/DR):RI,1.45;(3)密度(g/cm³):1.99;(4)多色性:无;(5)光性特征:均质体(偏光镜下显示全暗);(6)荧光观察:无;(7)吸收光谱:无;(8)其他:变彩效应			

样品照片(正面)	样品照片(背面)	放大观察(正面)	放大观察(背面)
		色斑呈二维面纱状分布, 边界不清晰、过渡自然	

红外反射图谱

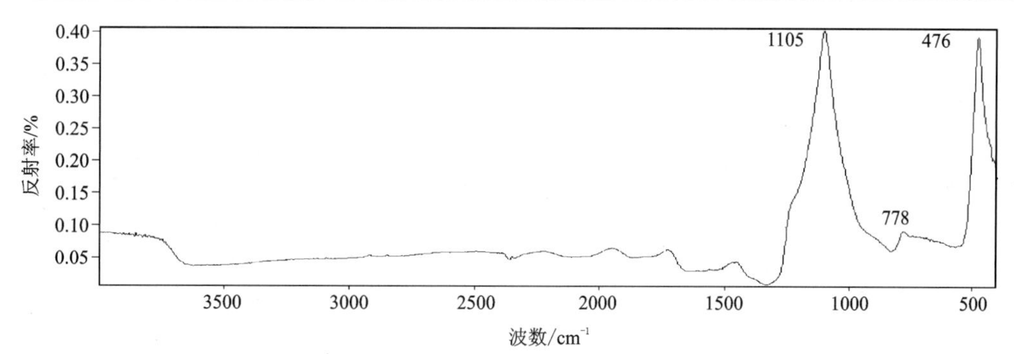

红外反射图谱显示:在 1200~900cm^{-1} 区域内的谱带归属于 Si—O 伸缩振动,800~700cm^{-1} 区域内的谱带归属于 Si—O 对称伸缩振动,500~400cm^{-1} 区域内的谱带归属于 Si—O 弯曲振动。

红外透射图谱

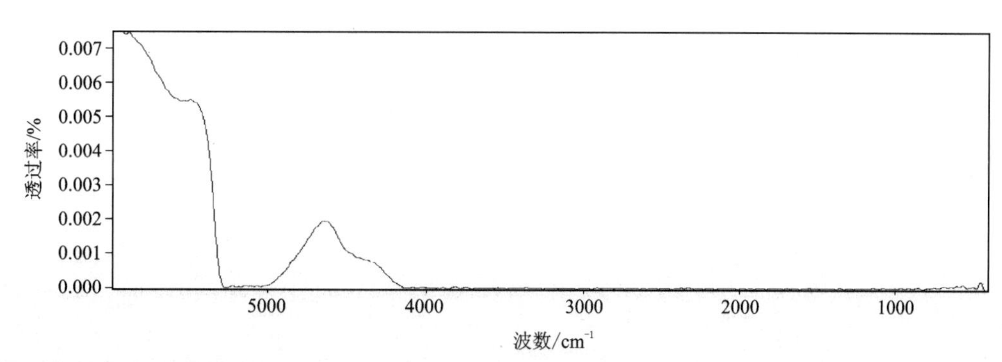

红外透射图谱显示:欧泊中的水分子在近红外区域呈现倍频或/和合频谱带,而在中红外区域常常全吸收。

备注	

6.9 石英岩玉

编号:129

样品信息（含肉眼观察）	宝石种类	石英岩玉	饰品名称	戒面
	颜色	白色	形状（琢型）	圆形弧面
	光泽	玻璃光泽	透明度	微透明
	质量	1.478 5g	尺寸（长×宽×高）	14mm×14mm×6mm
实验参数	(1)放大检查:粒状结构，平行条带，大量絮状包体，参差状断口；(2)折射率/双折射率(RI/DR):RI，1.54；(3)密度(g/cm^3):2.66；(4)多色性:无；(5)光性特征:非均质集合体（偏光镜下显示全亮）；(6)荧光观察:LW 显示中等强度白色荧光，SW 显示中等强度白色荧光；(7)吸收光谱:无；(8)其他:无			

样品照片（正面）	样品照片（背面）	放大观察（正面）	放大观察（背面）
			粒状结构，可见平行条带、大量絮状包体

红外反射图谱

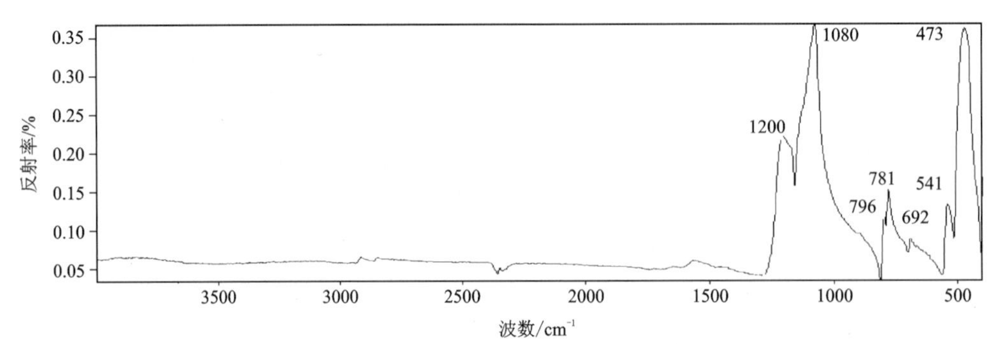

红外反射图谱显示:石英岩样品的 1184cm^{-1}、1099cm^{-1}红外吸收峰归属于 Si—O 非对称伸缩振动；798cm^{-1}、783cm^{-1}红外吸收峰归属于 Si—O—Si 对称伸缩振动；600～300cm^{-1}区域内的谱带归属于 Si—O 弯曲振动，主要分布在 544cm^{-1}、486cm^{-1}附近。

红外透射图谱

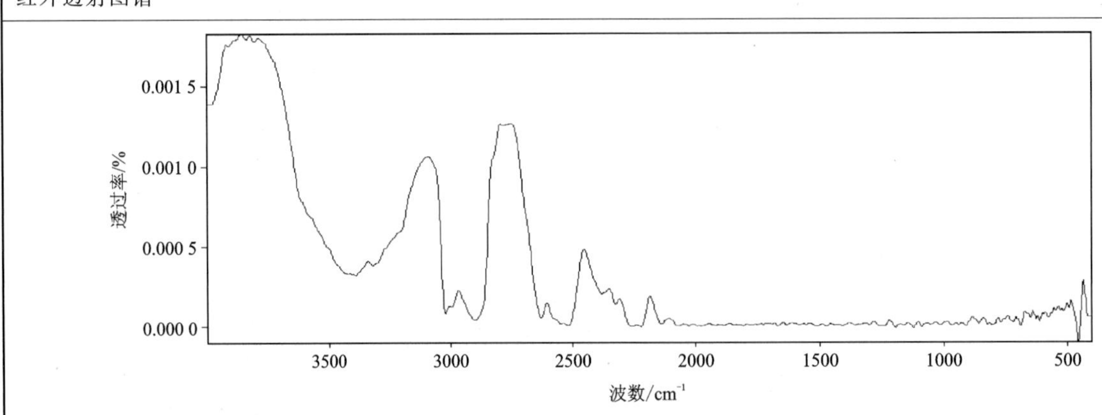

红外透射图谱显示:未见明显典型红外吸收峰。

备注	

6.10 石英岩玉

编号:130

样品信息（含肉眼观察）	宝石种类	石英岩玉	饰品名称	戒面
	颜色	绿色	形状(琢型)	圆形弧面
	光泽	玻璃光泽	透明度	半透明
	质量	0.443 1g	尺寸(长×宽×高)	9mm×9mm×5mm
实验参数	(1)放大检查:粒状结构,暗色矿物包体,絮状矿物包体;(2)折射率/双折射率(RI/DR):RI,1.55;(3)密度(g/cm³):2.65;(4)多色性:无;(5)光性特征:非均质集合体(偏光镜下显示全亮);(6)荧光观察:LW显示弱绿色荧光,SW 显示弱绿色荧光;(7)吸收光谱:无;(8)其他:无			

样品照片(正面)	样品照片(背面)	放大观察(正面)	放大观察(背面)
			粒状结构,可见暗色矿物包体、絮状矿物包体

红外反射图谱

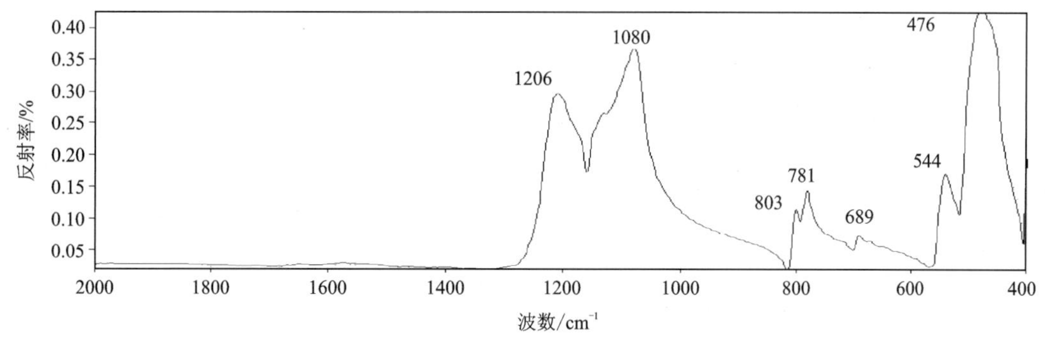

红外反射图谱显示:1206cm⁻¹、1080cm⁻¹红外吸收峰归属于 Si—O 非对称伸缩振动;803cm⁻¹、781cm⁻¹红外吸收峰归属于 Si—O—Si 对称伸缩振动;600～300cm⁻¹区域内的谱带归属于 Si—O 弯曲振动,主要分布在 544cm⁻¹、476cm⁻¹附近。

红外透射图谱

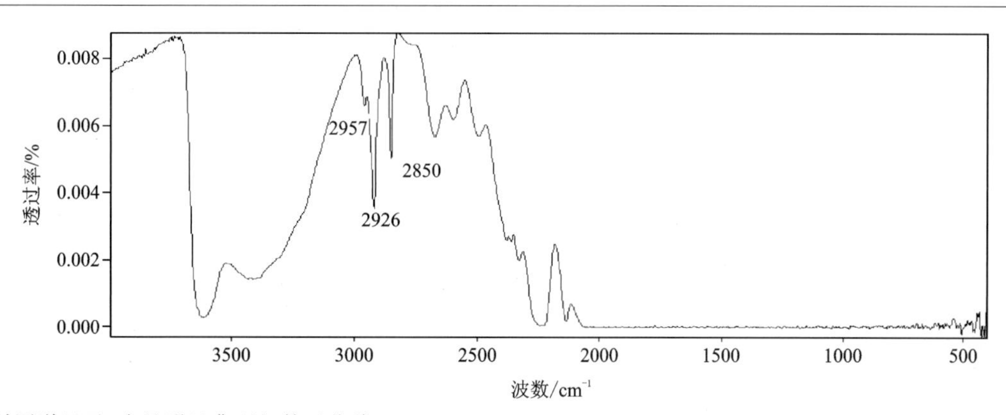

红外透射图谱显示:未见明显典型红外吸收峰。

备注	

6.11 石英岩

编号:131

样品信息（含肉眼观察）	宝石种类	石英岩	饰品名称	戒面
	颜色	白色	形状(琢型)	椭圆形弧面
	光泽	玻璃光泽	透明度	不透明
	质量	1.916 1g	尺寸(长×宽×高)	13mm×17mm×6mm
实验参数	(1)放大检查:粒状结构;(2)折射率/双折射率(RI/DR):RI,1.54;(3)密度(g/cm³):2.51;(4)多色性:无;(5)光性特征:不可测;(6)荧光观察:LW 显示中等强度蓝白色荧光,SW 显示中等强度蓝白色荧光;(7)吸收光谱:无;(8)其他:无			
样品照片(正面)	样品照片(背面)	放大观察(正面)	放大观察(背面)	
			可见粒状结构	

红外反射图谱

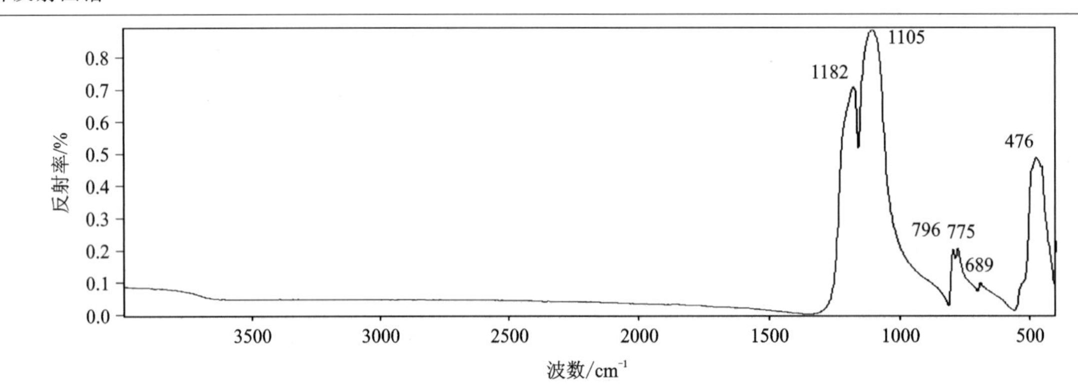

红外反射图谱显示:1182cm^{-1}、1105cm^{-1}红外吸收峰归属于 Si—O 反对称伸缩振动,796cm^{-1}、775cm^{-1}红外吸收峰归属于 Si—O—Si 对称伸缩振动,476cm^{-1}红外吸收峰归属于 Si—O 弯曲振动。

红外透射图谱

该样品检测不出红外透射图谱。

备注	

6.12 石英猫眼

编号:132

样品信息(含肉眼观察)	宝石种类	石英猫眼	饰品名称	戒面
	颜色	灰色	形状(琢型)	椭圆形弧面
	光泽	玻璃光泽	透明度	微透明
	质量	1.050 6g	尺寸(长×宽×高)	13mm×9mm×7mm
实验参数	(1)放大检查:粒状结构,大量定向排列的纤维状包体,次生矿物包体;(2)折射率/双折射率(RI/DR):RI,1.54;(3)密度(g/cm³):2.65;(4)多色性:无;(5)光性特征:非均质集合体(偏光镜下显示全亮);(6)荧光观察:LW 显示弱绿色荧光,SW 显示弱绿色荧光;(7)吸收光谱:无;(8)其他:猫眼效应			

样品照片(正面)	样品照片(背面)	放大观察(正面)	放大观察(背面)
		粒状结构,可见大量定向排列的纤维状包体	

红外反射图谱

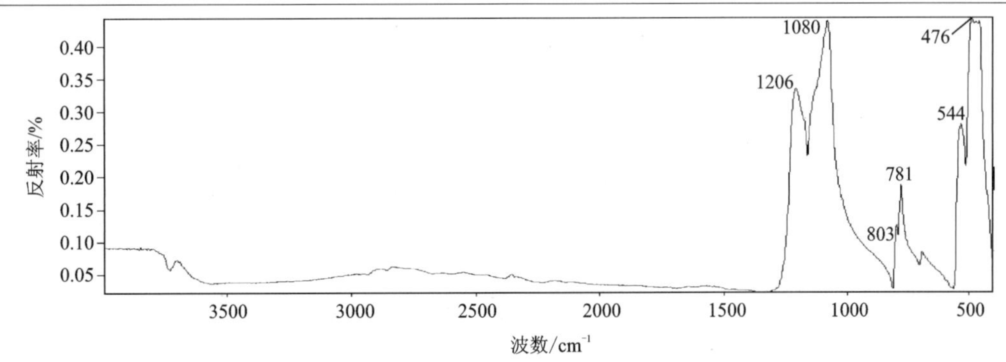

红外反射图谱显示:1206cm^{-1}、1080cm^{-1}红外吸收峰归属于 Si—O 非对称伸缩振动;803cm^{-1}、781cm^{-1}红外吸收峰归属于 Si—O—Si 对称伸缩振动;600～300cm^{-1}区域内的红外吸收峰归属于 Si—O 弯曲振动,主要分布在 544cm^{-1}、476cm^{-1}附近。

红外透射图谱

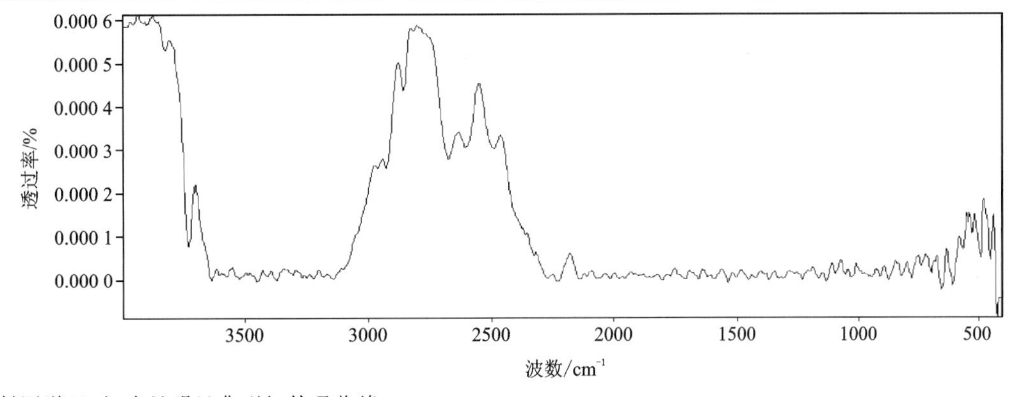

红外透射图谱显示:未见明显典型红外吸收峰。

备注	

6.13 钠长石玉

编号:133

<table>
<tr><td rowspan="4">样品信息
(含肉眼观察)</td><td>宝石种类</td><td>钠长石玉</td><td>饰品名称</td><td>戒面</td></tr>
<tr><td>颜色</td><td>灰绿色</td><td>形状(琢型)</td><td>方形弧面</td></tr>
<tr><td>光泽</td><td>玻璃光泽</td><td>透明度</td><td>微透明</td></tr>
<tr><td>质量</td><td>2.449 5g</td><td>尺寸(长×宽×高)</td><td>16mm×14mm×6mm</td></tr>
<tr><td>实验参数</td><td colspan="4">(1)放大检查:纤维状结构,大量绿色絮状包体;(2)折射率/双折射率(RI/DR):RI,1.52;(3)密度(g/cm^3):2.72;(4)多色性:无;(5)光性特征:非均质集合体(偏光镜下显示全亮);(6)荧光观察:无;(7)吸收光谱:无;(8)其他:无</td></tr>
<tr><td>样品照片(正面)</td><td colspan="2">样品照片(背面)</td><td>放大观察(正面)</td><td>放大观察(背面)</td></tr>
<tr><td></td><td colspan="2"></td><td>纤维状结构,可见
大量绿色絮状包体</td><td></td></tr>
<tr><td colspan="5">红外反射图谱</td></tr>
</table>

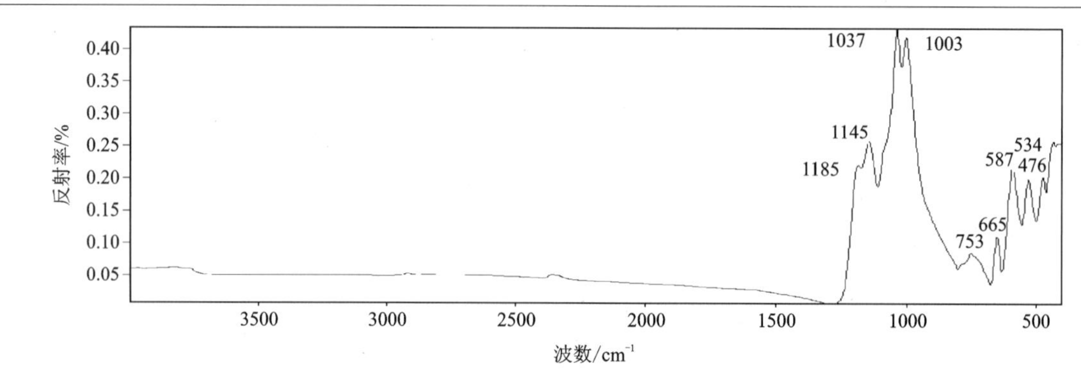

红外反射图谱显示:1200~900cm^{-1}区域内的谱带归属于$[SiO_4]^{4-}$的Si—O伸缩振动,800~700cm^{-1}区域内的谱带归属于$[SiO_4]^{4-}$的Si—O弯曲振动。

红外透射图谱

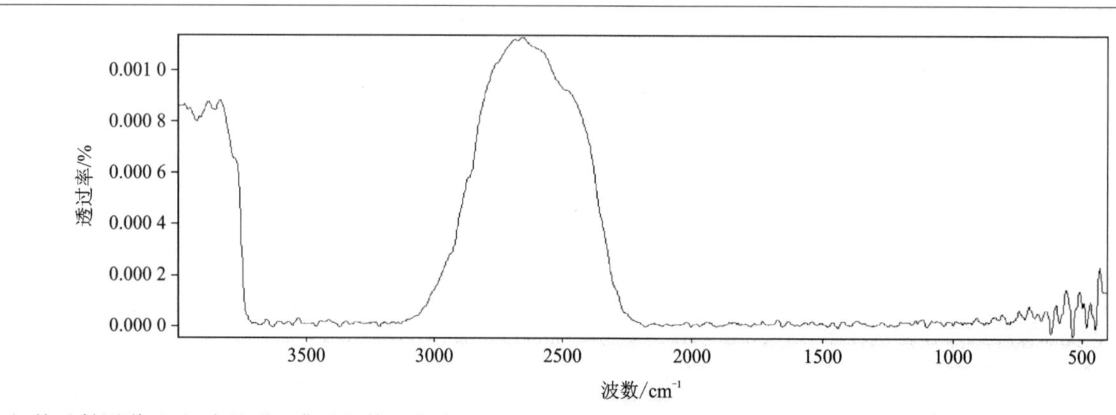

红外透射图谱显示:未见明显典型红外吸收峰。

备注	

6.14 玉髓

编号:134

样品信息（含肉眼观察）	宝石种类	玉髓	饰品名称	戒面
	颜色	白色	形状(琢型)	圆形弧面
	光泽	玻璃光泽	透明度	半透明
	质量	1.260 3g	尺寸(长×宽×高)	12mm×12mm×6mm
实验参数	(1)放大检查:隐晶质结构;(2)折射率/双折射率(RI/DR):RI,1.54;(3)密度(g/cm^3):2.61;(4)多色性:无;(5)光性特征:非均质集合体(偏光镜下显示全亮);(6)荧光观察:LW 显示中等强度绿色荧光,SW 显示弱白色荧光;(7)吸收光谱:无;(8)其他:无			
样品照片(正面)	样品照片(背面)	放大观察(正面)	放大观察(背面)	

红外反射图谱

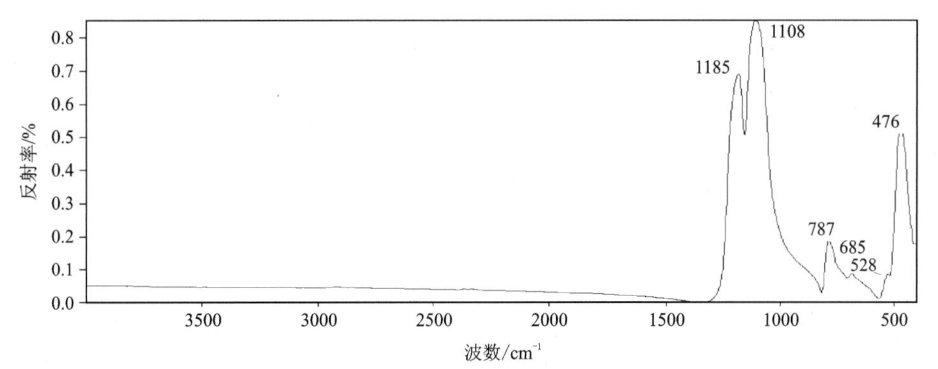

红外反射图谱显示:1185cm^{-1}、1108cm^{-1}红外吸收峰归属于 Si—O 非对称伸缩振动;800～600cm^{-1}区域内的谱带归属于 Si—O—Si 对称伸缩振动,可见 787cm^{-1}红外吸收峰;600～300cm^{-1}区域内的谱带归属于 Si—O 弯曲振动,主要分布在 528cm^{-1}、476cm^{-1}或附近。

红外透射图谱

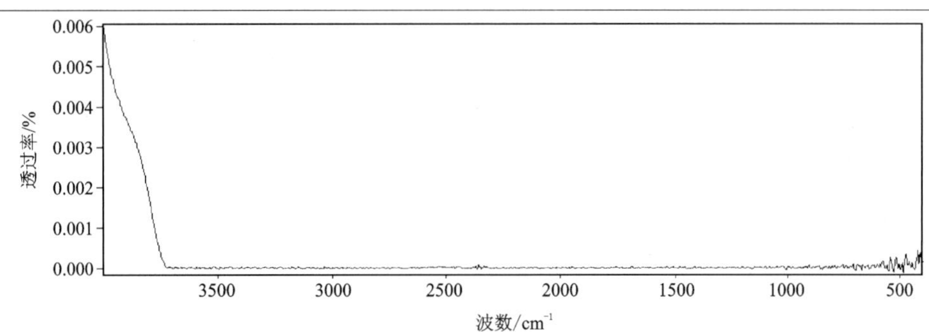

红外透射图谱显示:玉髓在中红外区域常常强吸收,甚至全吸收,而在近红外区呈现与欧泊类似的水的合频和/或倍频谱带。

备注	

6.15 玉髓

编号:135

样品信息（含肉眼观察）	宝石种类	玉髓	饰品名称	戒面
	颜色	绿色	形状(琢型)	椭圆形弧面
	光泽	玻璃光泽	透明度	微透明
	质量	3.428 3g	尺寸(长×宽×高)	20mm×10mm×10mm
实验参数	(1)放大检查:绿色团絮状矿物包体,隐晶质结构;(2)折射率/双折射率(RI/DR):RI,1.54;(3)密度(g/cm^3):2.57;(4)多色性:无;(5)光性特征:非均质集合体(偏光镜下显示全亮);(6)荧光观察:LW 显示中等强度绿色荧光,SW 显示强绿色荧光;(7)吸收光谱:无;(8)其他:无			

样品照片(正面)	样品照片(背面)	放大观察(正面)	放大观察(背面)
		可见团絮状矿物包体,隐晶质结构	

红外反射图谱

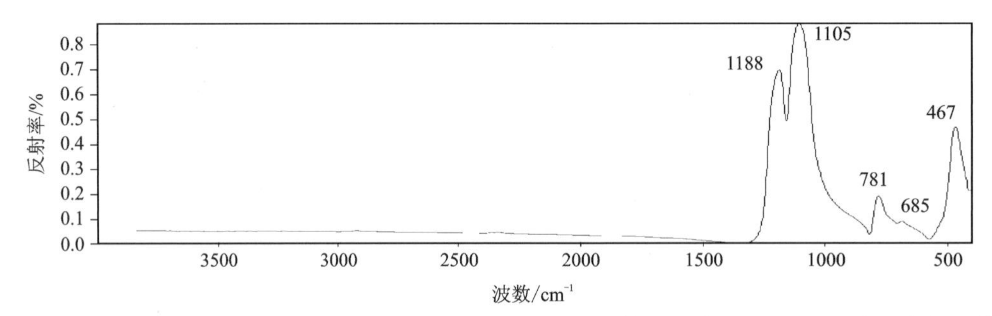

红外反射图谱显示:$1188cm^{-1}$、$1105cm^{-1}$红外吸收峰属于 Si—O 非对称伸缩振动;800~$600cm^{-1}$区域内的谱带归属于 Si—O—Si 对称伸缩振动,可见 $781cm^{-1}$红外吸收峰;600~$300cm^{-1}$区域内的谱带归属于 Si—O 弯曲振动,主要分布在 $467cm^{-1}$及其附近。

红外透射图谱

该样品检测不出红外透射图谱。

备注	

6.16 玛瑙

编号:136

样品信息（含肉眼观察）	宝石种类	玛瑙	饰品名称	戒面
	颜色	橙色	形状(琢型)	椭圆形弧面
	光泽	玻璃光泽	透明度	半透明
	质量	1.977 2g	尺寸(长×宽×高)	14mm×9mm×6mm
实验参数	(1)放大检查:隐晶质结构,树枝状矿物包体,色带;(2)折射率/双折射率(RI/DR):RI,1.54;(3)密度(g/cm^3):2.63;(4)多色性:无;(5)光性特征:非均质集合体;(6)荧光观察:无;(7)吸收光谱:无;(8)其他:无			

样品照片(正面)	样品照片(背面)	放大观察(正面)	放大观察(背面)
			可见树枝状矿物包体、色带

红外反射图谱

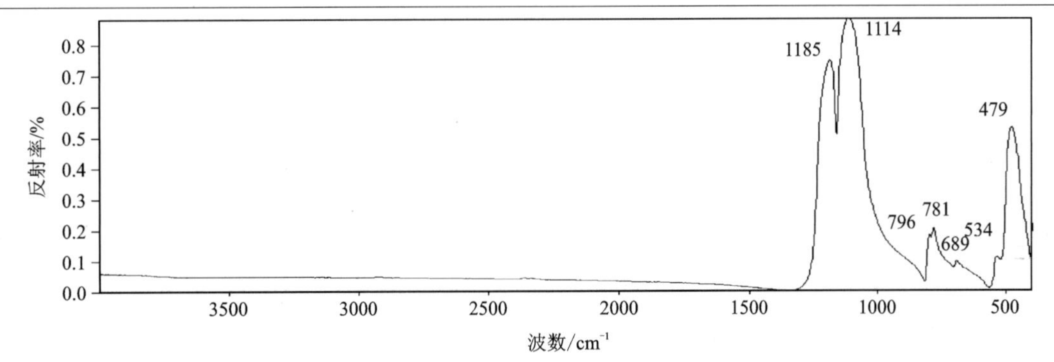

红外反射图谱显示:1185cm^{-1}、1114cm^{-1}红外吸收峰归属于Si—O非对称伸缩振动;800～600cm^{-1}区域内的谱带归属于Si—O—Si对称伸缩振动,可见分裂为796cm^{-1}、781cm^{-1}的一对锐双峰;600～300cm^{-1}区域内的谱带归属于Si—O弯曲振动,主要分布在534cm^{-1}、479cm^{-1}及其附近。

红外透射图谱

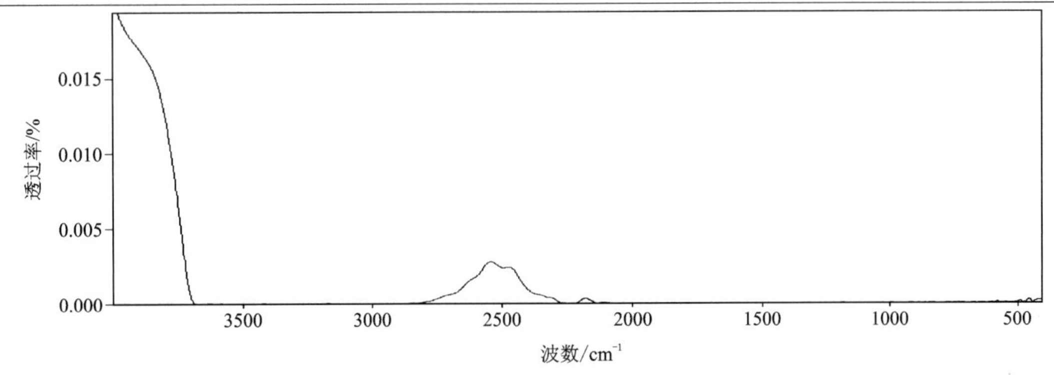

红外透射图谱显示:2800～2000cm^{-1}区域内的谱带为Si—O键的倍频吸收带,主要位于2673cm^{-1}、2599cm^{-1}、2494cm^{-1}处。在2000～3000cm^{-1}区域吸收相对弱且峰的数量少。

备注	

6.17 碧石

编号:137

<table>
<tr><td rowspan="4">样品信息
(含肉眼观察)</td><td>宝石种类</td><td>碧石</td><td>饰品名称</td><td>珠子</td></tr>
<tr><td>颜色</td><td>红色</td><td>形状(琢型)</td><td>桶状</td></tr>
<tr><td>光泽</td><td>玻璃光泽</td><td>透明度</td><td>不透明</td></tr>
<tr><td>质量</td><td>1.977 2g</td><td>尺寸(长×宽×高)</td><td>18mm×15mm×12mm</td></tr>
<tr><td>实验参数</td><td colspan="4">(1)放大检查:条带状构造,隐晶质结构,粒状矿物包体;(2)折射率/双折射率(RI/DR):RI,1.54;(3)密度(g/cm^3):2.78;(4)多色性:无;(5)光性特征:不可测;(6)荧光观察:LW 显示弱白色荧光(带状),SW 显示弱白色荧光(带状);(7)吸收光谱:无;(8)其他:无</td></tr>
<tr><td>样品照片(正面)</td><td>样品照片(背面)</td><td>放大观察(正面)</td><td colspan="2">放大观察(背面)</td></tr>
<tr><td></td><td></td><td></td><td colspan="2">条带状构造,可见矿物包体</td></tr>
</table>

红外反射图谱

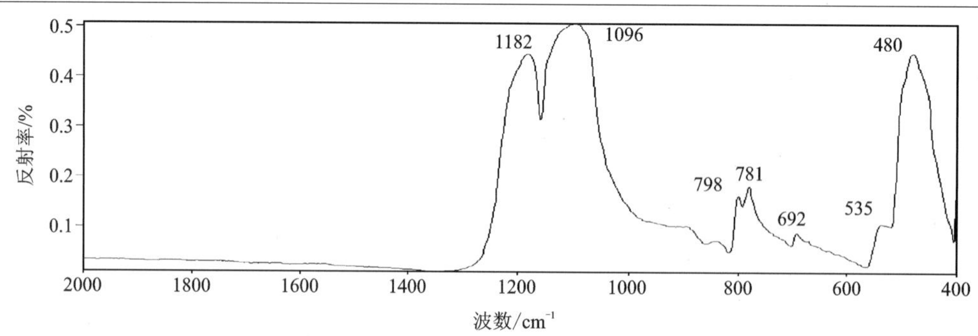

红外反射图谱显示:基本呈现石英的红外吸收峰,在 1200~950cm^{-1} 区域内的 O—Si—O 非对称伸缩振动谱带和 Si—O—(Al)伸缩振动谱带明显,798cm^{-1}、781cm^{-1} 附近可见 Si—O 对称伸缩振动峰,480cm^{-1} 附近可见 O—Si—O 弯曲振动峰。

红外透射图谱

该样品检测不出红外透射图谱。

备注	红外反射测试的是样品白色部分。

6.18 木变石

编号:138

样品信息 (含肉眼观察)	宝石种类	木变石	饰品名称	戒面
	颜色	黄色	形状(琢型)	椭圆形弧面
	光泽	玻璃光泽	透明度	不透明
	质量	1.003 2g	尺寸(长×宽×高)	10mm×14mm×6mm
实验参数	(1)放大检查:纤维状结构;(2)折射率/双折射率(RI/DR):RI,1.54;(3)密度(g/cm³):2.65;(4)多色性:无;(5)光性特征:不可测;(6)荧光观察:LW 无显示,SW 显示弱黄色荧光;(7)吸收光谱:无;(8)其他:无			
样品照片(正面)		样品照片(背面)	放大观察(正面)	放大观察(背面)
				可见纤维状结构

红外反射图谱

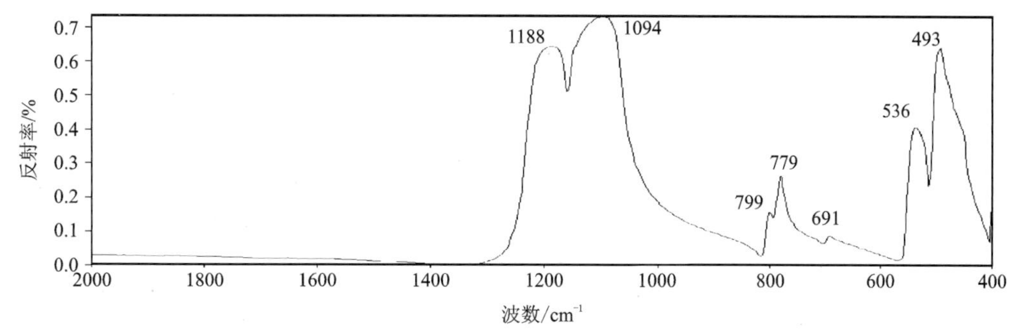

红外反射图谱显示:主要显示石英的红外吸收峰,1200～900cm⁻¹区域内的 Si—O 伸缩振动谱带,799cm⁻¹、779cm⁻¹附近的 Si—O 对称伸缩振动峰。

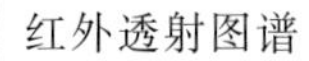

红外透射图谱

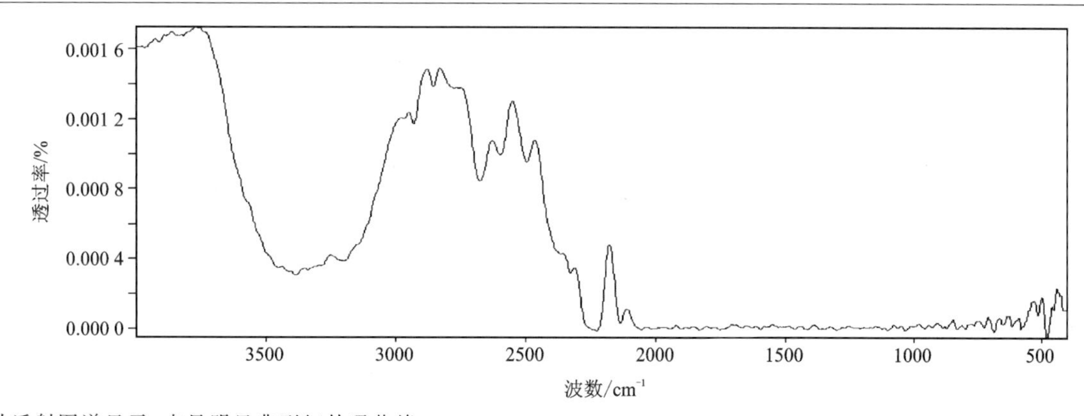

红外透射图谱显示:未见明显典型红外吸收峰。

备注	

6.19 硅化木

编号:139

<table>
<tr><td rowspan="4">样品信息
(含肉眼观察)</td><td>宝石种类</td><td>木变石</td><td>饰品名称</td><td>珠子</td></tr>
<tr><td>颜色</td><td>蓝色</td><td>形状(琢型)</td><td>圆柱形</td></tr>
<tr><td>光泽</td><td>玻璃光泽</td><td>透明度</td><td>不透明</td></tr>
<tr><td>质量</td><td>1.357 3g</td><td>尺寸(直径)</td><td>10mm</td></tr>
<tr><td>实验参数</td><td colspan="4">(1)放大检查:一组平行排列针状包体,木状纹理;(2)折射率/双折射率(RI/DR):RI,1.54;(3)密度(g/cm^3):2.67;(4)多色性:无;(5)光性特征:不可测;(6)荧光观察:无;(7)吸收光谱:无;(8)其他:无</td></tr>
<tr><td colspan="2">样品照片(正面)</td><td>样品照片(背面)</td><td>放大观察(正面)</td><td>放大观察(背面)</td></tr>
<tr><td colspan="2"></td><td></td><td></td><td>可见一组平行排列针状包体和木状纹理</td></tr>
<tr><td colspan="5">红外反射图谱</td></tr>
<tr><td colspan="5">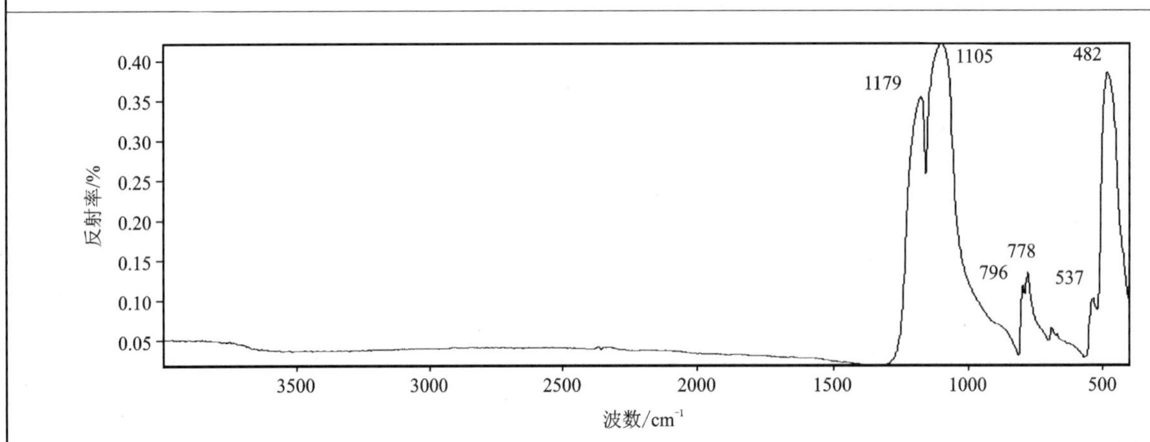

红外反射图谱显示:呈现石英的红外吸收峰,1200~900cm^{-1}区域内的Si—O伸缩振动谱带,796cm^{-1}、778cm^{-1}附近为Si—O对称伸缩振动峰。</td></tr>
<tr><td colspan="5">红外透射图谱</td></tr>
<tr><td colspan="5">该样品检测不出红外透射图谱。</td></tr>
<tr><td>备注</td><td colspan="4"></td></tr>
</table>

6.20 硅化木

编号:140

样品信息（含肉眼观察）	宝石种类	硅化木	饰品名称	珠子
	颜色	灰褐色	形状(琢型)	圆珠形
	光泽	玻璃光泽	透明度	不透明
	质量	4.990 2g	尺寸(直径)	11mm
实验参数	(1)放大检查:放射状构造,纤维状结构,木状纹理;(2)折射率/双折射率(RI/DR):RI,1.54;(3)密度(g/cm^3):2.52;(4)多色性:无;(5)光性特征:不可测;(6)荧光观察:LW显示中等强度蓝白色荧光,SW显示中等强度绿色荧光;(7)吸收光谱:无;(8)其他:无			

样品照片(正面)	样品照片(背面)	放大观察(正面)	放大观察(背面)
			放射状构造,纤维状结构,可见木状纹理

红外反射图谱

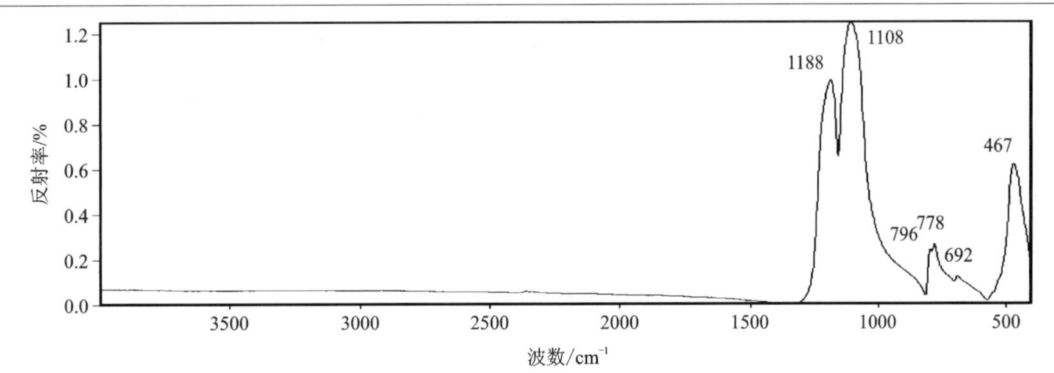

红外反射图谱显示:呈现石英的红外吸收峰,1200～900cm^{-1}区域内的Si—O伸缩振动谱带,796cm^{-1}、778cm^{-1}附近为Si—O对称伸缩振动峰。

红外透射图谱

该样品检测不出红外透射图谱。

备注	

6.21 硅化珊瑚

编号:141

样品信息（含肉眼观察）	宝石种类	硅化珊瑚	饰品名称	戒面
	颜色	黄色	形状(琢型)	方形弧面
	光泽	玻璃光泽	透明度	不透明
	质量	4.363 1g	尺寸(长×宽×高)	20mm×15mm×6mm
实验参数	(1)放大检查:同心放射状构造;(2)折射率/双折射率(RI/DR):RI,1.54;(3)密度(g/cm³):2.53;(4)多色性:无;(5)光性特征:不可测;(6)荧光观察:LW 显示弱蓝白色荧光,SW 显示弱蓝白色荧光;(7)吸收光谱:无;(8)其他:无			
样品照片(正面)		样品照片(背面)	放大观察(正面)	放大观察(背面)
				 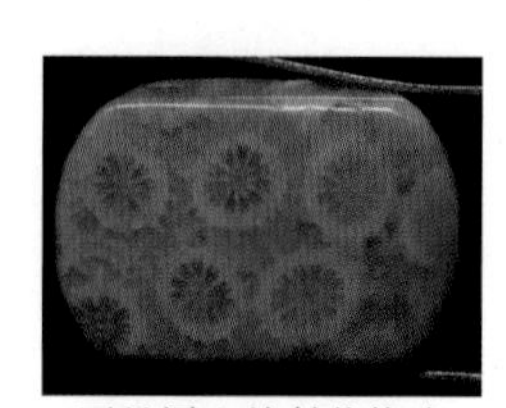 可见同心放射状构造

红外反射图谱

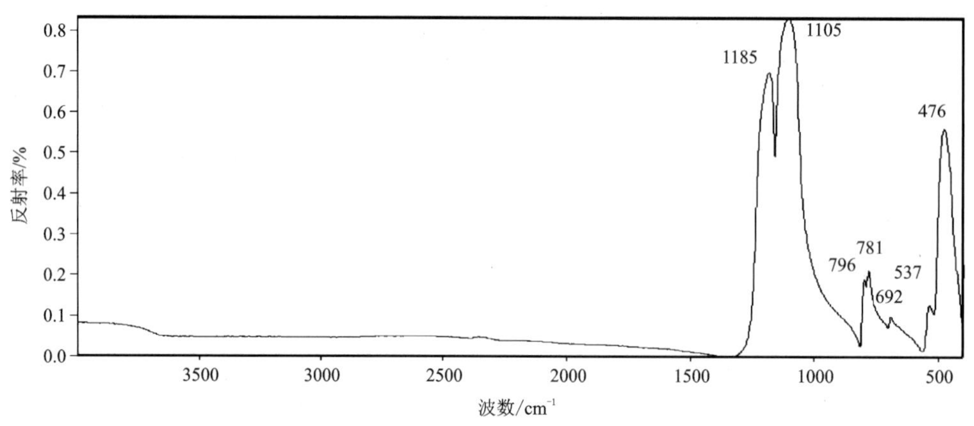

红外反射图谱显示:呈现石英的红外吸收峰,1200～900cm^{-1}区域内的 Si—O 伸缩振动谱带,796cm^{-1}、781cm^{-1}附近为 Si—O 对称伸缩振动峰。

红外透射图谱

该样品检测不出红外透射图谱。

备注	

6.22 岫玉

编号:142

<table>
<tr><td rowspan="4">样品信息
(含肉眼观察)</td><td>宝石种类</td><td>岫玉</td><td>饰品名称</td><td>戒面</td></tr>
<tr><td>颜色</td><td>黄色</td><td>形状(琢型)</td><td>椭圆形弧面</td></tr>
<tr><td>光泽</td><td>玻璃光泽</td><td>透明度</td><td>微透明</td></tr>
<tr><td>质量</td><td>2.050 8g</td><td>尺寸(长×宽×高)</td><td>16mm×13mm×8mm</td></tr>
<tr><td>实验参数</td><td colspan="4">(1)放大检查:纤维状结构,片状包体;(2)折射率/双折射率(RI/DR):RI,1.56;(3)密度(g/cm³):2.52;(4)多色性:无;(5)光性特征:非均质集合体(偏光镜下显示全亮);(6)荧光观察:无;(7)吸收光谱:无;(8)其他:无</td></tr>
<tr><td>样品照片(正面)</td><td>样品照片(背面)</td><td colspan="2">放大观察(正面)</td><td>放大观察(背面)</td></tr>
<tr><td></td><td></td><td colspan="2">纤维状结构,可见片状包体</td><td></td></tr>
</table>

红外反射图谱

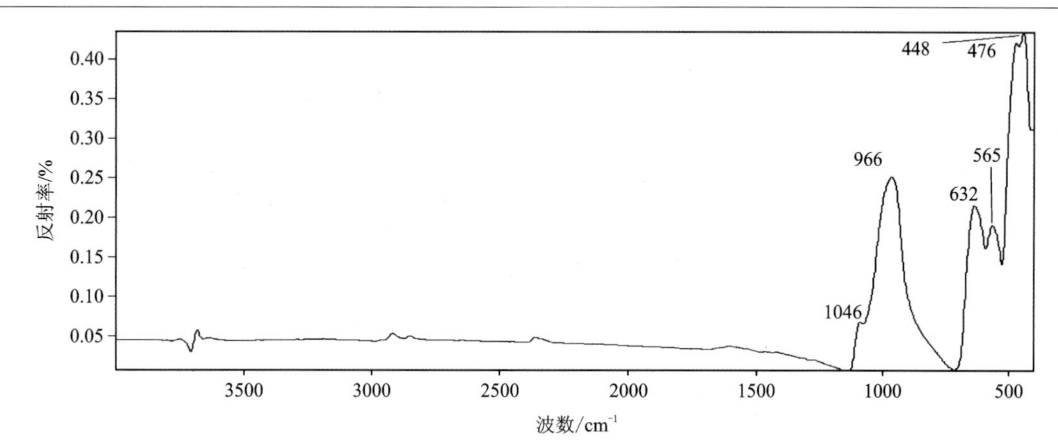

红外反射图谱显示:966cm^{-1}、632cm^{-1}、565cm^{-1}、476cm^{-1}、448cm^{-1}附近的红外吸收峰,1046cm^{-1}、636cm^{-1}、552cm^{-1}附近的红外吸收峰。

红外透射图谱

该样品检测不出红外透射图谱。

备注	亚种矿物的不同、透明度不同都会导致红外反射光谱存在差异。

6.23 独山玉

编号:143

样品信息（含肉眼观察）	宝石种类	独山玉	饰品名称	吊坠
	颜色	绿色	形状(琢型)	异形
	光泽	玻璃光泽	透明度	微透明
	质量	0.954 5g	尺寸(长×宽×高)	18mm×7mm×6mm
实验参数	(1)放大检查:纤维状结构,黑色团絮状包体;(2)折射率/双折射率(RI/DR):RI,1.58;(3)密度(g/cm^3):2.74;(4)多色性:无;(5)光性特征:非均质集合体(偏光镜下显示全亮);(6)荧光观察:LW显示弱蓝白色荧光,SW显示弱红色荧光;(7)吸收光谱:无;(8)其他:无			
样品照片(正面)	样品照片(背面)	放大观察(正面)	放大观察(背面)	
			纤维状结构,可见黑色团絮状包体	

红外反射图谱

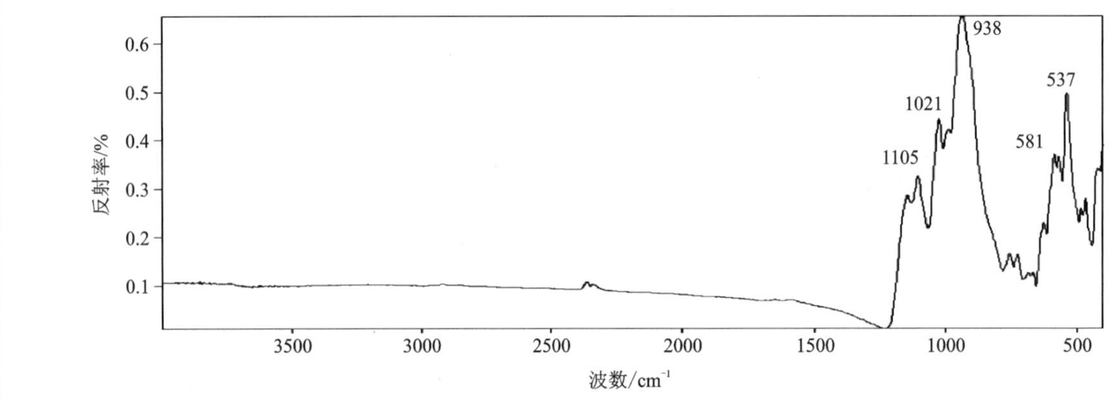

红外反射图谱显示:$1105cm^{-1}$、$1021cm^{-1}$、$938cm^{-1}$、$581cm^{-1}$、$537cm^{-1}$等典型红外吸收峰。

红外透射图谱

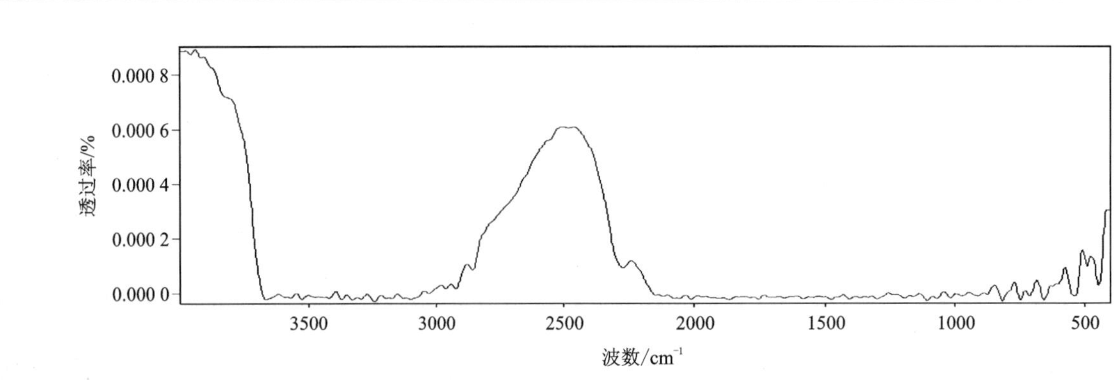

红外透射图谱显示:未见明显典型红外吸收峰。

备注	

6.24 查罗石

编号：144

样品信息（含肉眼观察）	宝石种类	查罗石	饰品名称	戒面
	颜色	紫色	形状（琢型）	圆形弧面
	光泽	丝绢光泽	透明度	不透明
	质量	2.136 2g	尺寸（长×宽×高）	9mm×7mm×4mm
实验参数	(1)放大检查：纤维状结构，色斑；(2)折射率/双折射率(RI/DR)：RI，1.55；(3)密度(g/cm^3)：2.56；(4)多色性：无；(5)光性特征：不可测；(6)荧光观察：LW 显示中等强度红色荧光，SW 显示弱红色荧光；(7)吸收光谱：无；(8)其他：无			
样品照片（正面）	样品照片（背面）	放大观察（正面）	放大观察（背面）	
			纤维状结构，可见色斑	

红外反射图谱

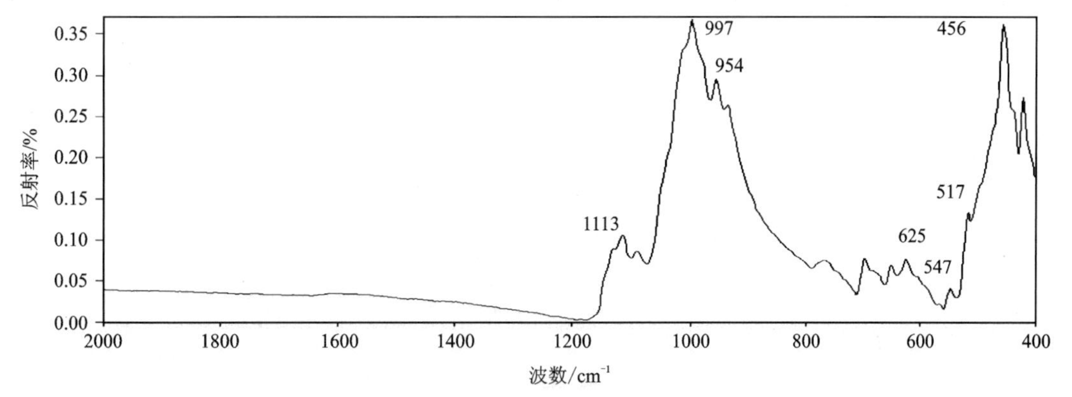

红外反射图谱显示：1113cm^{-1}、997cm^{-1}、954cm^{-1}、625cm^{-1}、517cm^{-1}、456cm^{-1}附近的典型红外吸收峰。

红外透射图谱

该样品检测不出红外透射图谱。

备注	

6.25 蔷薇辉石

编号:145

样品信息（含肉眼观察）	宝石种类	蔷薇辉石	饰品名称	戒面
	颜色	粉色	形状(琢型)	椭圆形弧面
	光泽	玻璃光泽	透明度	不透明
	质量	2.079 2g	尺寸(长×宽×高)	15mm×12mm×7mm
实验参数	(1)放大检查:黑色脉状矿物包体,黄褐色矿物包体,粒状结构;(2)折射率/双折射率(RI/DR):RI,1.73;(3)密度(g/cm³):3.48;(4)多色性:无;(5)光性特征:不可测;(6)荧光观察:无;(7)吸收光谱:无;(8)其他:无			

样品照片(正面)	样品照片(背面)	放大观察(正面)	放大观察(背面)
		粒状结构,可见黑色脉状矿物包体、黄褐色矿物包体	

红外反射图谱

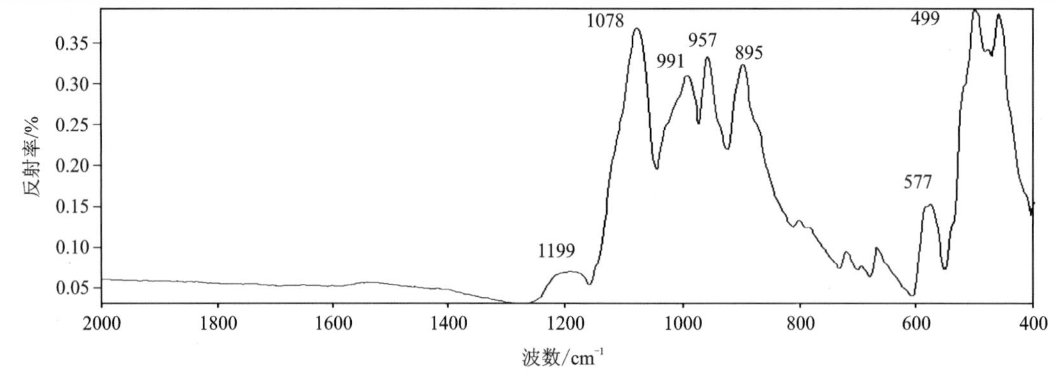

红外反射图谱显示:1078cm^{-1}、991cm^{-1}、957cm^{-1}、895cm^{-1}、577cm^{-1}、499cm^{-1}等典型红外吸收峰,其中1078cm^{-1}、991cm^{-1}、957cm^{-1}等红外吸收峰归属于Si—O与Si—O—Si伸缩振动、弯曲振动。

红外透射图谱

该样品检测不出红外透射图谱。

备注	

6.26 绿松石

编号:146

样品信息（含肉眼观察）	宝石种类	绿松石	饰品名称	戒面
	颜色	绿色	形状(琢型)	椭圆形弧面
	光泽	玻璃光泽	透明度	不透明
	质量	0.372 3g	尺寸(长×宽×高)	7mm×9mm×4mm
实验参数	(1)放大检查:隐晶质结构,黑色铁线,白色絮状包体;(2)折射率/双折射率(RI/DR):RI,1.60;(3)密度(g/cm^3):2.78;(4)多色性:无;(5)光性特征:不可测;(6)荧光观察:LW 显示弱蓝白色荧光,SW 无显示;(7)吸收光谱:无;(8)其他:无			
样品照片(正面)		样品照片(背面)	放大观察(正面)	放大观察(背面)
				可见黑色铁线、白色絮状包体

红外反射图谱

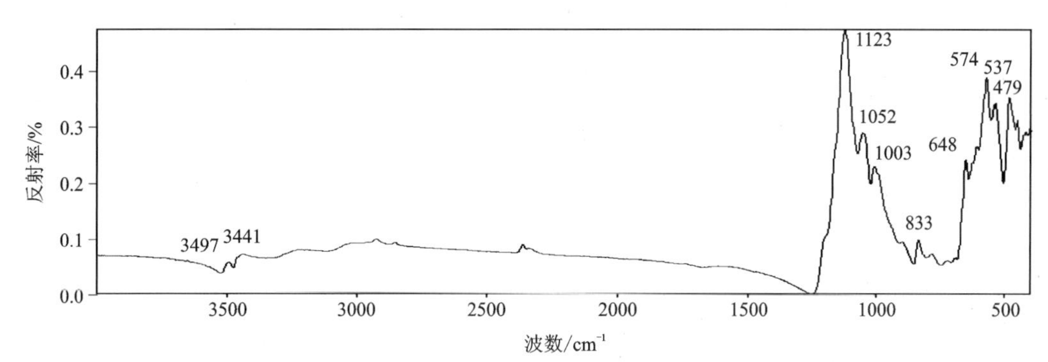

红外反射图谱显示:在 3600~3000cm^{-1} 区域内以及 1700~1600cm^{-1} 区域内可见与 OH^- 及 H_2O 有关的谱带。

红外透射图谱

该样品检测不出红外透射图谱。

备注	

6.27 青金石

编号:147

<table>
<tr><td rowspan="4">样品信息
(含肉眼观察)</td><td>宝石种类</td><td>青金石</td><td>饰品名称</td><td>戒面</td></tr>
<tr><td>颜色</td><td>蓝色</td><td>形状(琢型)</td><td>圆形弧面</td></tr>
<tr><td>光泽</td><td>玻璃光泽</td><td>透明度</td><td>不透明</td></tr>
<tr><td>质量</td><td>1.05 7g</td><td>尺寸(长×宽×高)</td><td>11mm×11mm×5mm</td></tr>
<tr><td>实验参数</td><td colspan="4">(1)放大检查:粒状结构,金属光泽的矿物包体,白色矿物包体;(2)折射率/双折射率(RI/DR):RI,1.50;(3)密度(g/cm^3):2.97;(4)多色性:无;(5)光性特征:不可测;(6)荧光观察:LW 显示中等强度蓝白色荧光,SW 无显示;(7)吸收光谱:无;(8)其他:无</td></tr>
<tr><td>样品照片(正面)</td><td>样品照片(背面)</td><td colspan="2">放大观察(正面)</td><td>放大观察(背面)</td></tr>
<tr><td></td><td></td><td colspan="2"></td><td>可见金属光泽的矿物包体</td></tr>
<tr><td colspan="5">红外反射图谱</td></tr>
<tr><td colspan="5">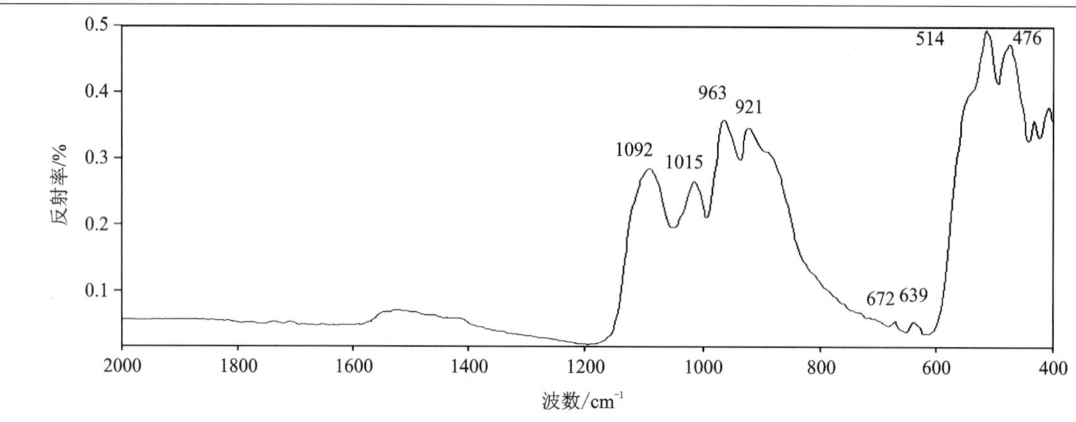

红外反射图谱显示:$1092cm^{-1}$、$963cm^{-1}$、$639cm^{-1}$、$514cm^{-1}$等典型红外吸收峰。</td></tr>
<tr><td colspan="5">红外透射图谱</td></tr>
<tr><td colspan="5">该样品检测不出红外透射图谱。</td></tr>
<tr><td>备注</td><td colspan="4">青金石的红外反射图谱在 $1100\sim900cm^{-1}$ 区域内与 Si—O 键相关的谱带较为稳定,当附加阴离子中存在$[SO_4]^{2-}$时,图谱会呈现 $1200cm^{-1}$左右的谱带。</td></tr>
</table>

6.28 孔雀石

编号:148

样品信息（含肉眼观察）	宝石种类	孔雀石	饰品名称	戒面
	颜色	绿色	形状(琢型)	水滴形弧面
	光泽	玻璃光泽	透明度	不透明
	质量	1.695 4g	尺寸(长×宽×高)	7mm×9mm×3mm
实验参数	(1)放大检查:同心层状构造;(2)折射率/双折射率(RI/DR):RI,1.67;(3)密度(g/cm³):3.95;(4)多色性:无;(5)光性特征:不可测;(6)荧光观察:无;(7)吸收光谱:无;(8)其他:无			

样品照片(正面)	样品照片(背面)	放大观察(正面)	放大观察(背面)
		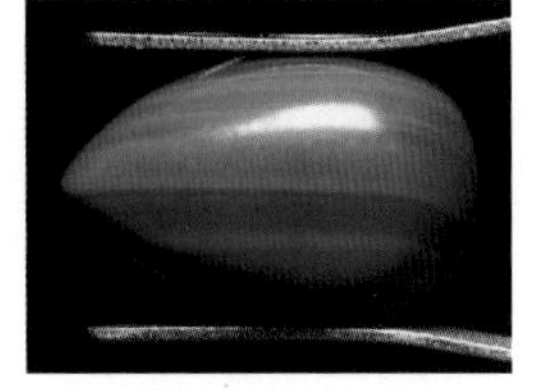	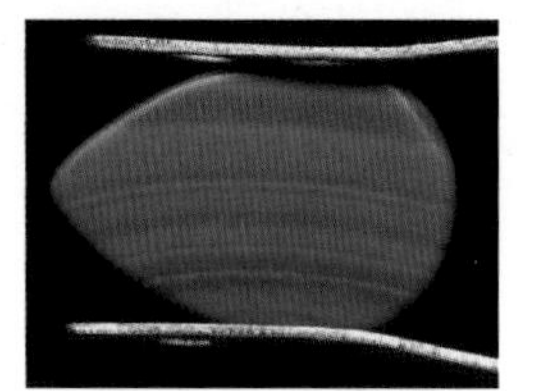 可见同心层状构造

红外反射图谱

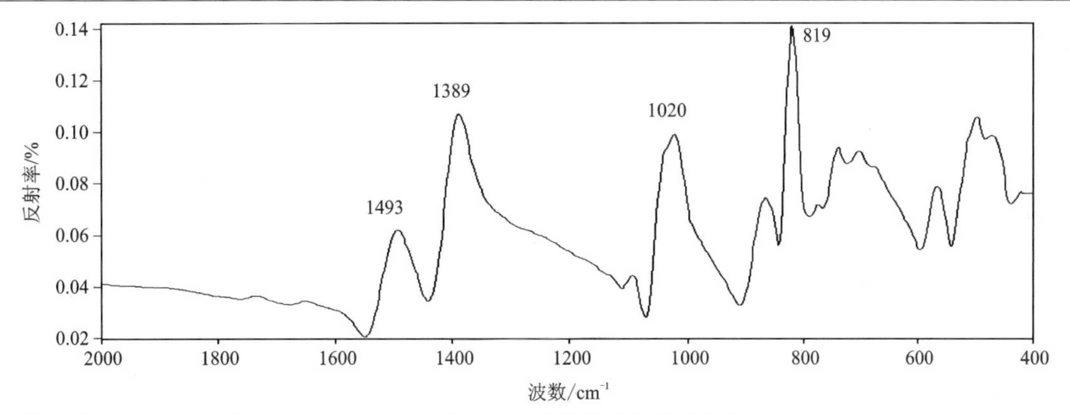

红外反射图谱显示:1493cm^{-1}、1389cm^{-1}、1020cm^{-1}、819cm^{-1}等典型红外吸收峰。

红外透射图谱

该样品检测不出红外透射图谱。

备注	在850～800cm^{-1}区域内红外吸收峰的相对强弱与方向性有关(入射光与集合体针状、放射状、纤维状晶体延长方向间的角度不同)。

6.29 葡萄石

编号:149

样品信息（含肉眼观察）	宝石种类	葡萄石	饰品名称	戒面
	颜色	绿色	形状(琢型)	水滴形弧面
	光泽	玻璃光泽	透明度	透明
	质量	0.877 2g	尺寸(长×宽×高)	10mm×12mm×5mm
实验参数	(1)放大检查:纤维状结构,放射状构造,愈合裂隙;(2)折射率/双折射率(RI/DR):1.63;(3)密度(g/cm^3):2.93;(4)多色性:无;(5)光性特征:非均质集合体(偏光镜下显示全亮);(6)荧光观察:无;(7)吸收光谱:无;(8)其他:无			
样品照片(正面)	样品照片(背面)	放大观察(正面)	放大观察(背面)	
		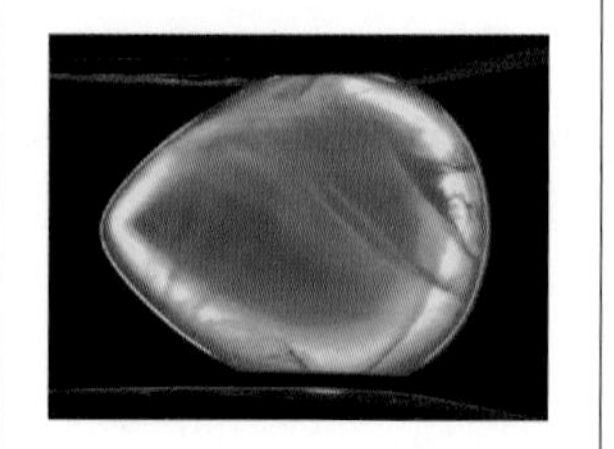	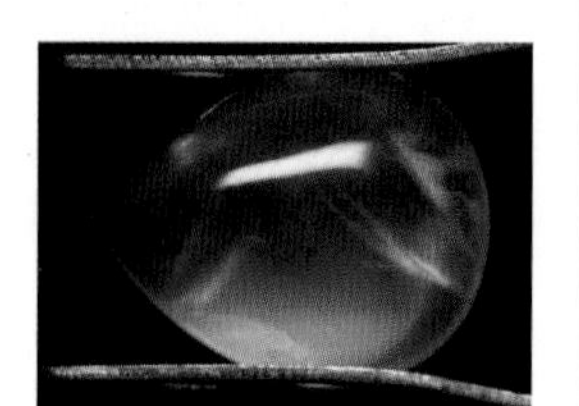 纤维状结构,放射状构造,可见愈合裂隙	

红外反射图谱

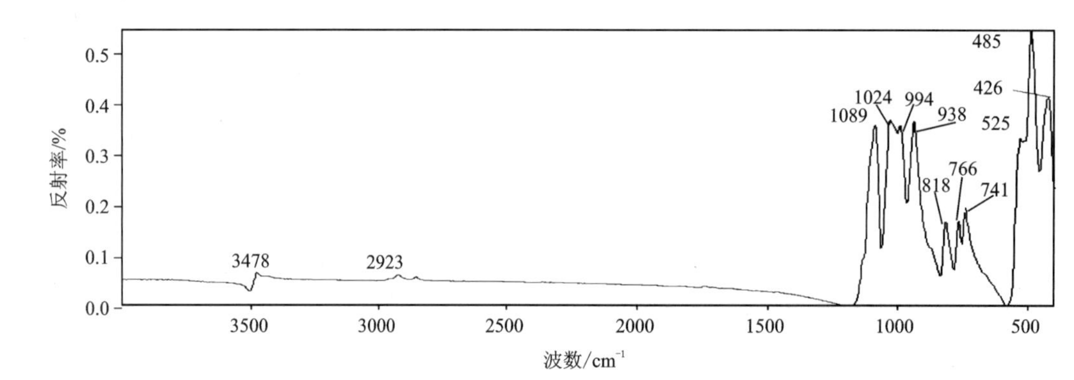

红外反射图谱显示:1089cm^{-1}、1024cm^{-1}、938cm^{-1}、818cm^{-1}、766cm^{-1}、525cm^{-1}、485cm^{-1}等典型红外吸收峰。

红外透射图谱

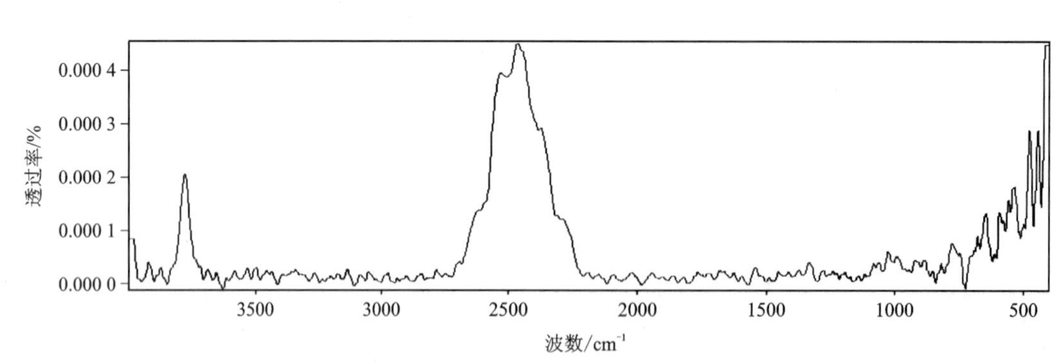

红外透射图谱显示:未见明显典型红外吸收峰。

备注	

6.30 菱锰矿

编号:150

样品信息 (含肉眼观察)	宝石种类	菱锰矿	饰品名称	戒面
	颜色	粉色	形状(琢型)	椭圆形弧面
	光泽	玻璃光泽	透明度	微透明
	质量	1.164 5g	尺寸(长×宽×高)	11mm×11mm×5mm
实验参数	(1)放大检查:粒状结构,条带状构造,黑色点状矿物包体;(2)折射率/双折射率(RI/DR):RI,1.60;(3)密度(g/cm^3):3.39;(4)多色性:无;(5)光性特征:非均质集合体(偏光镜下显示全亮);(6)荧光观察:LW 显示中等强度蓝白色荧光(条带状),SW 显示弱蓝白色荧光(条带状);(7)吸收光谱:无;(8)其他:无			
样品照片(正面)	样品照片(背面)	放大观察(正面)	放大观察(背面)	
		粒状结构,可见黑色点状矿物包体	可见条带状构造	

红外反射图谱

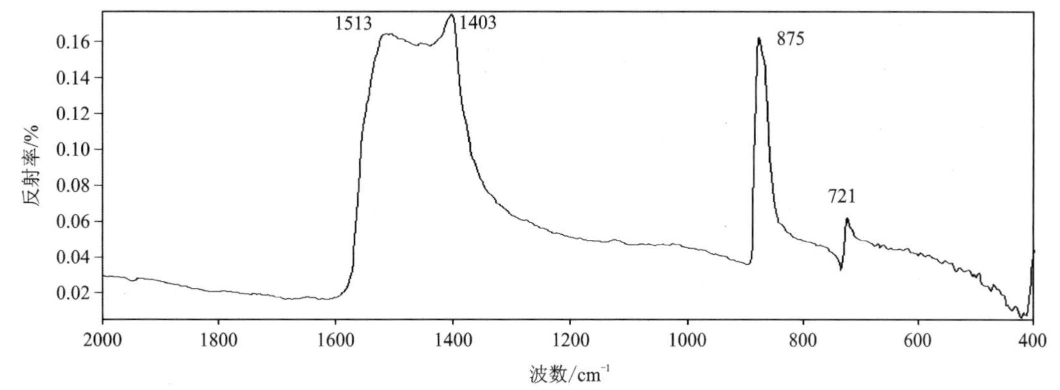

红外反射图谱显示:1513cm^{-1}、1403cm^{-1}红外吸收峰归属于$[CO_3]^{2-}$不对称伸缩振动,875cm^{-1}较尖锐的红外吸收峰归属于$[CO_3]^{2-}$面外弯曲振动,721cm^{-1}尖锐而相对较弱的红外吸收峰归属于$[CO_3]^{2-}$面内弯曲振动。

红外透射图谱

该样品检测不出红外透射图谱。

备注	

6.31　萤石

编号:151

样品信息（含肉眼观察）	宝石种类	萤石	饰品名称	戒面
	颜色	绿色	形状(琢型)	方形弧面
	光泽	玻璃光泽	透明度	透明
	质量	1.312 2g	尺寸(长×宽×高)	12mm×12mm×6mm
实验参数	(1)放大检查:色带,白色团絮状包体;(2)折射率/双折射率(RI/DR):RI,1.44;(3)密度(g/cm^3):3.18;(4)多色性:无;(5)光性特征:均质体(偏光镜下显示异常消光);(6)荧光观察:LW显示中等强度蓝白色荧光,SW显示弱蓝白色荧光;(7)吸收光谱:无;(8)其他:无			

样品照片(正面)	样品照片(背面)	放大观察(正面)	放大观察(背面)
	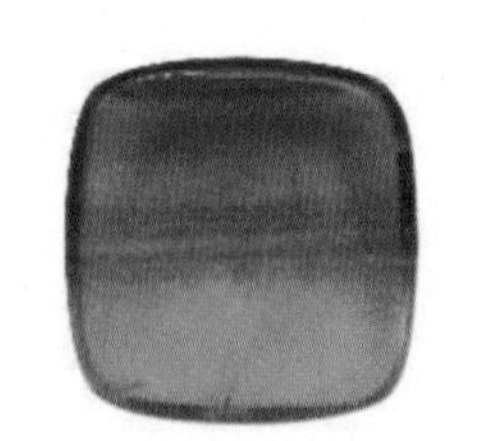	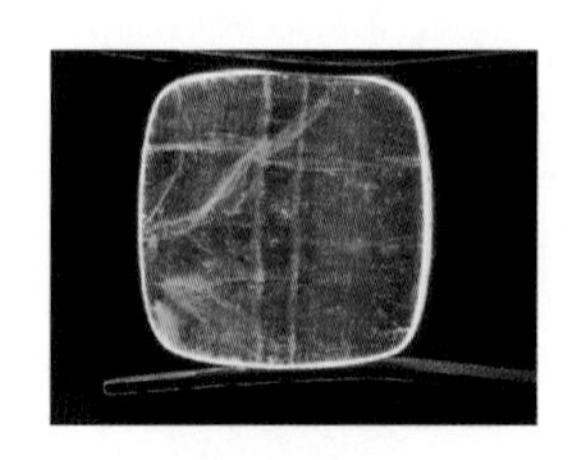	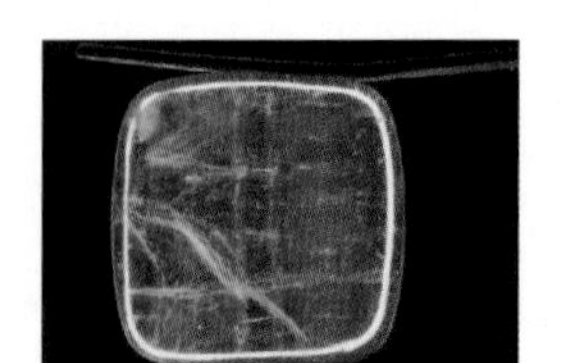 可见色带、白色团絮状包体

红外反射图谱

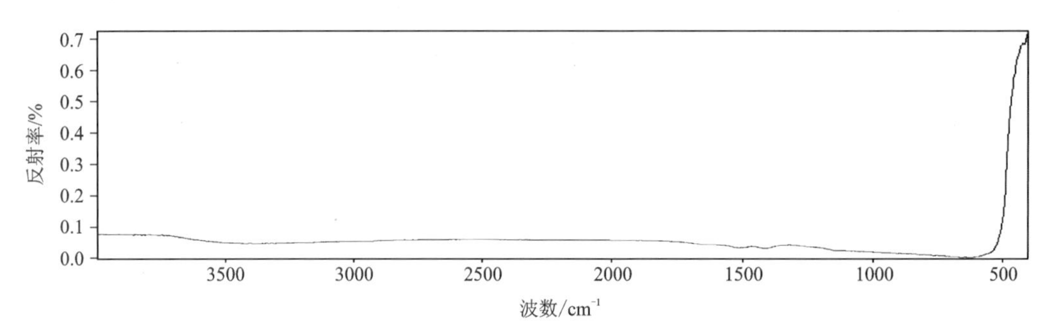

红外反射图谱显示:在4000～600cm^{-1}区域内无明显红外吸收峰。

红外透射图谱

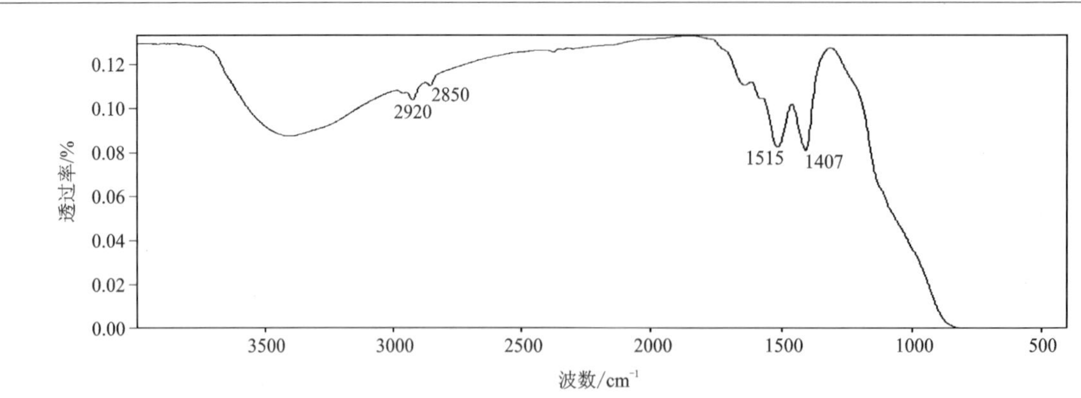

红外透射图谱显示:2920cm^{-1}、1515cm^{-1}、1470cm^{-1}等明显红外吸收峰。

备注	

6.32 水钙铝榴石

编号:152

<table>
<tr><td rowspan="4">样品信息
(含肉眼观察)</td><td>宝石种类</td><td>水钙铝榴石</td><td>饰品名称</td><td>饰品</td></tr>
<tr><td>颜色</td><td>绿色</td><td>形状(琢型)</td><td>异形</td></tr>
<tr><td>光泽</td><td>玻璃光泽</td><td>透明度</td><td>微透明</td></tr>
<tr><td>质量</td><td>2.787 8g</td><td>尺寸(长×宽×高)</td><td>19mm×18mm×4mm</td></tr>
<tr><td>实验参数</td><td colspan="4">(1)放大检查:粒状结构,黑色絮状矿物包体团;(2)折射率/双折射率(RI/DR):RI,1.73;(3)密度(g/cm^3):3.47;(4)多色性:无;(5)光性特征:非均质集合体(偏光镜下显示全亮);(6)荧光观察:无;(7)吸收光谱:无;(8)其他:无</td></tr>
</table>

样品照片(正面)	样品照片(背面)	放大观察(正面)	放大观察(背面)
		粒状结构,可见黑色絮状矿物包体团	

红外反射图谱

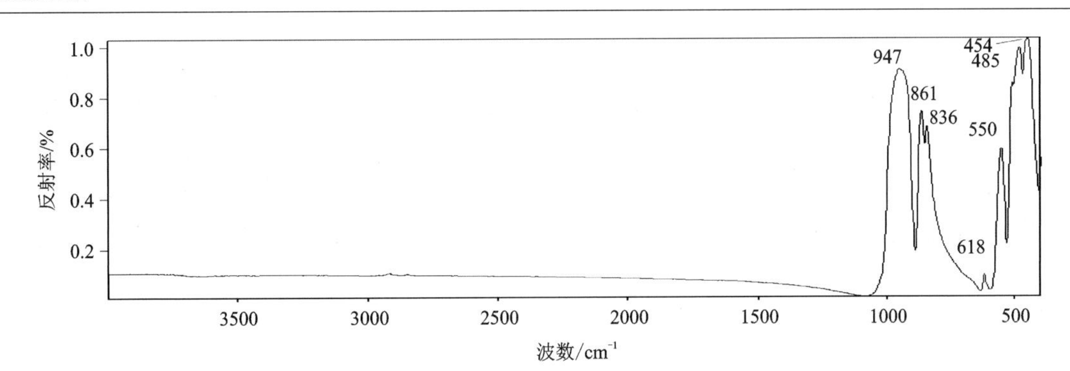

红外反射图谱显示:其指纹区反射光谱与不含水石榴石品种相似,但3500~3300cm^{-1}区域内有与羟基相关的谱带说明它为含水石榴石亚种。

红外透射图谱

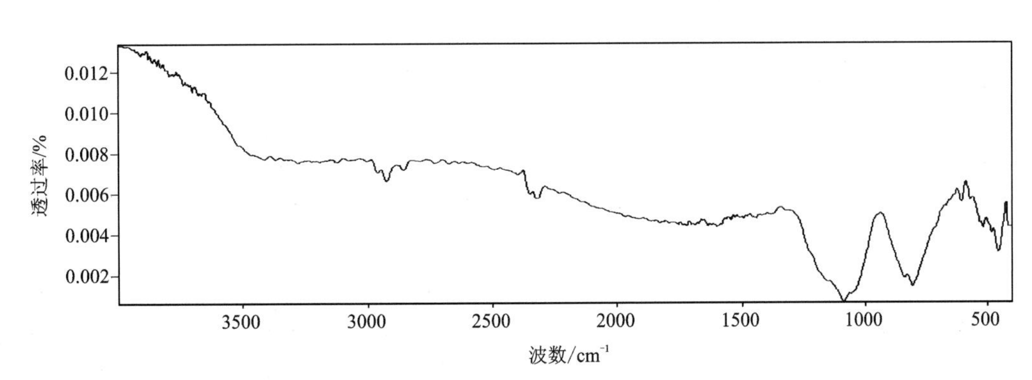

红外透射图谱显示:未见明显典型红外吸收峰。

备注	

6.33 方钠石

编号:153

样品信息（含肉眼观察）	宝石种类	方钠石	饰品名称	平安扣
	颜色	蓝色	形状(琢型)	平安扣形
	光泽	玻璃光泽	透明度	不透明
	质量	0.435 2g	尺寸(长×宽×高)	12mm×12mm×1mm
实验参数	(1)放大检查:粒状结构,白色絮状包体,黑色矿物包体;(2)折射率/双折射率(RI/DR):RI,1.48;(3)密度(g/cm^3):2.26;(4)多色性:无;(5)光性特征:不可测;(6)荧光观察:LW 显示中等强度蓝白色荧光,SW 显示弱蓝白色荧光;(7)吸收光谱:无;(8)其他:无			
样品照片(正面)	样品照片(背面)	放大观察(正面)	放大观察(背面)	
		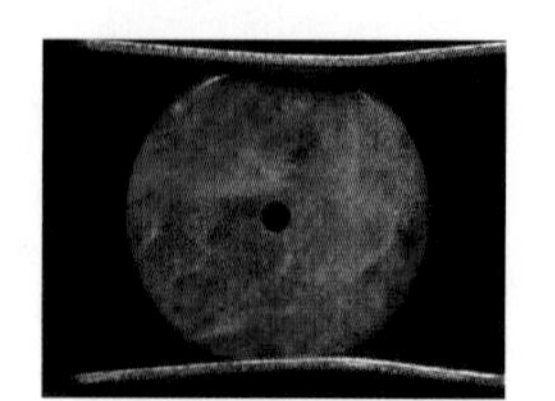 粒状结构,可见白色絮状包体、黑色矿物包体	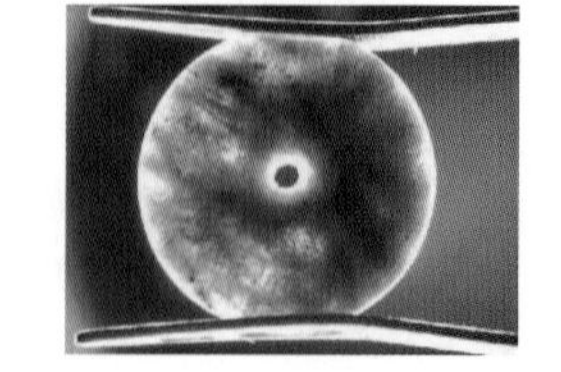	

红外反射图谱

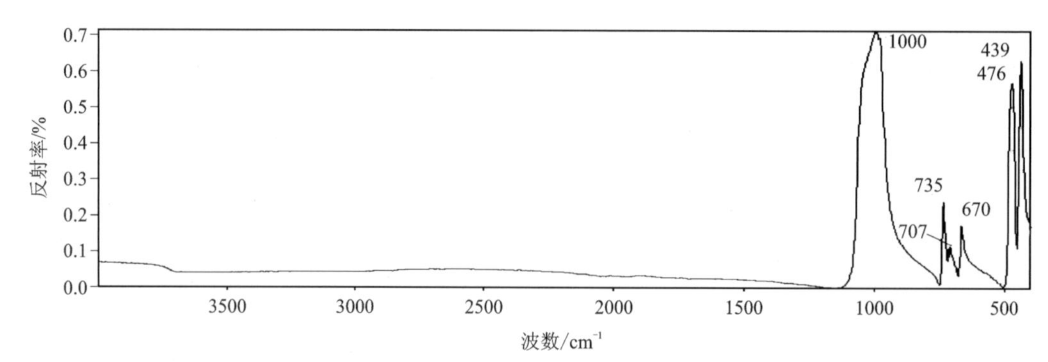

红外反射图谱显示:1000cm^{-1}、735cm^{-1}、670cm^{-1}、476cm^{-1}、439cm^{-1}等典型红外吸收峰。

红外透射图谱

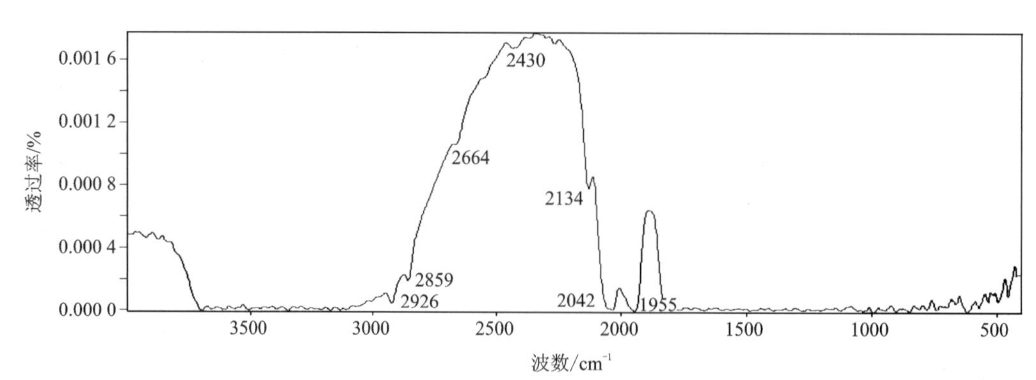

红外透射图谱显示:2926cm^{-1}、2859cm^{-1}、2664cm^{-1}、2430cm^{-}、2134cm^{-1}、2042cm^{-1}、1955cm^{-1}等明显红外吸收峰。

备注	

6.34 方钠石

编号:154

样品信息（含肉眼观察）	宝石种类	方钠石	饰品名称	戒面
	颜色	蓝色	形状(琢型)	椭圆形弧面
	光泽	玻璃光泽	透明度	微透明
	质量	0.240 1g	尺寸(长×宽×高)	9mm×7mm×4mm
实验参数	(1)放大检查:粒状结构,黑色点状矿物包体;(2)折射率/双折射率(RI/DR):RI,1.48;(3)密度(g/cm^3):2.36;(4)多色性:无;(5)光性特征:非均质体(偏光镜下显示四明四暗);(6)荧光观察:LW显示中等强度蓝白色荧光,SW显示弱蓝白色荧光;(7)吸收光谱:无;(8)其他:无			
样品照片(正面)	样品照片(背面)	放大观察(正面)	放大观察(背面)	
		粒状结构,可见黑色点状矿物包体		

红外反射图谱

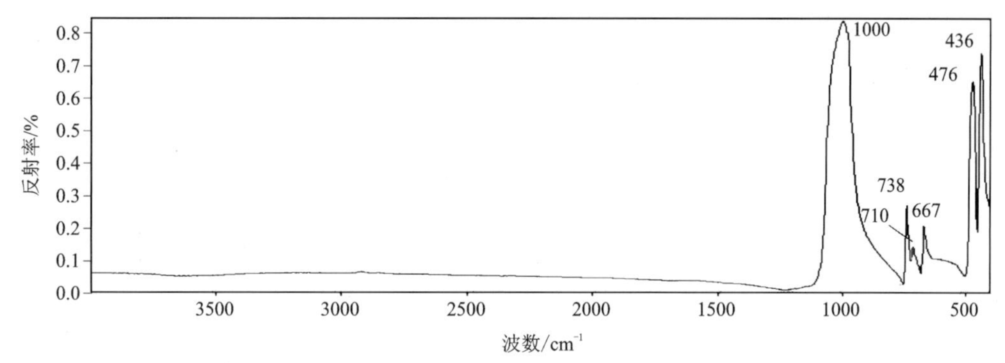

红外反射图谱显示:1000cm^{-1}、738cm^{-1}、710cm^{-1}、667cm^{-1}、476cm^{-1}、436cm^{-1}等典型红外吸收峰。

红外透射图谱

该样品检测不出红外透射图谱。

备注	

6.35 黑曜岩

编号:155

样品信息（含肉眼观察）	宝石种类	黑曜岩	饰品名称	戒面
	颜色	黑色	形状(琢型)	椭圆形弧面
	光泽	玻璃光泽	透明度	不透明
	质量	0.966 8g	尺寸(长×宽×高)	14mm×9mm×5mm

实验参数	(1)放大检查:粒状结构,大量短针状包体;(2)折射率/双折射率(RI/DR):RI,1.48;(3)密度(g/cm^3):2.34;(4)多色性:无;(5)光性特征:不可测;(6)荧光观察:无;(7)吸收光谱:无;(8)其他:无

样品照片(正面)	样品照片(背面)	放大观察(正面)	放大观察(背面)
		粒状结构,可见大量短针状包体	

红外反射图谱

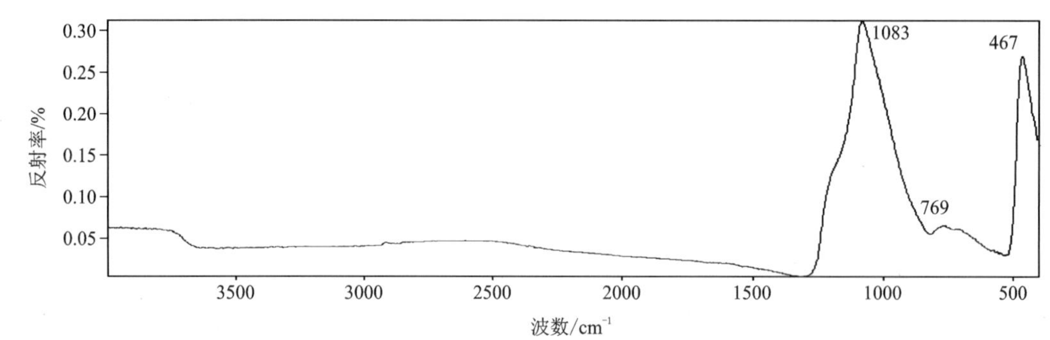

红外透射图谱显示:1200～900cm^{-1}范围内的谱带归属于集合多面体$[SiO_4]^{4-}$伸缩振动,800～750cm^{-1}表征非晶态玻璃的吸收带归属于 Si—O—Si 伸缩振动,500～400cm^{-1}范围内的谱带归属于 Si—O—Si 弯曲振动。

红外透射图谱

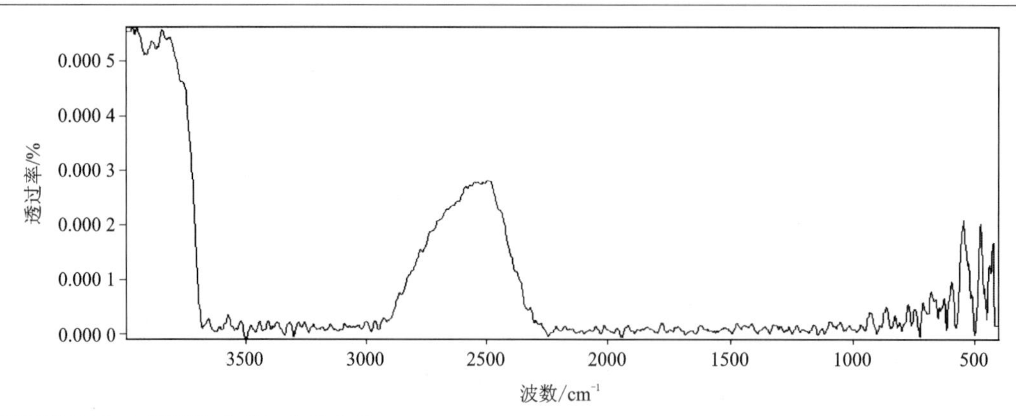

红外透射图谱显示:未见明显典型红外吸收峰。

备注	

6.36 苏纪石

编号:156

样品信息（含肉眼观察）	宝石种类	苏纪石	饰品名称	戒面
	颜色	紫色	形状（琢型）	椭圆形弧面
	光泽	玻璃光泽	透明度	微透明
	质量	0.227 6g	尺寸（长×宽×高）	8mm×6mm×3mm
实验参数	(1)放大检查:粒状结构,黑色点状矿物包体;(2)折射率/双折射率(RI/DR):RI,1.60;(3)密度(g/cm^3):2.74;(4)多色性:无;(5)光性特征:非均质集合体(偏光镜下显示全亮);(6)荧光观察:无;(7)吸收光谱:无;(8)其他:无			
样品照片（正面）	样品照片（背面）	放大观察（正面）	放大观察（背面）	
			粒状结构,可见黑色点状矿物包体	

红外反射图谱

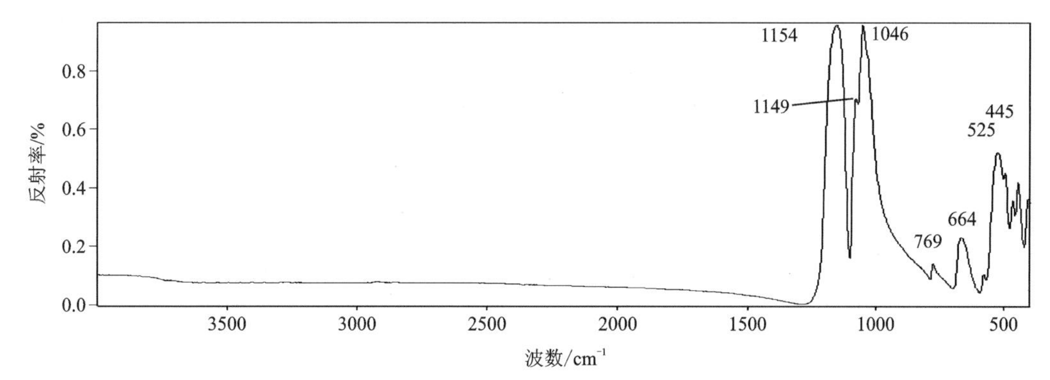

红外反射图谱显示:1154cm^{-1}、1149cm^{-1}、1046cm^{-1}、769cm^{-1}、664cm^{-1}、525cm^{-1}、445cm^{-1}等典型红外吸收峰。

红外透射图谱

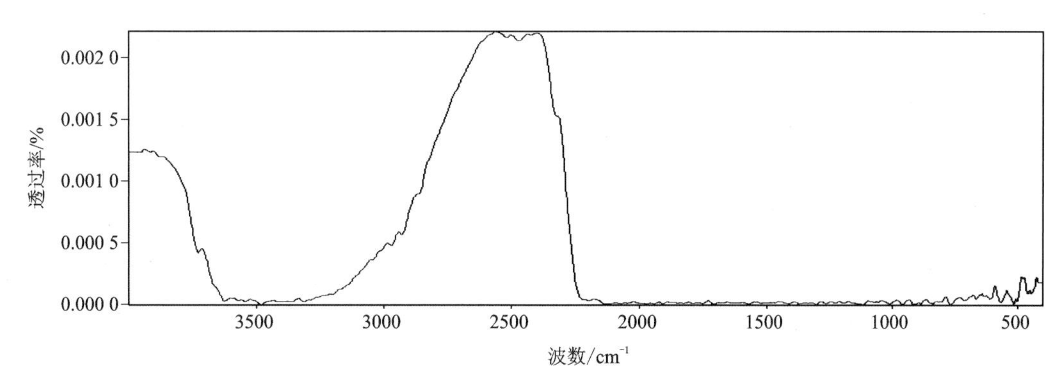

红外透射图谱显示:未见明显典型红外吸收峰。

备注	

6.37 异极矿

编号:157

样品信息（含肉眼观察）	宝石种类	异极矿	饰品名称	戒面
	颜色	蓝绿色	形状(琢型)	异形
	光泽	玻璃光泽	透明度	微透明
	质量	0.274 3g	尺寸(长×宽×高)	13mm×9mm×2mm
实验参数	(1)放大检查:纤维状结构,放射状构造,黑色团块状矿物包体;(2)折射率/双折射率(RI/DR):RI,1.60;(3)密度(g/cm^3):2.35;(4)多色性:无;(5)光性特征:非均质集合体(偏光镜下显示全亮);(6)荧光观察:LW 显示弱蓝白色荧光,SW 无显示;(7)吸收光谱:无;(8)其他:无			
样品照片(正面)	样品照片(背面)	放大观察(正面)	放大观察(背面)	
		纤维状结构,放射状构造,可见黑色团块状矿物包体		

红外反射图谱

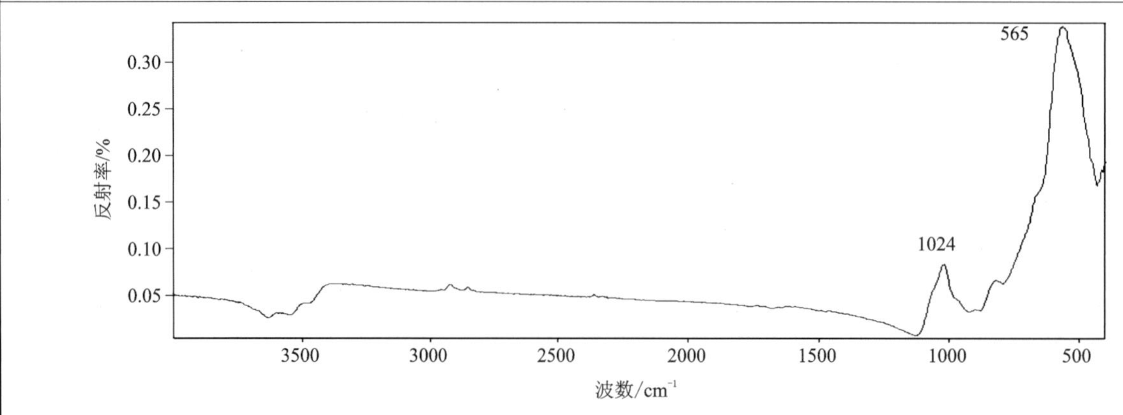

红外反射图谱显示:$1024cm^{-1}$、$565cm^{-1}$附近的红外吸收峰。

红外透射图谱

该样品检测不出红外透射图谱。

备注	

6.38 云母质玉

编号:158

样品信息 (含肉眼观察)	宝石种类	云母质玉	饰品名称	戒面
	颜色	紫色	形状(琢型)	椭圆形弧面
	光泽	玻璃光泽	透明度	微透明
	质量	0.565 6g	尺寸(长×宽×高)	10mm×8mm×5mm
实验参数	(1)放大检查:粒状结构,片状包体;(2)折射率/双折射率(RI/DR):RI,1.54;(3)密度(g/cm^3):2.84;(4)多色性:无;(5)光性特征:非均质集合体(偏光镜下显示全亮);(6)荧光观察:无;(7)吸收光谱:无;(8)其他:无			

样品照片(正面)	样品照片(背面)	放大观察(正面)	放大观察(背面)
		粒状结构,可见片状包体	

红外反射图谱

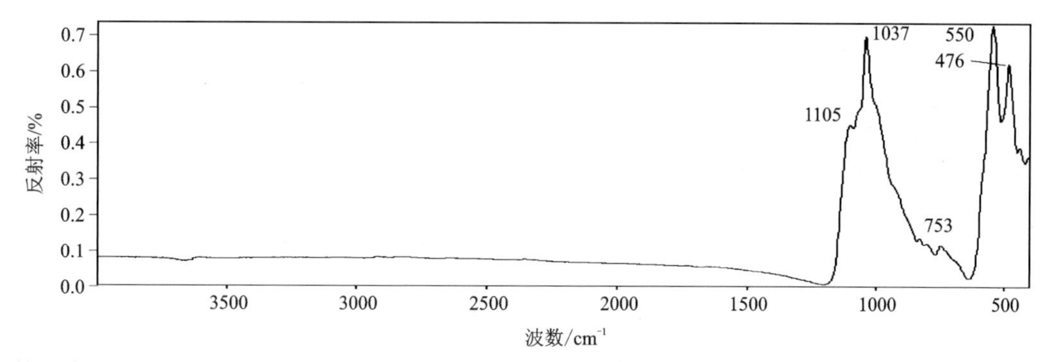

红外反射图谱显示:1105cm^{-1}、1037cm^{-1}、753cm^{-1}、550cm^{-1}、476cm^{-1}附近的红外吸收峰。

红外透射图谱

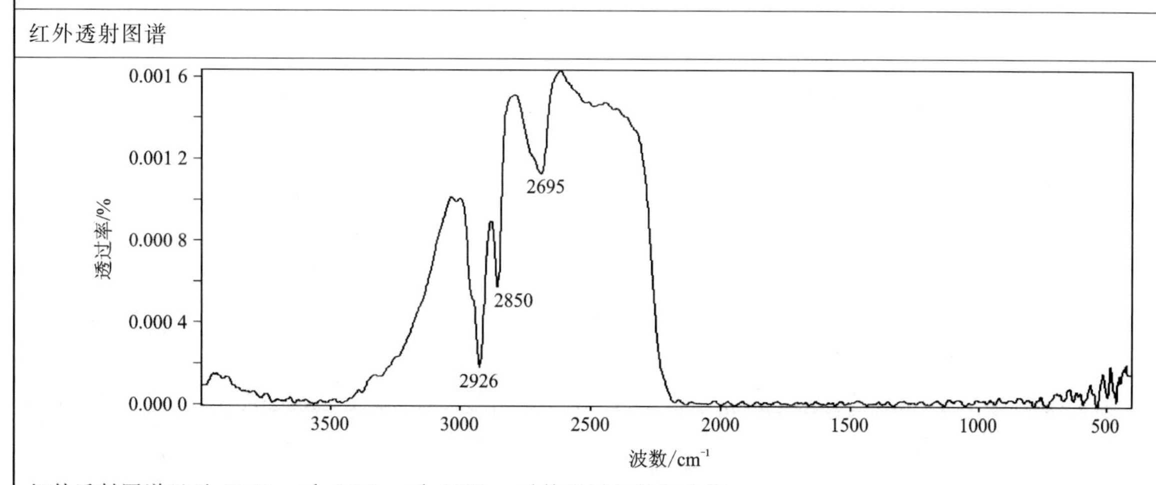

红外透射图谱显示:2926cm^{-1}、2850cm^{-1}、2695cm^{-1}等明显红外吸收峰。

备注	

7

优化处理玉石和仿制品的红外光谱

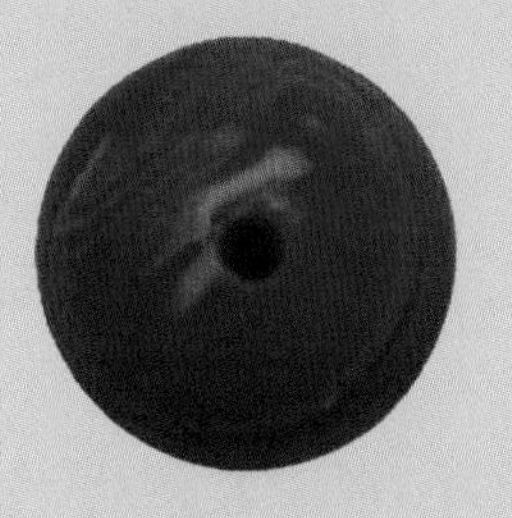

7.1 塑料

编号:159

样品信息(含肉眼观察)	宝石种类	塑料	饰品名称	戒面
	颜色	蓝色	形状(琢型)	水滴形弧面
	光泽	玻璃光泽	透明度	微透明
	质量	4.433 4g	尺寸(长×宽×高)	25mm×20mm×7mm
实验参数	(1)放大检查:气泡,白色絮状包体;(2)折射率/双折射率(RI/DR):RI,1.50;(3)密度(g/cm^3):2.46;(4)多色性:无;(5)光性特征:全亮;(6)荧光观察:LW 显示弱白绿色荧光,SW 显示强白绿色荧光;(7)吸收光谱:无;(8)其他:无			

样品照片(正面)	样品照片(背面)	放大观察(正面)	放大观察(背面)
			可见气泡、白色絮状包体

红外反射图谱

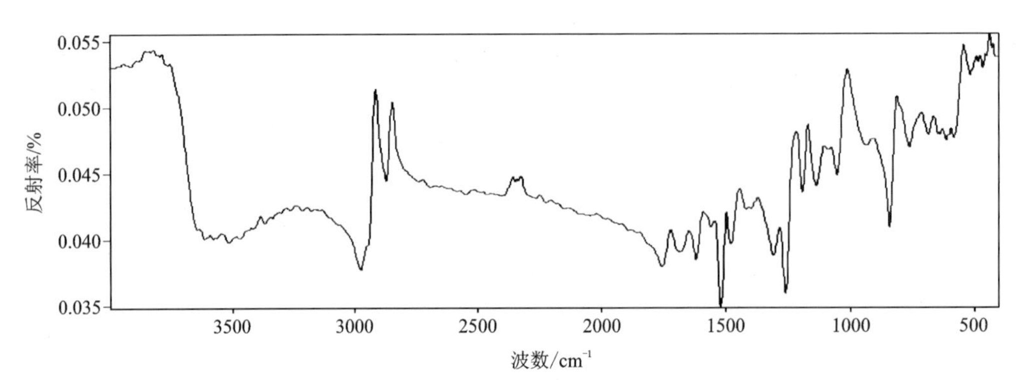

红外反射图谱显示:未见明显典型红外吸收峰。

红外透射图谱

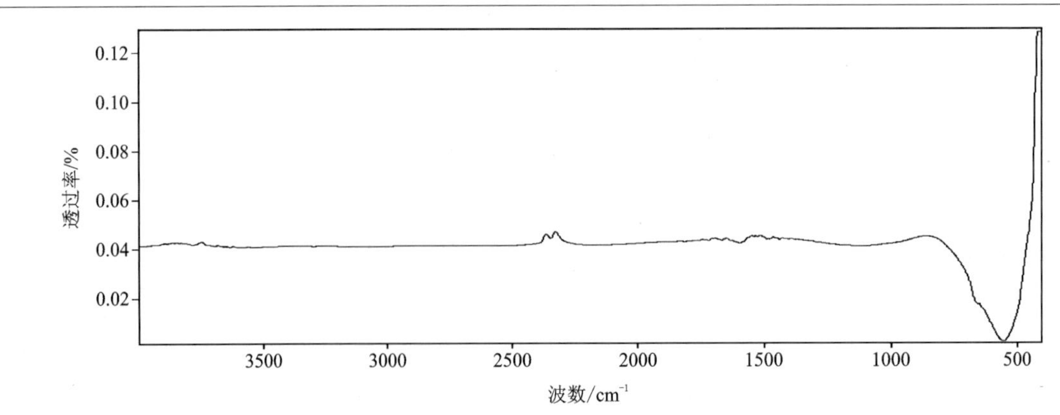

红外透射图谱显示:未见明显典型红外吸收峰。

备注	

7.2 塑料

编号:160

样品信息（含肉眼观察）	宝石种类	塑料	饰品名称	珠子
	颜色	红色	形状(琢型)	圆形
	光泽	弱玻璃光泽	透明度	不透明
	质量	1.025 4g	尺寸(直径)	10mm
实验参数	(1)放大检查:搅动纹;(2)折射率/双折射率(RI/DR):RI,1.55;(3)密度(g/cm^3):1.94;(4)多色性:无;(5)光性特征:不可测;(6)荧光观察:LW 显示中等强度蓝白色荧光,SW 显示弱蓝白色荧光;(7)吸收光谱:无;(8)其他:无			

样品照片(正面)	样品照片(背面)	放大观察(正面)	放大观察(背面)
			可见搅动纹

红外反射图谱

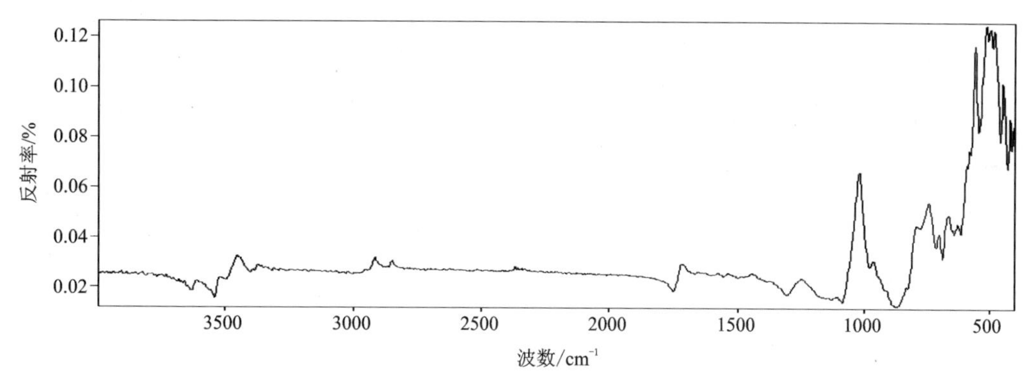

红外反射图谱显示:未见明显典型红外吸收峰。

红外透射图谱

该样品检测不出红外透射图谱。

备注	

7.3 充填翡翠

编号:161

样品信息（含肉眼观察）	宝石种类	充填翡翠	饰品名称	戒面
	颜色	绿色	形状(琢型)	椭圆形弧面
	光泽	玻璃光泽	透明度	微透明
	质量	0.837 5g	尺寸(长×宽×高)	10mm×8mm×6mm
实验参数	(1)放大检查:酸蚀网纹,粒柱状变晶结构;(2)折射率/双折射率(RI/DR):RI,1.66;(3)密度(g/cm^3):3.31;(4)多色性:无;(5)光性特征:非均质集合体(偏光镜下显示全亮);(6)荧光观察:LW显示强蓝白色荧光,SW显示中等强度蓝白色荧光;(7)吸收光谱:437nm吸收线;(8)其他:无			

样品照片(正面)	样品照片(背面)	放大观察(正面)	放大观察(背面)
		粒柱状变晶结构,可见酸蚀网纹	

红外反射图谱

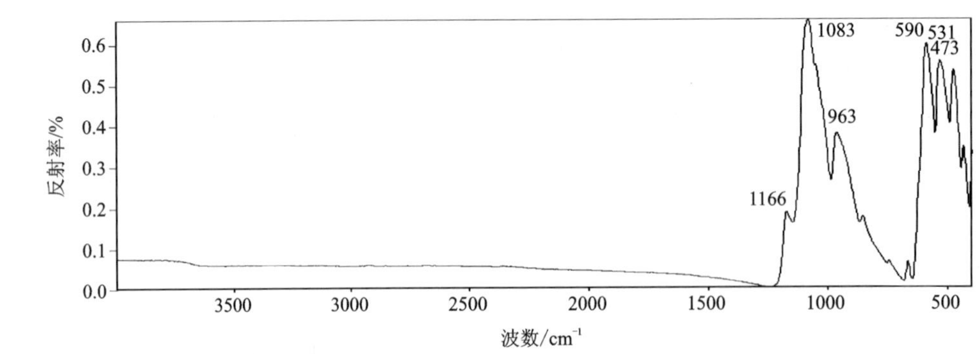

红外反射图谱显示:在1200～900cm^{-1}区域内可见3个谱带,在600～400cm^{-1}区域内主要为M1和M2配位体的振动吸收。

红外透射图谱

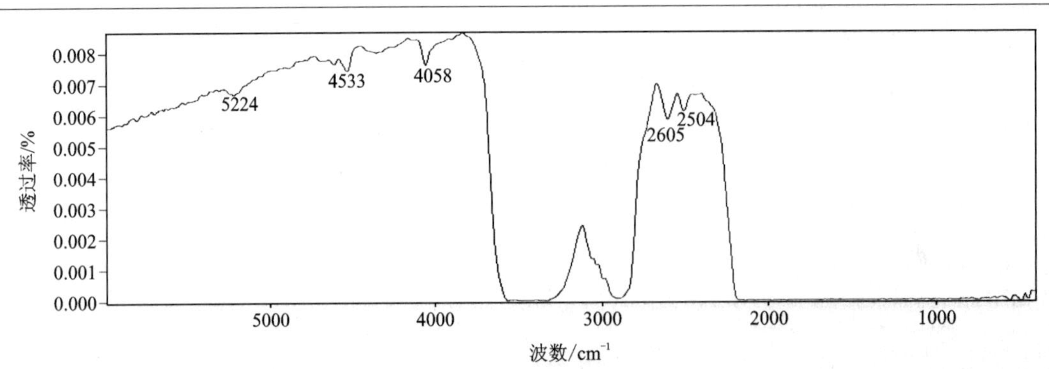

红外透射图谱显示:在4058cm^{-1}附近,以及在3100～3000cm^{-1}、3000～2800cm^{-1}、2600～2400cm^{-1}区域内均有红外吸收峰。

备注	

7.4 充填染色翡翠

编号:162

<table>
<tr><td rowspan="4">样品信息
(含肉眼观察)</td><td>宝石种类</td><td>充填染色翡翠</td><td>饰品名称</td><td>戒面</td></tr>
<tr><td>颜色</td><td>绿色</td><td>形状(琢型)</td><td>椭圆形弧面</td></tr>
<tr><td>光泽</td><td>玻璃光泽</td><td>透明度</td><td>微透明</td></tr>
<tr><td>质量</td><td>1.080 1g</td><td>尺寸(长×宽×高)</td><td>11mm×9mm×6mm</td></tr>
<tr><td>实验参数</td><td colspan="4">(1)放大检查:酸蚀网纹,粒柱状变晶结构、丝瓜瓤状结构;(2)折射率/双折射率(RI/DR):RI,1.66;(3)密度(g/cm³):3.31;(4)多色性:无;(5)光性特征:非均质集合体(偏光镜下显示全亮);(6)荧光观察:LW 显示弱蓝白色荧光,SW 无显示;(7)吸收光谱:650nm 吸收带;(8)其他:无</td></tr>
<tr><td>样品照片(正面)</td><td>样品照片(背面)</td><td>放大观察(正面)</td><td colspan="2">放大观察(背面)</td></tr>
<tr><td></td><td></td><td>粒柱状变晶结构、丝瓜瓤状结构,可见酸蚀网纹</td><td colspan="2"></td></tr>
<tr><td colspan="5">红外反射图谱</td></tr>
<tr><td colspan="5">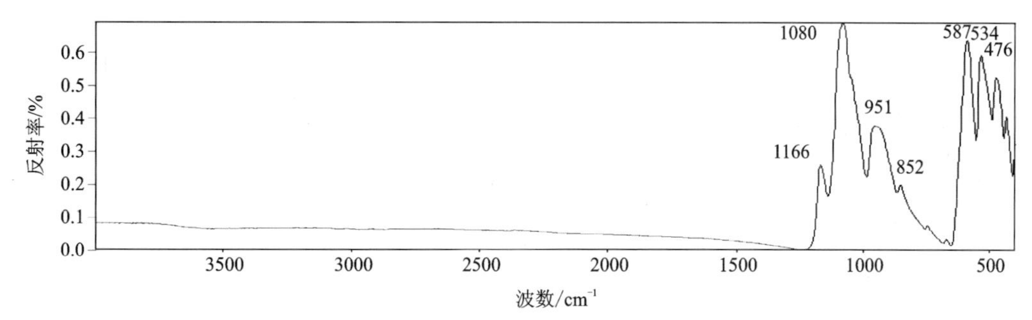

红外反射图谱显示:在 1200～900cm⁻¹ 区域内可见 3 个谱带,在 600～400cm⁻¹ 区域内主要为 M1 和 M2 配位体的振动吸收。</td></tr>
<tr><td colspan="5">红外透射图谱</td></tr>
<tr><td colspan="5">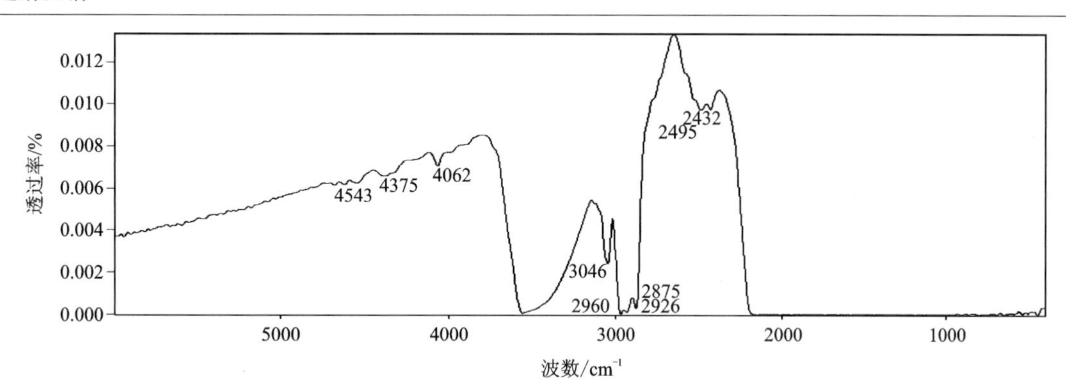

红外透射图谱显示:在 4062cm⁻¹ 附近,以及在 3100～3000cm⁻¹、3000～2800cm⁻¹、2600～2400cm⁻¹ 区域内均有红外吸收峰。</td></tr>
<tr><td>备注</td><td colspan="4"></td></tr>
</table>

7.5 染色软玉

编号:163

样品信息（含肉眼观察）	宝石种类	染色软玉	饰品名称	珠子
	颜色	黄色	形状(琢型)	异形
	光泽	油脂光泽	透明度	微透明
	质量	9.968 4g	尺寸(长×宽×高)	24mm×18mm×10mm
实验参数	(1)放大检查:毛毡状结构;(2)折射率/双折射率(RI/DR):RI,1.61;(3)密度(g/cm^3):2.91;(4)多色性:无;(5)光性特征:非均质集合体(偏光镜下显示全亮);(6)荧光观察:LW 显示弱蓝白色荧光,SW 显示中等强度蓝白色荧光;(7)吸收光谱:无;(8)其他:无			

样品照片(正面)	样品照片(背面)	放大观察(正面)	放大观察(背面)
		可见毛毡状结构	

红外反射图谱

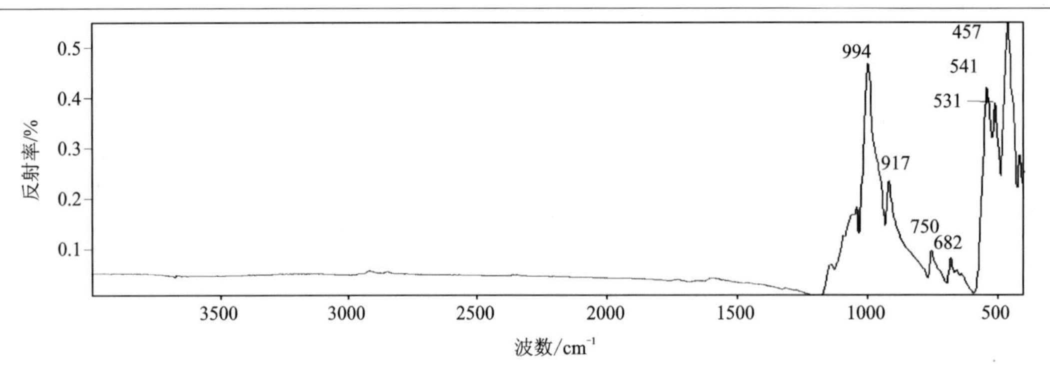

红外反射图谱显示:1150～850cm^{-1}区域内的谱带归属于 O—Si—O 与 Si—O—Si 反对称伸缩振动和 O—Si—O 对称伸缩振动,750cm^{-1}、682cm^{-1}附近的红外吸收峰归属于 Si—O—Si 对称伸缩振动,531cm^{-1}、457cm^{-1}红外吸收峰归属于 Si—O 弯曲振动、M—O 伸缩振动和 OH^- 平动的耦合振动。

红外透射图谱

该样品检测不出红外透射图谱。

备注	

7.6 染色岫玉

编号:164

样品信息（含肉眼观察）	宝石种类	染色岫玉	饰品名称	饰品
	颜色	白色	形状(琢型)	异形
	光泽	玻璃光泽	透明度	微透明
	质量	4.633 4g	尺寸(长×宽×高)	25mm×11mm×7mm
实验参数	(1)放大检查:纤维状结构,颜色分布不均,沿粒隙分布;(2)折射率/双折射率(RI/DR):RI,1.56;(3)密度(g/cm^3):2.57;(4)多色性:无;(5)光性特征:非均质集合体(偏光镜下显示全亮);(6)荧光观察:LW显示弱橙红色荧光,SW显示弱橙红色荧光;(7)吸收光谱:650nm宽吸收带;(8)其他:无			

样品照片(正面)	样品照片(背面)	放大观察(正面)	放大观察(背面)
			纤维状结构,颜色分布不均,沿粒隙分布

红外反射图谱

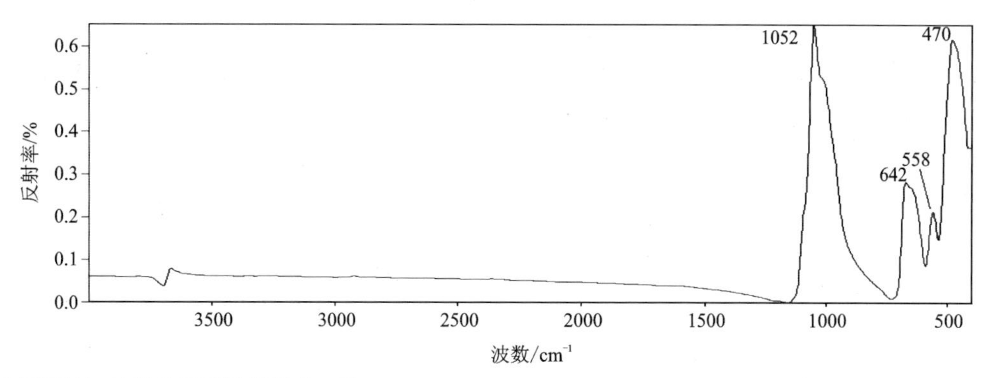

红外反射图谱显示:与天然岫玉图谱基本一致。

红外透射图谱

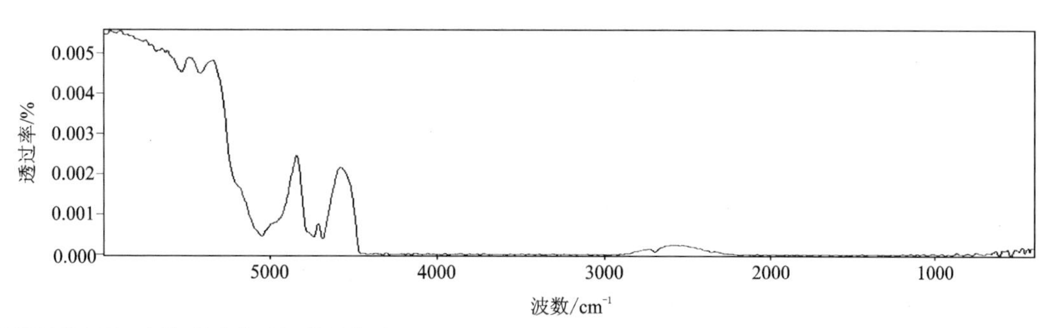

红外透射图谱显示:未见明显典型红外吸收峰。

备注	

7.7 染色青金石

编号:165

样品信息（含肉眼观察）	宝石种类	染色青金石	饰品名称	珠子
	颜色	蓝色	形状(琢型)	圆形
	光泽	玻璃光泽	透明度	不透明
	质量	3.149 6g	尺寸(直径)	13mm
实验参数	(1)放大检查:粒状结构,颜色沿粒隙分布,黄色金属光泽矿物包体;(2)折射率/双折射率(RI/DR):RI,1.50;(3)密度(g/cm^3):2.98;(4)多色性:无;(5)光性特征:不可测;(6)荧光观察:LW 无显示,SW 显示中等强度蓝白色荧光;(7)吸收光谱:无;(8)其他:无			
样品照片(正面)	样品照片(背面)	放大观察(正面)	放大观察(背面)	
		可见黄色金属光泽矿物包体	粒状结构,颜色沿粒隙分布	

红外反射图谱

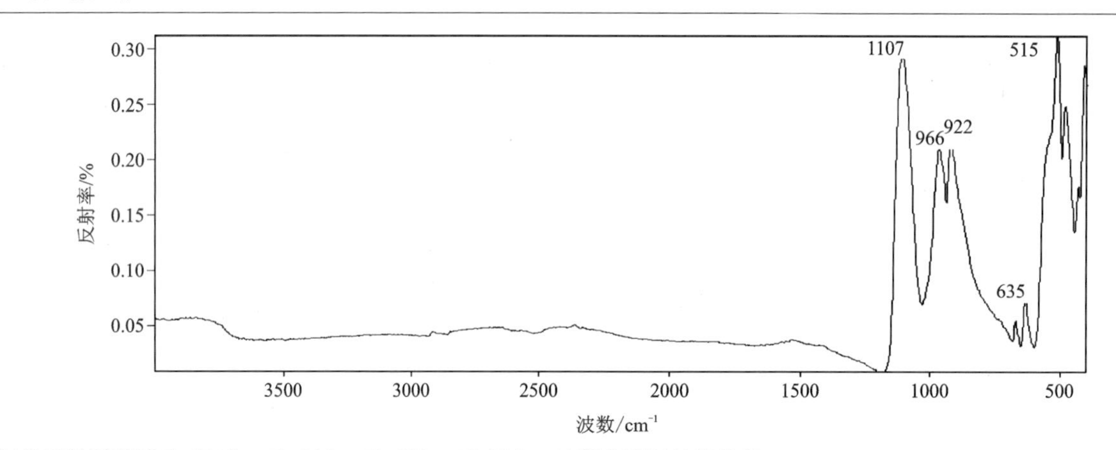

红外反射图谱显示:1107cm^{-1}、966cm^{-1}、635cm^{-1}、515cm^{-1}等典型红外吸收峰。

红外透射图谱

该样品检测不出红外透射图谱。

备注	

7.8 染色石英岩玉

编号:166

样品信息（含肉眼观察）	宝石种类	染色石英岩玉	饰品名称	戒面
	颜色	绿色	形状(琢型)	圆形弧面
	光泽	玻璃光泽	透明度	微透明
	质量	1.073 5g	尺寸(长×宽×高)	12mm×12mm×6mm
实验参数	(1)放大检查:粒状结构,黑色点状矿物包体,颜色沿粒隙分布;(2)折射率/双折射率(RI/DR):RI,1.54;(3)密度(g/cm^3):2.63;(4)多色性:无;(5)光性特征:非均质集合体(偏光镜下显示全亮);(6)荧光观察:LW显示弱白色荧光,SW显示弱白色荧光;(7)吸收光谱:无;(8)其他:无			

样品照片(正面)	样品照片(背面)	放大观察(正面)	放大观察(背面)
		粒状结构,可见黑色点状矿物包体	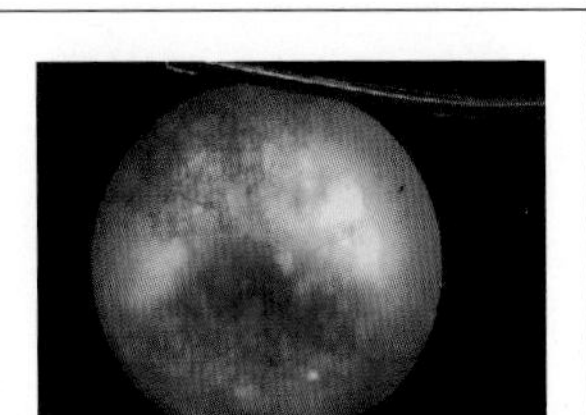颜色沿粒隙分布

红外反射图谱

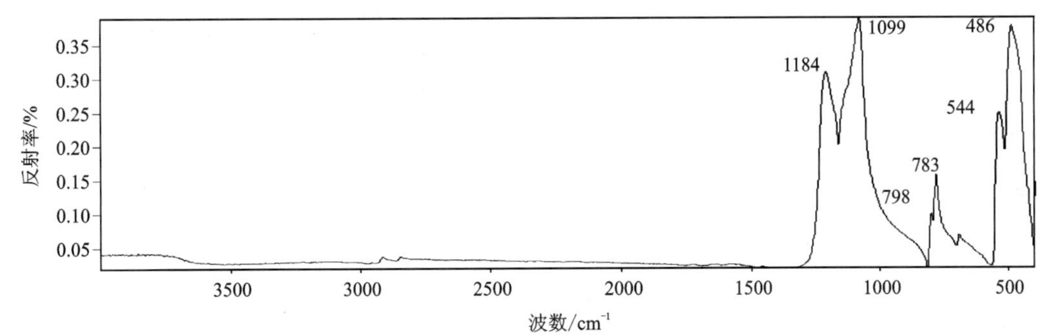

红外反射图谱显示:1184cm^{-1}、1099cm^{-1}红外吸收峰归属于Si—O非对称伸缩振动;798cm^{-1}、783cm^{-1}红外吸收峰归属于Si—O—Si对称伸缩振动;600～300cm^{-1}区域内的谱带归属于Si—O弯曲振动,主要分布在544cm^{-1}、485cm^{-1}附近。

红外透射图谱

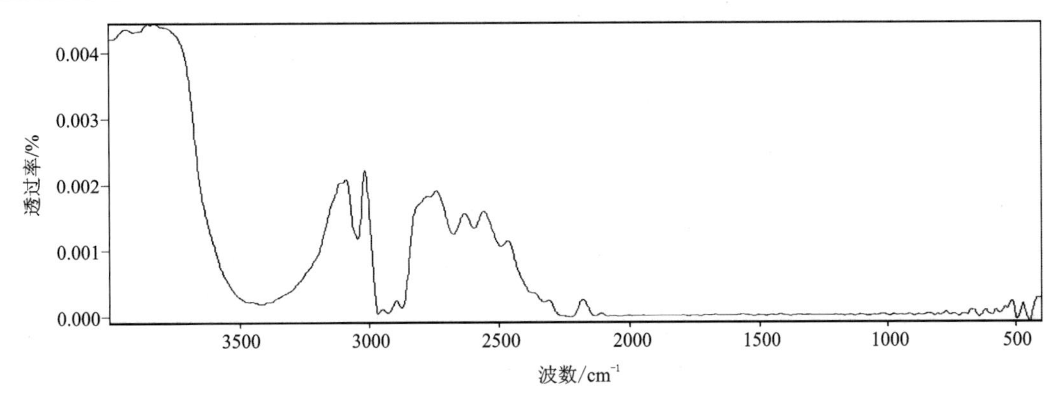

红外透射图谱显示:石英岩玉(染色处理)的红外透射图谱往往伴有3000～2800cm^{-1}强峰。

备注	

7.9 染色石英岩玉

编号:167

样品信息（含肉眼观察）	宝石种类	染色石英岩玉	饰品名称	珠子
	颜色	绿色	形状(琢型)	圆形
	光泽	玻璃光泽	透明度	不透明
	质量	3.834 6g	尺寸(直径)	14mm
实验参数	(1)放大检查:颜色沿粒隙分布,粒状结构;(2)折射率/双折射率(RI/DR):RI,1.54;(3)密度(g/cm^3):2.58;(4)多色性:无;(5)光性特征:不可测;(6)荧光观察:无;(7)吸收光谱:无;(8)其他:无			

样品照片(正面)	样品照片(背面)	放大观察(正面)	放大观察(背面)
		颜色沿粒隙分布,粒状结构	

红外反射图谱

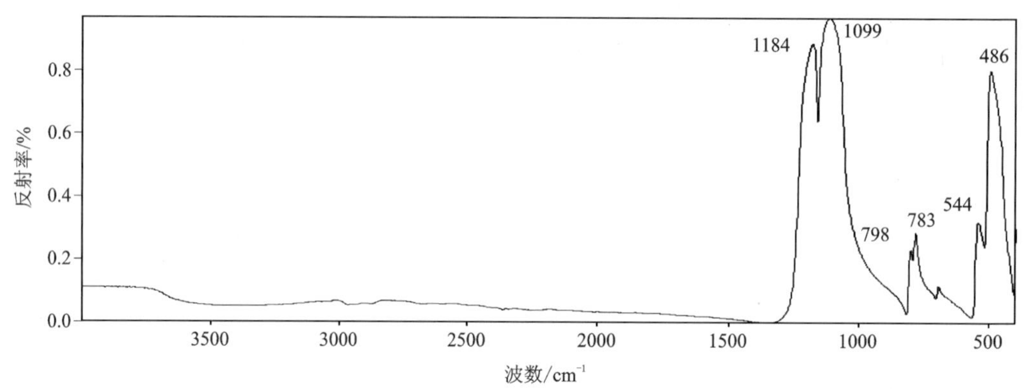

红外反射图谱显示:$1184cm^{-1}$、$1099cm^{-1}$红外吸收峰归属于 Si—O 非对称伸缩振动;$798cm^{-1}$、$783cm^{-1}$红外吸收峰归属于 Si—O—Si 对称伸缩振动;600～$300cm^{-1}$区域内的谱带归属于 Si—O 弯曲振动,主要分布在 $544cm^{-1}$、$485cm^{-1}$附近。

红外透射图谱

该样品检测不出红外透射图谱。

备注	

7.10 合成欧泊

编号:168

样品信息（含肉眼观察）	宝石种类	合成欧泊	饰品名称	戒面
	颜色	绿色	形状(琢型)	椭圆形弧面
	光泽	弱玻璃光泽	透明度	微透明
	质量	0.127 3g	尺寸(长×宽×高)	8mm×6mm×3mm
实验参数	(1)放大检查:侧面看呈三维柱状,色斑边界清晰、过渡不自然;(2)折射率/双折射率(RI/DR):RI,1.44;(3)密度(g/cm³):1.85;(4)多色性:无;(5)光性特征:均质体(偏光镜下显示异常消光);(6)荧光观察:LW显示弱白色荧光,SW显示弱白色荧光;(7)吸收光谱:无;(8)其他:变彩效应			

样品照片(正面)	样品照片(背面)	放大观察(正面)	放大观察(背面)
		侧面呈三维柱状,色斑边界清晰、过渡不自然	

红外反射图谱

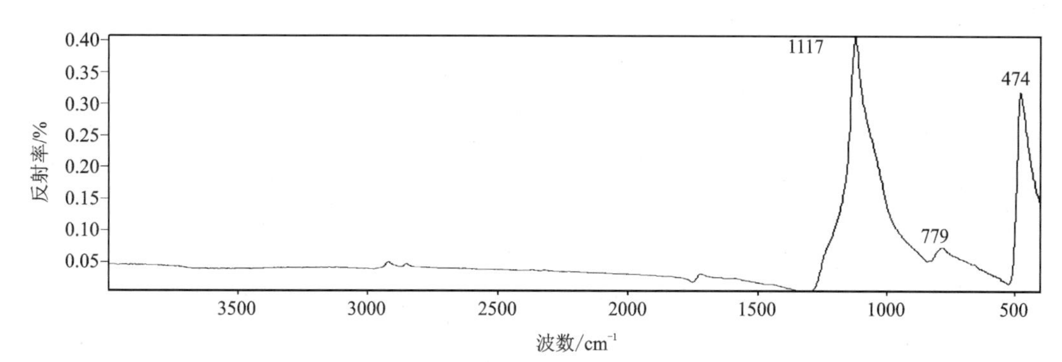

红外反射图谱显示:1117cm^{-1}、779cm^{-1}、474cm^{-1}附近的红外吸收峰。

红外透射图谱

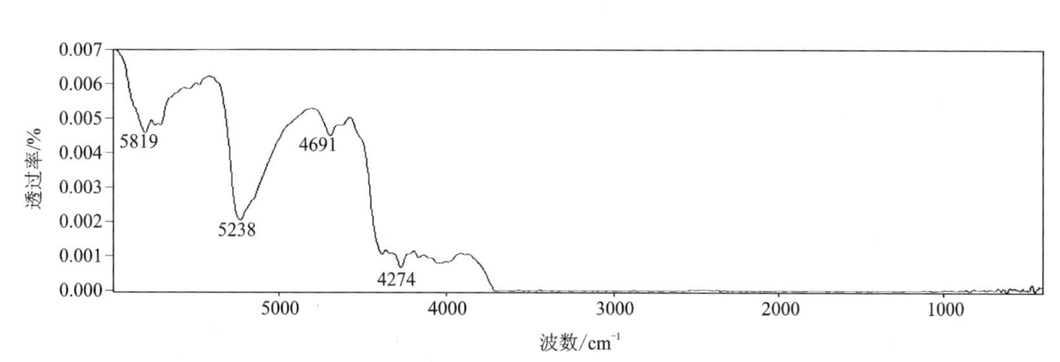

红外透射图谱显示:未见明显典型红外吸收峰。

备注	

7.11　拼合欧泊

编号:169

样品信息（含肉眼观察）	宝石种类	拼合欧泊	饰品名称	戒面
	颜色	蓝色	形状(琢型)	异形
	光泽	玻璃光泽	透明度	不透明
	质量	0.196 4g	尺寸(长×宽×高)	11mm×6mm×1mm
实验参数	(1)放大检查:侧面可见拼合缝,色斑呈二维面纱状分布,边界模糊、过渡自然;(2)折射率/双折射率(RI/DR):不可测;(3)密度(g/cm³):2.54;(4)多色性:无;(5)光性特征:不可测;(6)荧光观察:LW 显示中等强度蓝白色荧光,SW 显示弱蓝白色荧光;(7)吸收光谱:无;(8)其他:变彩效应			
样品照片(正面)	样品照片(背面)	放大观察(正面)	放大观察(背面)	
		色斑呈二维面纱状分布,边界模糊、过渡自然	侧面可见拼合缝	

红外反射图谱

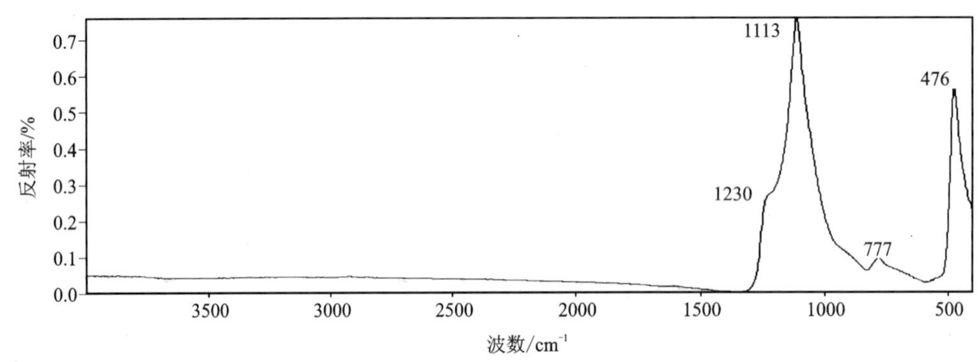

红外反射图谱显示:1230cm⁻¹、1113cm⁻¹、777cm⁻¹、476cm⁻¹附近的红外吸收峰。

红外透射图谱

该样品检测不出红外透射图谱。

备注	红外反射测试的是样品的顶面天然欧珀部分。

8

有机宝石的红外光谱

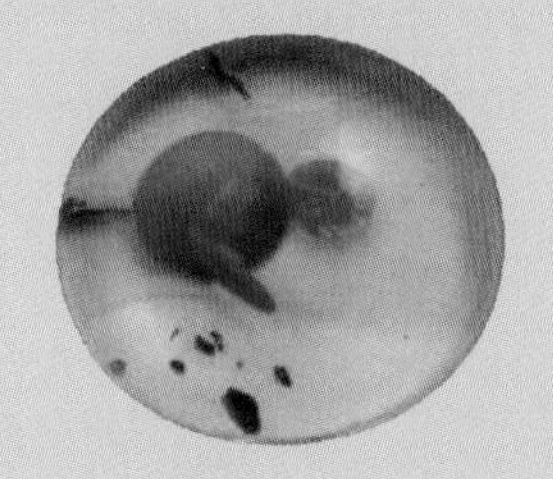

8.1　珍珠

编号:170

样品信息（含肉眼观察）	宝石种类	珍珠	饰品名称	珠子
	颜色	白色	形状(琢型)	圆形
	光泽	珍珠光泽	透明度	不透明
	质量	2.418 6g	尺寸(直径)	13mm
实验参数	(1)放大检查:叠瓦状构造;(2)折射率/双折射率(RI/DR):不可测;(3)密度(g/cm³):2.73;(4)多色性:无;(5)光性特征:不可测;(6)荧光观察:LW 显示强蓝白色荧光,SW 显示强蓝白色荧光;(7)吸收光谱:无;(8)其他:无			

样品照片(正面)	样品照片(背面)	放大观察(正面)	放大观察(背面)
			可见叠瓦状构造

红外反射图谱

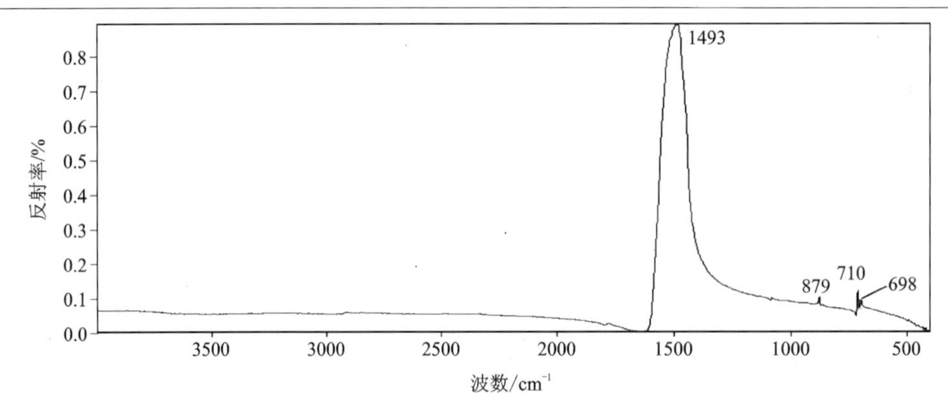

红外透射图谱显示:1493cm^{-1}附近的红外吸收峰归属于$[CO_3]^{2-}$的不对称伸缩振动,879cm^{-1}附近的红外吸收峰归属于$[CO_3]^{2-}$的 O—C—O 面外弯曲振动,709cm^{-1}、698cm^{-1}附近的红外吸收峰归属于$[CO_3]^{2-}$的 O—C—O 面内弯曲振动。

红外透射图谱

该样品检测不出红外透射图谱。

备注	

8.2 珍珠

编号:171

样品信息（含肉眼观察）	宝石种类	珍珠	饰品名称	珠子
	颜色	金色	形状(琢型)	圆形
	光泽	珍珠光泽	透明度	不透明
	质量	1.684 2g	尺寸(直径)	11mm
实验参数	(1)放大检查:叠瓦状构造;(2)折射率/双折射率(RI/DR):不可测;(3)密度(g/cm^3):2.73;(4)多色性:无;(5)光性特征:不可测;(6)荧光观察:LW显示弱蓝白色荧光,SW显示弱蓝白色荧光;(7)吸收光谱:无;(8)其他:无			

样品照片(正面)	样品照片(背面)	放大观察(正面)	放大观察(背面)
			可见叠瓦状构造

红外反射图谱

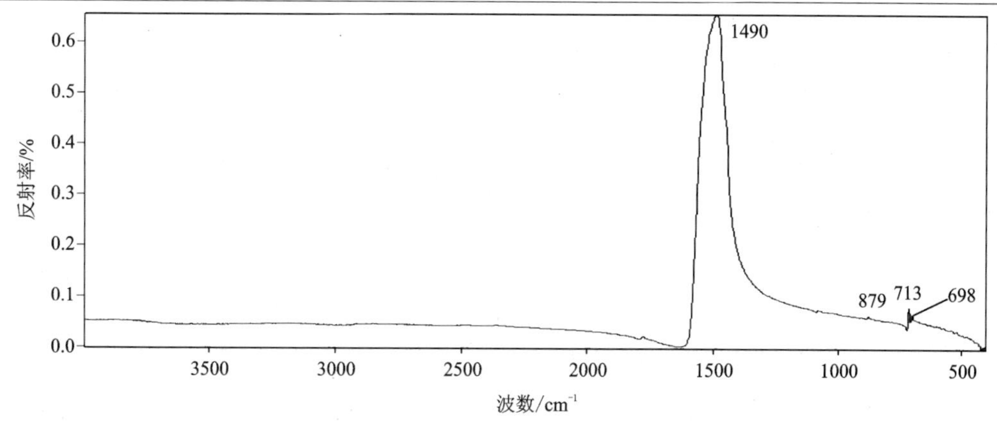

红外透射图谱显示:1490cm^{-1}附近的红外吸收峰归属于$[CO_3]^{2-}$的不对称伸缩振动,879cm^{-1}附近的红外吸收峰归属于$[CO_3]^{2-}$的O—C—O面外弯曲振动,713cm^{-1}、698cm^{-1}附近的红外吸收峰归属于$[CO_3]^{2-}$的O—C—O面内弯曲振动。

红外透射图谱

该样品检测不出红外透射图谱。

备注	

8.3 海螺珠

编号:172

<table>
<tr><td rowspan="4">样品信息
(含肉眼观察)</td><td>宝石种类</td><td>海螺珠</td><td>饰品名称</td><td>饰品</td></tr>
<tr><td>颜色</td><td>粉色</td><td>形状(琢型)</td><td>异形</td></tr>
<tr><td>光泽</td><td>玻璃光泽</td><td>透明度</td><td>微透明</td></tr>
<tr><td>质量</td><td>0.065 6g</td><td>尺寸(长×宽×高)</td><td>6mm×3mm×2mm</td></tr>
<tr><td>实验参数</td><td colspan="4">(1)放大检查:火焰状纹理;(2)折射率/双折射率(RI/DR):不可测;(3)密度(g/cm³):2.78;(4)多色性:无;(5)光性特征:不可测;(6)荧光观察:LW 显示弱蓝白色荧光,SW 显示弱蓝白色荧光;(7)吸收光谱:无;(8)其他:无</td></tr>
<tr><td>样品照片(正面)</td><td>样品照片(背面)</td><td>放大观察(正面)</td><td colspan="2">放大观察(背面)</td></tr>
<tr><td></td><td>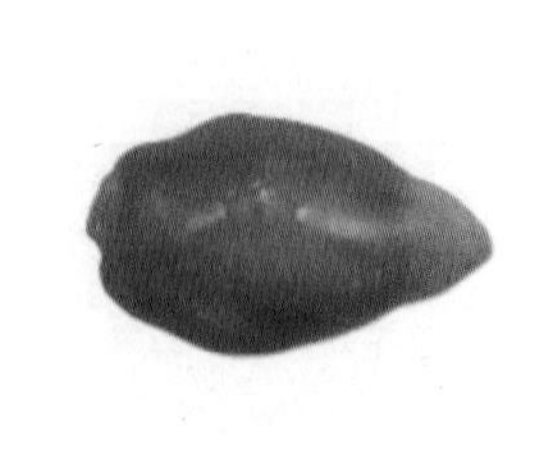</td><td>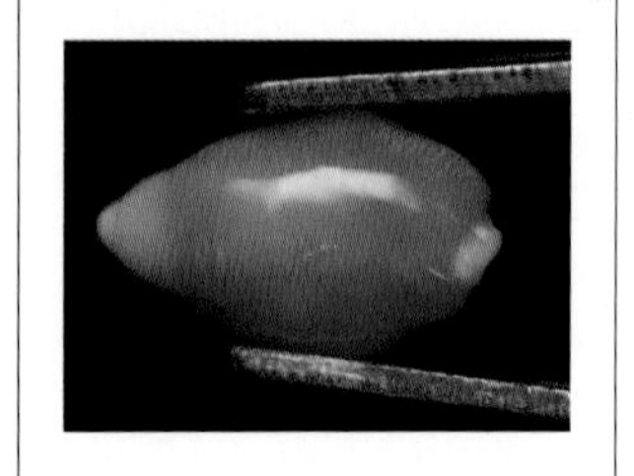</td><td colspan="2">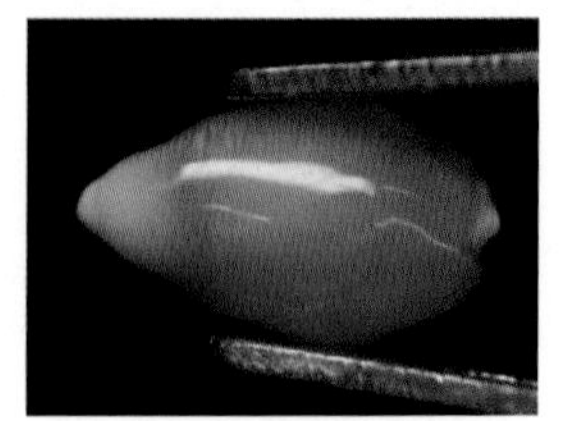
可见火焰状纹理</td></tr>
</table>

红外反射图谱

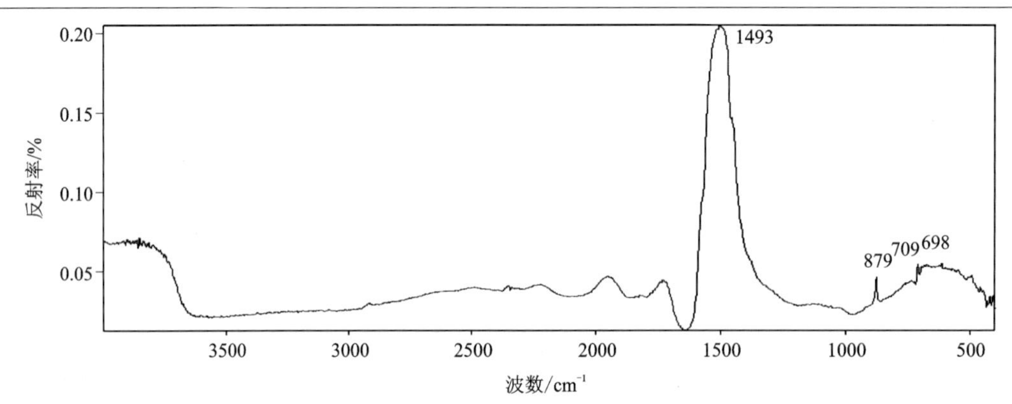

红外透射图谱显示:1493cm^{-1}附近的红外吸收峰归属于$[CO_3]^{2-}$的不对称伸缩振动,879cm^{-1}附近的红外吸收峰归属于$[CO_3]^{2-}$的 O—C—O 面外弯曲振动,709cm^{-1}、698cm^{-1}附近的红外吸收峰归属于$[CO_3]^{2-}$的 O—C—O 面内弯曲振动。

红外透射图谱

该样品检测不出红外透射图谱。

备注	

8.4 珊瑚

编号:173

样品信息（含肉眼观察）	宝石种类	珊瑚	饰品名称	戒面
	颜色	粉色	形状(琢型)	椭圆形弧面
	光泽	弱玻璃光泽	透明度	不透明
	质量	0.371 4g	尺寸(长×宽×高)	11mm×7mm×3mm
实验参数	(1)放大检查:同心层状结构;(2)折射率/双折射率(RI/DR):不可测;(3)密度(g/cm^3):2.68;(4)多色性:无;(5)光性特征:不可测;(6)荧光观察:LW 显示中等强度蓝白色荧光,SW 显示中等强度蓝白色荧光;(7)吸收光谱:无;(8)其他:无			

样品照片(正面)	样品照片(背面)	放大观察(正面)	放大观察(背面)
		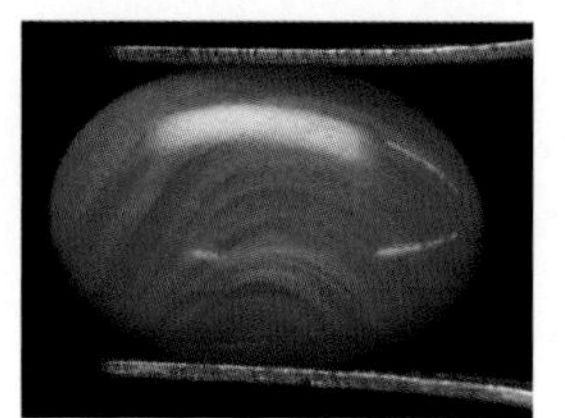	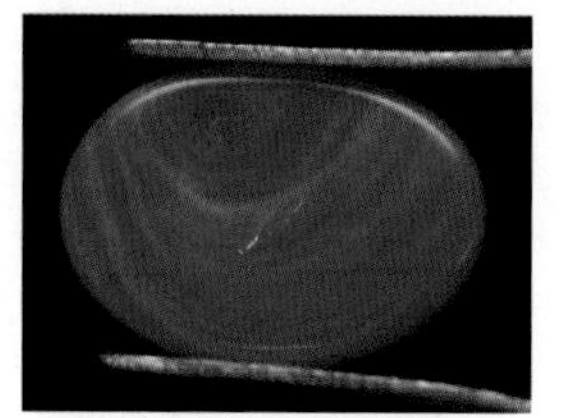 可见同心层状结构

红外反射图谱

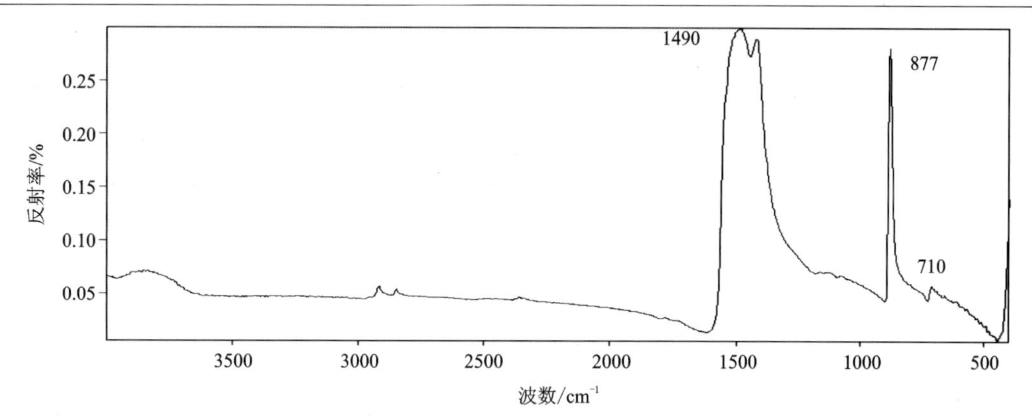

红外反射图谱显示:1490cm^{-1}附近的红外吸收峰归属于 C—O 对称伸缩振动,877cm^{-1}附近的 Ca—O 振动峰。

红外透射图谱

该样品检测不出红外透射图谱。

备注	与方解石的图谱相似。

8.5 珊瑚

编号:174

样品信息 (含肉眼观察)	宝石种类	珊瑚	饰品名称	饰品
	颜色	黑色	形状(琢型)	异形
	光泽	弱玻璃光泽	透明度	不透明
	质量	0.353 6g	尺寸(长×宽×高)	19mm×5mm×5mm
实验参数	(1)放大检查:丘疹状外观;(2)折射率/双折射率(RI/DR):不可测;(3)密度(g/cm^3):1.06;(4)多色性:无;(5)光性特征:不可测;(6)荧光观察:LW 显示中等强度蓝白色荧光,SW 显示弱蓝白色荧光;(7)吸收光谱:无;(8)其他:无			

样品照片(正面)	样品照片(背面)	放大观察(正面)	放大观察(背面)
			可见丘疹状外观

红外反射图谱

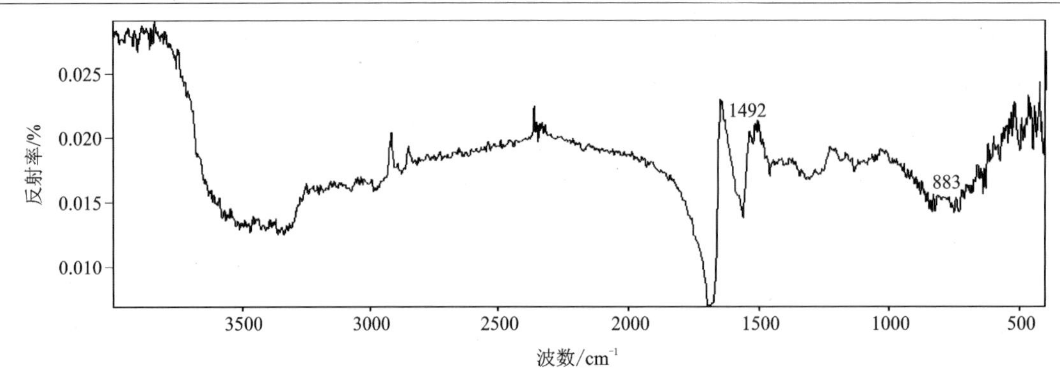

红外反射图谱显示:1492cm^{-1}附近的红外吸收峰归属于 C—O 对称伸缩振动,883cm^{-1}附近的红外吸收峰归属于 Ca—O 振动,与方解石的图谱相似,红外反射光谱无法区分红珊瑚与角质珊瑚。

红外透射图谱

该样品检测不出红外透射图谱。

备注	角质型黑珊瑚或金珊瑚几乎全部由有机质组成,分析前常进行 K-K 转换。

8.6　琥珀

编号：175

样品信息（含肉眼观察）	宝石种类	琥珀	饰品名称	戒面
	颜色	黄色	形状（琢型）	圆形弧面
	光泽	玻璃光泽	透明度	透明
	质量	1.544 5g	尺寸（长×宽×高）	18mm×21mm×8mm
实验参数	(1)放大检查：太阳光芒状包体；(2)折射率/双折射率(RI/DR)：RI，1.54；(3)密度(g/cm^3)：1.07；(4)多色性：无；(5)光性特征：均质体（偏光镜下显示异常消光）；(6)荧光观察：LW 显示中等强度蓝色荧光，SW 显示弱蓝白色荧光；(7)吸收光谱：无；(8)其他：无			
样品照片（正面）	样品照片（背面）	放大观察（正面）	放大观察（背面）	
		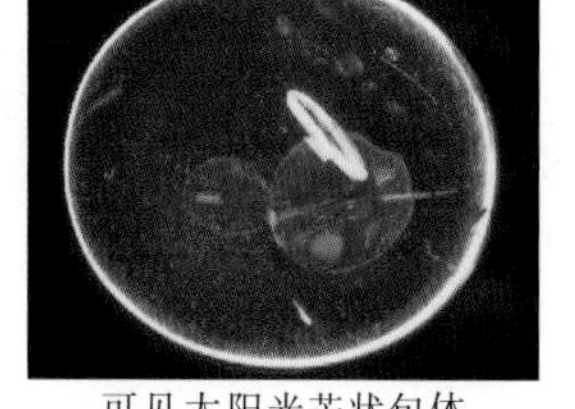 可见太阳光芒状包体	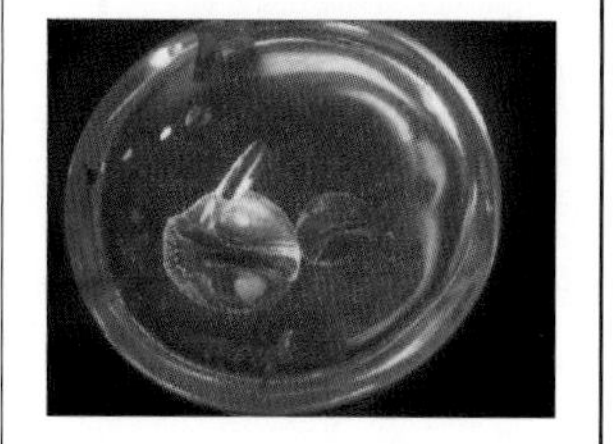	

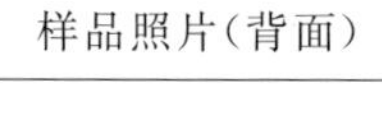

红外反射图谱

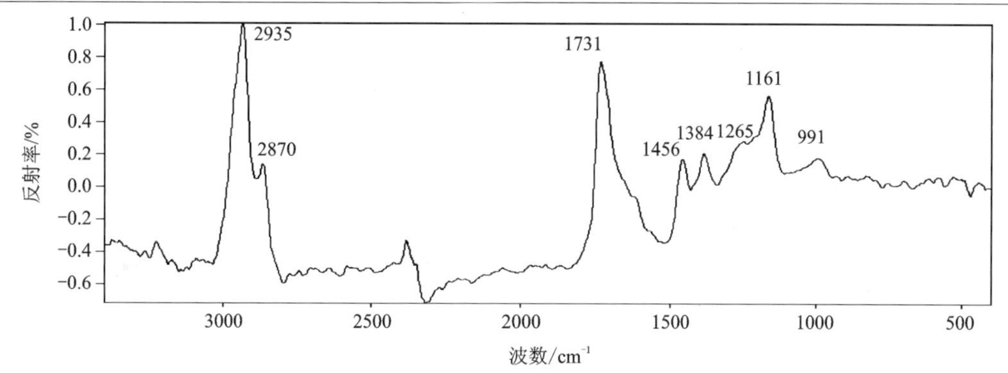

红外反射图谱显示：2935cm^{-1}、2870cm^{-1}、1731cm^{-1}、1456cm^{-1}、1384cm^{-1}、1265cm^{-1}、1161cm^{-1}、991cm^{-1}附近的红外吸收峰。

红外透射图谱

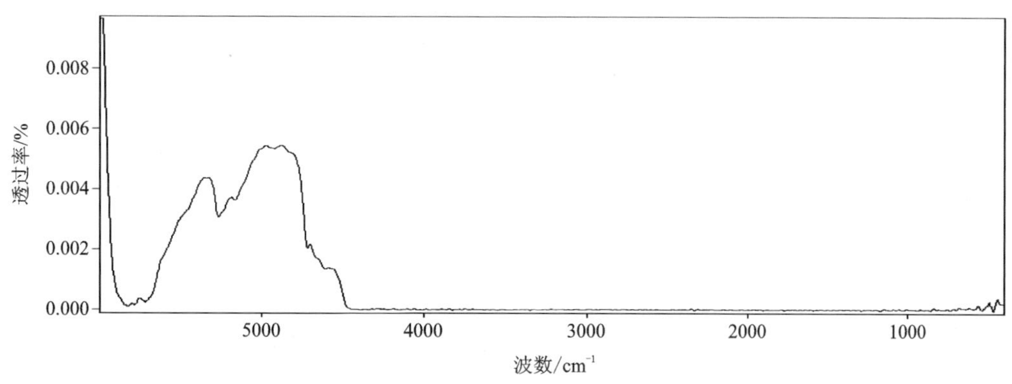

红外透射图谱显示：未见明显典型红外吸收峰。

备注	琥珀的红外反射光谱（经过 K-K 转换）。

8.7 琥珀

编号:176

样品信息（含肉眼观察）	宝石种类	琥珀	饰品名称	戒面
	颜色	黄色	形状(琢型)	圆形弧面
	光泽	弱玻璃光泽	透明度	微透明
	质量	0.177 5g	尺寸(长×宽×高)	13mm×16mm×6mm
实验参数	(1)放大检查:云朵状纹理;(2)折射率/双折射率(RI/DR):RI,1.54;(3)密度(g/cm³):1.08;(4)多色性:无;(5)光性特征:均质体(偏光镜下显示异常消光);(6)荧光观察:LW显示强蓝白色荧光,SW显示弱蓝白色荧光;(7)吸收光谱:无;(8)其他:无			

样品照片(正面)	样品照片(背面)	放大观察(正面)	放大观察(背面)
			可见云朵状纹理

红外反射图谱

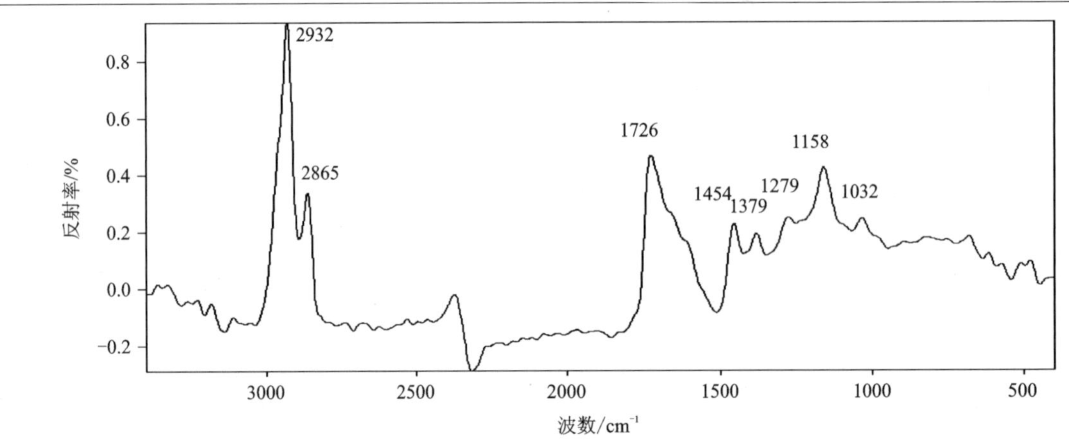

红外反射图谱显示:2932cm^{-1}、2865cm^{-1}、1726cm^{-1}、1454cm^{-1}、1379cm^{-1}、1279cm^{-1}、1158cm^{-1}、1032cm^{-1}附近的红外吸收峰。

红外透射图谱

该样品检测不出红外透射图谱。

备注	

8.8 煤精

编号:177

<table>
<tr><td rowspan="4">样品信息
(含肉眼观察)</td><td>宝石种类</td><td>煤精</td><td>饰品名称</td><td>戒面</td></tr>
<tr><td>颜色</td><td>黑色</td><td>形状(琢型)</td><td>圆形弧面</td></tr>
<tr><td>光泽</td><td>弱玻璃光泽</td><td>透明度</td><td>不透明</td></tr>
<tr><td>质量</td><td>0.308 3g</td><td>尺寸(长×宽×高)</td><td>10mm×10mm×6mm</td></tr>
<tr><td>实验参数</td><td colspan="4">(1)放大检查:条带状构造;(2)折射率/双折射率(RI/DR):RI,1.66;(3)密度(g/cm^3):1.38;(4)多色性:无;(5)光性特征:不可测;(6)荧光观察:无;(7)吸收光谱:无;(8)其他:无</td></tr>
<tr><td>样品照片(正面)</td><td>样品照片(背面)</td><td>放大观察(正面)</td><td colspan="2">放大观察(背面)</td></tr>
<tr><td></td><td></td><td></td><td colspan="2">可见条带状构造</td></tr>
<tr><td colspan="5">红外反射图谱</td></tr>
<tr><td colspan="5">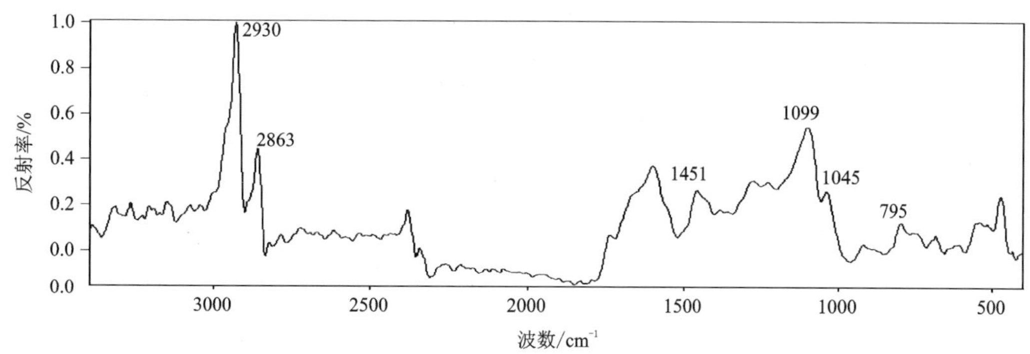

红外反射图谱显示:2930cm^{-1}、2863cm^{-1}附近(CH_2,CH_3)的反对称伸缩振动所致的红外吸收峰,1451cm^{-1}附近的红外吸收峰归属于(CH_2,CH_3)弯曲振动。</td></tr>
<tr><td colspan="5">红外透射图谱</td></tr>
<tr><td colspan="5">该样品检测不出红外透射图谱。</td></tr>
<tr><td>备注</td><td colspan="4">煤精的红外反射光谱(经过 K-K 转换)。</td></tr>
</table>

8.9 猛犸象牙

编号:178

样品信息 (含肉眼观察)	宝石种类	猛犸象牙	饰品名称	珠子
	颜色	白色	形状(琢型)	圆形
	光泽	弱玻璃光泽	透明度	不透明
	质量	0.988 9g	尺寸(长×宽×高)	11mm×11mm×9mm
实验参数	(1)放大检查:层状结构;(2)折射率/双折射率(RI/DR):不可测;(3)密度(g/cm^3):1.57;(4)多色性:无;(5)光性特征:不可测;(6)荧光观察:LW 显示强蓝白色荧光,SW 显示中等强度蓝白色荧光;(7)吸收光谱:无;(8)其他:无			

样品照片(正面)	样品照片(背面)	放大观察(正面)	放大观察(背面)
			可见层状结构

红外反射图谱

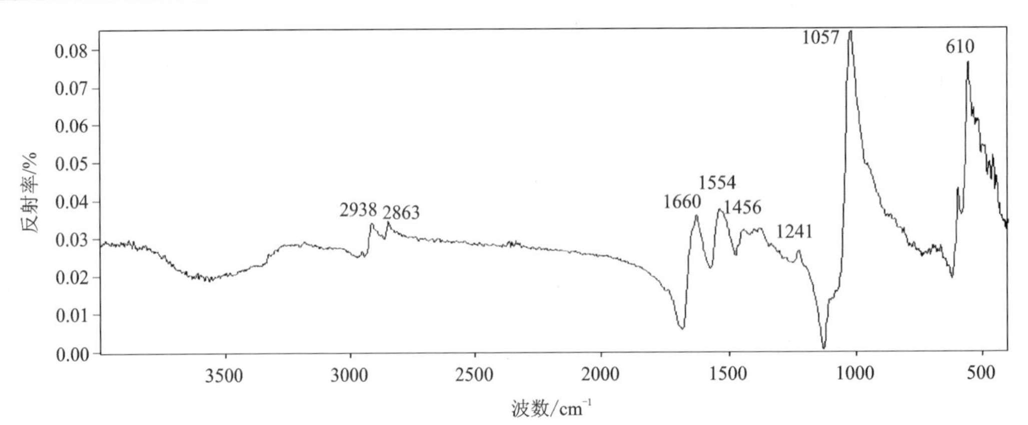

红外反射图谱显示:2938cm^{-1}、2863cm^{-1}、1660cm^{-1}、1554cm^{-1}、1456cm^{-1}、1241cm^{-1}、1057cm^{-1}、610cm^{-1}等典型红外吸收峰。

红外透射图谱

该样品检测不出红外透射图谱。

备注	

8.10 龟甲

编号:179

样品信息（含肉眼观察）	宝石种类	龟甲	饰品名称	饰品
	颜色	黄褐色	形状(琢型)	异形
	光泽	弱玻璃光泽	透明度	半透明
	质量	0.242 1g	尺寸(长×宽×高)	10mm×25mm×1mm
实验参数	(1)放大检查:红色色素小点组成的色斑;(2)折射率/双折射率(RI/DR):不可测;(3)密度(g/cm³):1.28;(4)多色性:无;(5)光性特征:均质体(偏光镜下显示异常消光);(6)荧光观察:LW 显示中等强度蓝白色荧光,SW 显示弱蓝白色荧光;(7)吸收光谱:无;(8)其他:无			
样品照片(正面)	样品照片(背面)	放大观察(正面)	放大观察(背面)	
			可见红色色素小点组成的色斑	

红外反射图谱

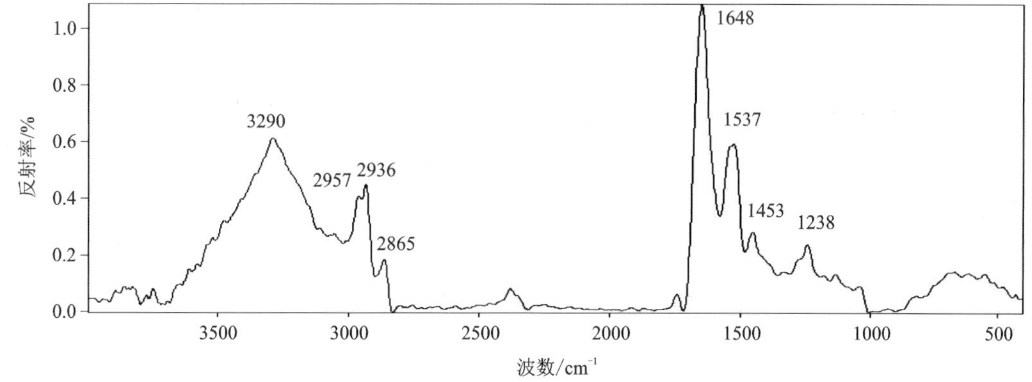

红外反射图谱显示:3290cm^{-1}红外吸收峰归属于 N—H 伸缩振动,2957cm^{-1}、2936cm^{-1}红外吸收峰归属于 C—H 反对称伸缩振动,2865cm^{-1}红外吸收峰归属于 C—H 对称伸缩振动,1648cm^{-1}红外吸收峰归属于 C ═ O 伸缩振动,1537cm^{-1}红外吸收峰归属于 N—H 弯曲振动,1453cm^{-1}红外吸收峰归属于 C—H 弯曲振动,1238cm^{-1}红外吸收峰归属于 C—N 伸缩振动。

红外透射图谱

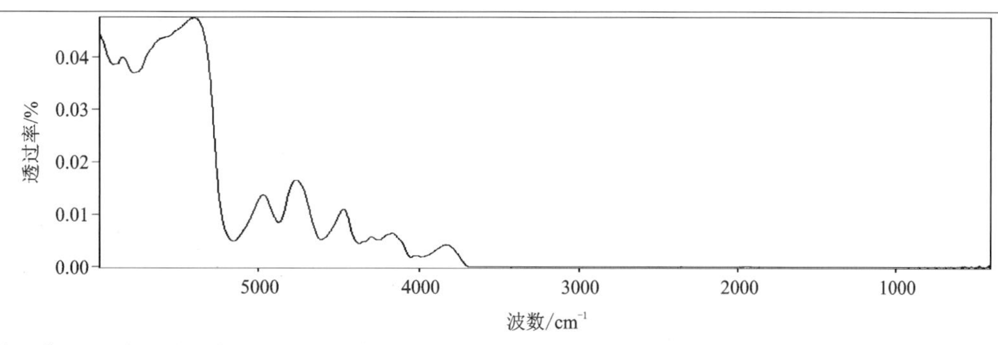

红外透射图谱显示:未见明显典型红外吸收峰。

备注	龟甲(玳瑁)的红外反射图谱(经过 K-K 转换)。

8.11　贝壳

编号：180

样品信息（含肉眼观察）	宝石种类	贝壳	饰品名称	戒面
	颜色	白色	形状（琢型）	水滴形板状
	光泽	珍珠光泽	透明度	不透明
	质量	0.194 1g	尺寸（长×宽×高）	12mm×8mm×1mm
实验参数	(1)放大检查：层状结构；(2)折射率/双折射率(RI/DR)：不可测；(3)密度(g/cm^3)：2.78；(4)多色性：无；(5)光性特征：不可测；(6)荧光观察：LW 显示强蓝白色荧光，SW 显示中等强度蓝白色荧光；(7)吸收光谱：无；(8)其他：无			
样品照片（正面）	样品照片（背面）	放大观察（正面）	放大观察（背面）	
			可见层状结构	

红外反射图谱

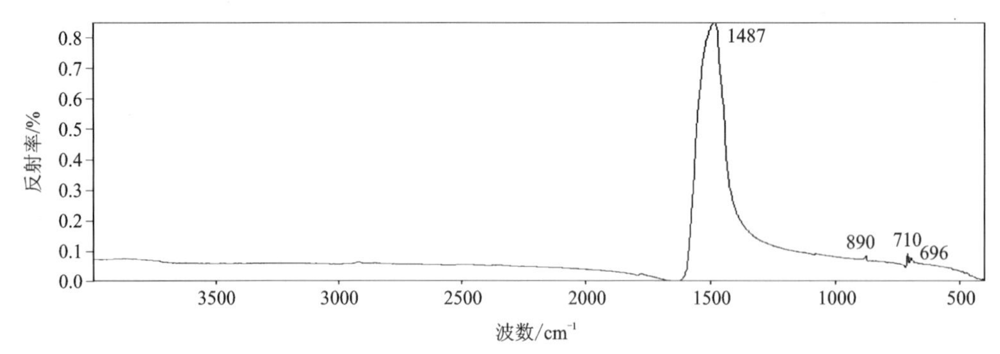

红外反射图谱显示：1487cm^{-1}红外吸收峰归属于$[CO_3]^{2-}$的不对称伸缩振动，890cm^{-1}红外吸收峰归属于$[CO_3]^{2-}$的面外弯曲振动，710cm^{-1}、696cm^{-1}红外吸收峰归属于$[CO_3]^{2-}$的面内弯曲振动。

红外透射图谱

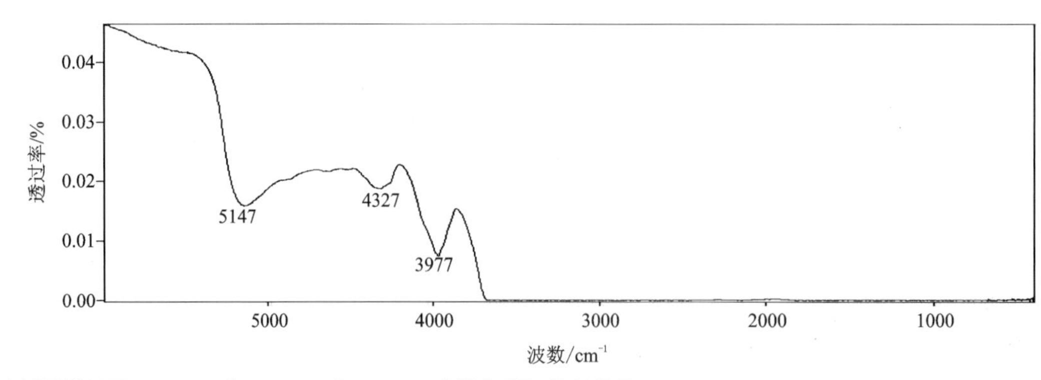

红外透射图谱显示：5147cm^{-1}、4327cm^{-1}、3977cm^{-1}等典型红外吸收峰。

备注	

8.12 贝壳

编号:181

样品信息（含肉眼观察）	宝石种类	贝壳	饰品名称	饰品
	颜色	蓝绿色	形状(琢型)	板状
	光泽	珍珠光泽	透明度	不透明
	质量	0.908 4g	尺寸(长×宽×高)	20mm×14mm×1mm
实验参数	(1)放大检查:层状结构;(2)折射率/双折射率(RI/DR):不可测;(3)密度(g/cm³):2.78;(4)多色性:无;(5)光性特征:不可测;(6)荧光观察:LW显示强蓝白色荧光,SW显示中等强度蓝白色荧光;(7)吸收光谱:无;(8)其他:晕彩效应			

样品照片(正面)	样品照片(背面)	放大观察(正面)	放大观察(背面)
	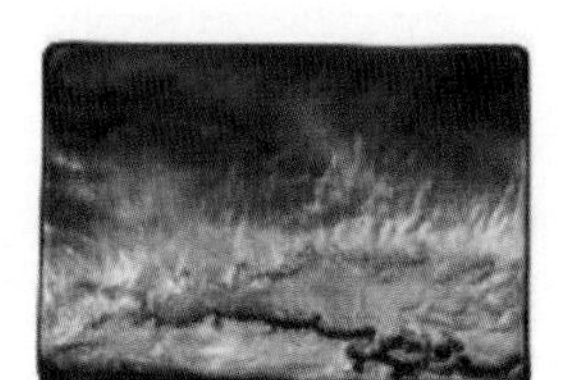	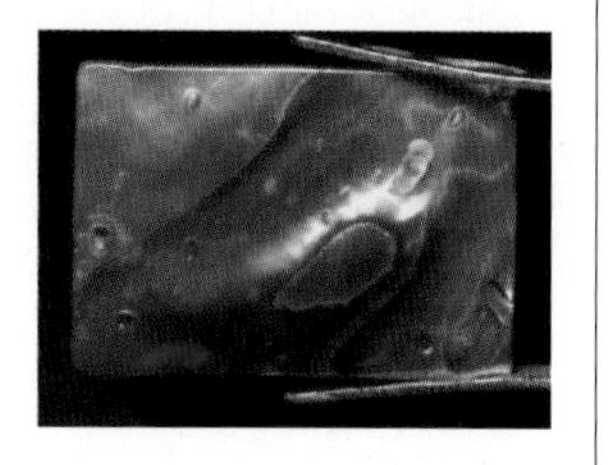	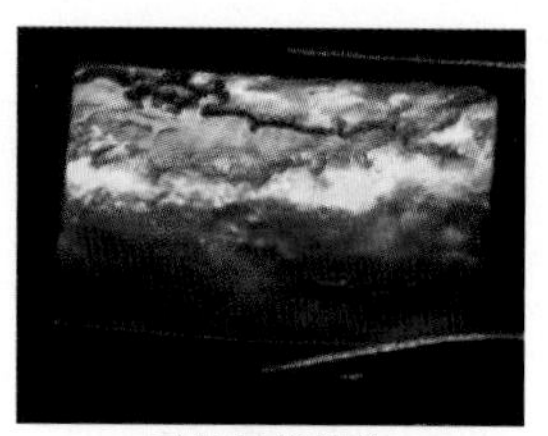 可见层状结构

红外反射图谱

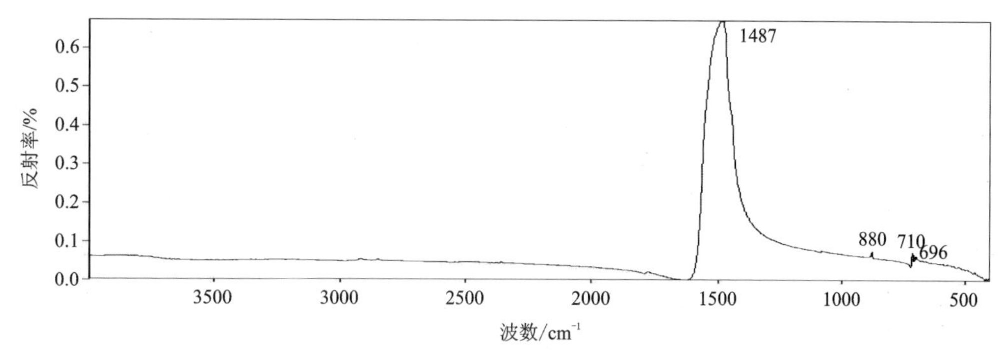

红外反射图谱显示:1487cm^{-1}红外吸收峰归属于$[CO_3]^{2-}$的不对称伸缩振动,880cm^{-1}红外吸收峰归属于$[CO_3]^{2-}$的面外弯曲振动,710cm^{-1}、696cm^{-1}红外吸收峰归属于$[CO_3]^{2-}$的面内弯曲振动。

红外透射图谱

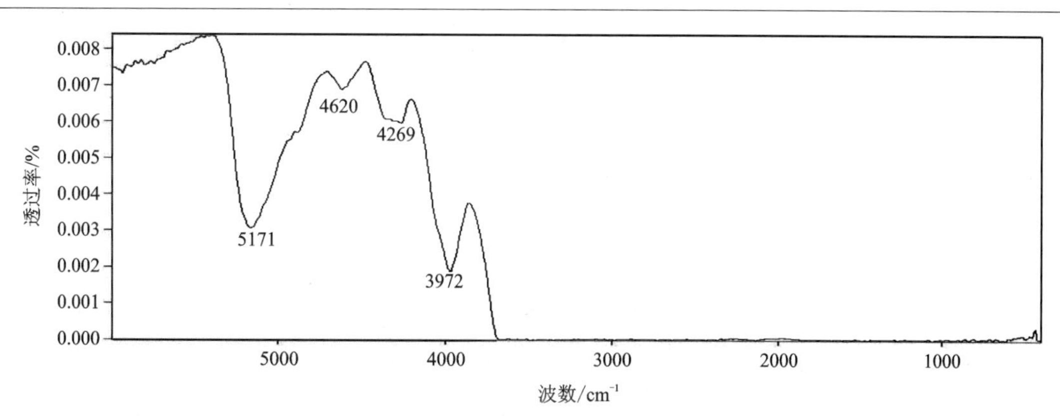

红外透射图谱显示:5171cm^{-1}、4620cm^{-1}、4269cm^{-1}、3972cm^{-1}等典型红外吸收峰。

备注	

8.13 硨磲

编号:182

<table>
<tr><td rowspan="4">样品信息
(含肉眼观察)</td><td>宝石种类</td><td>硨磲</td><td>饰品名称</td><td>珠子</td></tr>
<tr><td>颜色</td><td>白色</td><td>形状(琢型)</td><td>圆形</td></tr>
<tr><td>光泽</td><td>玻璃光泽</td><td>透明度</td><td>不透明</td></tr>
<tr><td>质量</td><td>1.672 7g</td><td>尺寸(直径)</td><td>11mm</td></tr>
<tr><td>实验参数</td><td colspan="4">(1)放大检查:同心层状结构;(2)折射率/双折射率(RI/DR):不可测;(3)密度(g/cm³):2.58;(4)多色性:无;(5)光性特征:不可测;(6)荧光观察:LW 显示强白色荧光,SW 显示中等强度白色荧光;(7)吸收光谱:无;(8)其他:无</td></tr>
<tr><td>样品照片(正面)</td><td>样品照片(背面)</td><td>放大观察(正面)</td><td colspan="2">放大观察(背面)</td></tr>
<tr><td></td><td></td><td></td><td colspan="2">可见同心层状结构</td></tr>
<tr><td colspan="5">红外反射图谱</td></tr>
<tr><td colspan="5">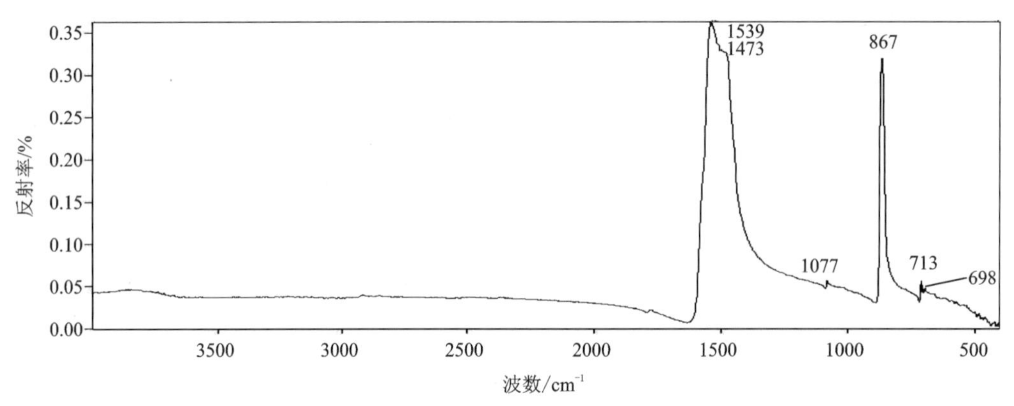

红外反射图谱显示:1473cm⁻¹红外吸收峰归属于[CO_3]²⁻的不对称伸缩振动,867cm⁻¹红外吸收峰归属于[CO_3]²⁻的面外弯曲振动,713cm⁻¹、698cm⁻¹红外吸收峰归属于[CO_3]²⁻的面内弯曲振动。</td></tr>
<tr><td colspan="5">红外透射图谱</td></tr>
<tr><td colspan="5">该样品检测不出红外透射图谱。</td></tr>
<tr><td>备注</td><td colspan="4"></td></tr>
</table>

9

优化处理有机宝石和仿制品的红外光谱

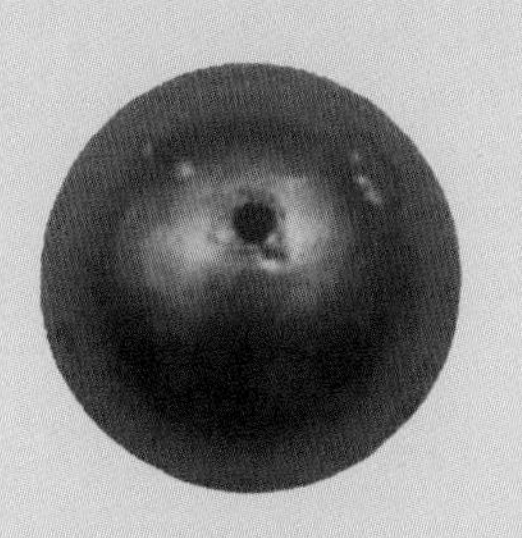

9.1 染色珍珠

编号:183

<table>
<tr><td rowspan="4">样品信息
(含肉眼观察)</td><td>宝石种类</td><td>染色珍珠</td><td>饰品名称</td><td>珠子</td></tr>
<tr><td>颜色</td><td>金色</td><td>形状(琢型)</td><td>圆形</td></tr>
<tr><td>光泽</td><td>珍珠光泽</td><td>透明度</td><td>不透明</td></tr>
<tr><td>质量</td><td>1.188 1g</td><td>尺寸(直径)</td><td>8mm</td></tr>
<tr><td>实验参数</td><td colspan="4">(1)放大检查:颜色分布不均匀,层状结构;(2)折射率/双折射率(RI/DR):不可测;(3)密度(g/cm³):2.71;(4)多色性:无;(5)光性特征:不可测;(6)荧光观察:LW 显示中等强度蓝白色荧光,SW 显示弱蓝白色荧光;(7)吸收光谱:无;(8)其他:无</td></tr>
<tr><td colspan="2">样品照片(正面)</td><td>样品照片(背面)</td><td>放大观察(正面)</td><td>放大观察(背面)</td></tr>
<tr><td colspan="2"></td><td></td><td></td><td>层状结构,颜色分布不均匀</td></tr>
</table>

红外反射图谱

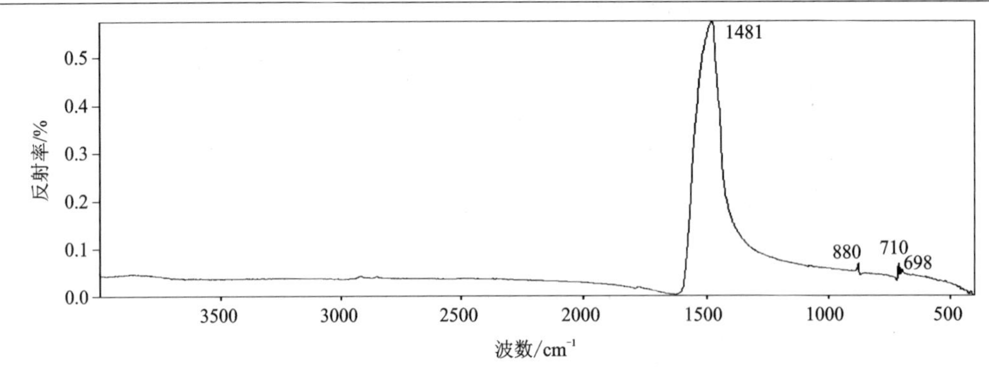

红外反射图谱显示:$1481cm^{-1}$附近的红外吸收峰归属于$[CO_3]^{2-}$的不对称伸缩振动,$880cm^{-1}$附近的红外吸收峰归属于$[CO_3]^{2-}$的O—C—O面外弯曲振动,$710cm^{-1}$、$698cm^{-1}$附近的红外吸收峰归属于$[CO_3]^{2-}$的O—C—O面内弯曲振动。

红外透射图谱

该样品检测不出红外透射图谱。

备注	

9.2 珍珠贝壳拼合石

编号：184

样品信息（含肉眼观察）	宝石种类	珍珠贝壳拼合石	饰品名称	戒面
	颜色	粉色	形状（琢型）	椭圆形弧面
	光泽	珍珠光泽	透明度	不透明
	质量	0.892 4g	尺寸（长×宽×高）	11mm×11mm×7mm
实验参数	(1)放大检查：侧面可见拼合缝，层状结构；(2)折射率/双折射率（RI/DR）：不可测；(3)密度（g/cm³）：1.65；(4)多色性：无；(5)光性特征：不可测；(6)荧光观察：LW 显示强白色荧光，SW 显示中等强度蓝白色荧光；(7)吸收光谱：无；(8)其他：无			

样品照片（正面）	样品照片（背面）	放大观察（正面）	放大观察（背面）
			层状结构，侧面可见拼合缝

红外反射图谱

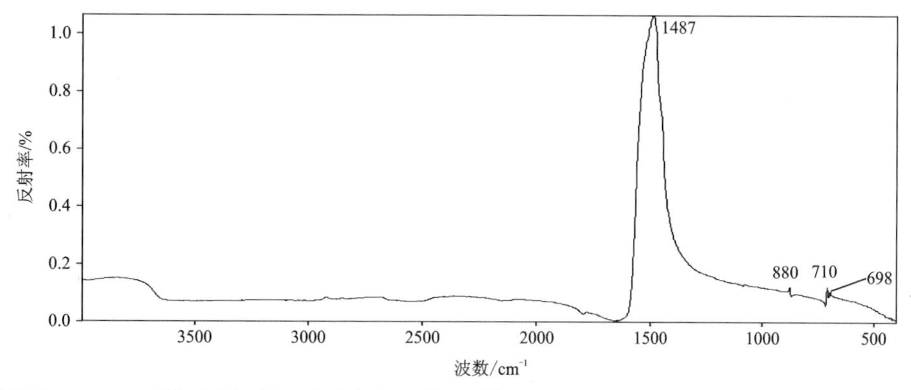

红外反射图谱显示：1487cm^{-1}附近的红外吸收峰归属于$[CO_3]^{2-}$不对称伸缩振动，880cm^{-1}附近的红外吸收峰归属于$[CO_3]^{2-}$的O—C—O面外弯曲振动，710cm^{-1}、698cm^{-1}附近的红外吸收峰归属于$[CO_3]^{2-}$的O—C—O面内弯曲振动。

红外透射图谱

该样品检测不出红外透射图谱。

备注	红外反射图谱测试的是拼合石的珍珠部分。

9.3 染色珊瑚

编号:185

样品信息(含肉眼观察)	宝石种类	染色珊瑚	饰品名称	珠子
	颜色	粉色	形状(琢型)	异形
	光泽	玻璃光泽	透明度	不透明
	质量	2.848 4g	尺寸(长×宽×高)	13mm×13mm×8mm
实验参数	(1)放大检查:同心放射状构造,颜色分布不均匀;(2)折射率/双折射率(RI/DR):不可测;(3)密度(g/cm^3):2.51;(4)多色性:无;(5)光性特征:不可测;(6)荧光观察:LW 显示弱蓝白色荧光,SW 无显示;(7)吸收光谱:无;(8)其他:无			

样品照片(正面)	样品照片(背面)	放大观察(正面)	放大观察(背面)
			同心放射状构造, 颜色分布不均匀

红外反射图谱

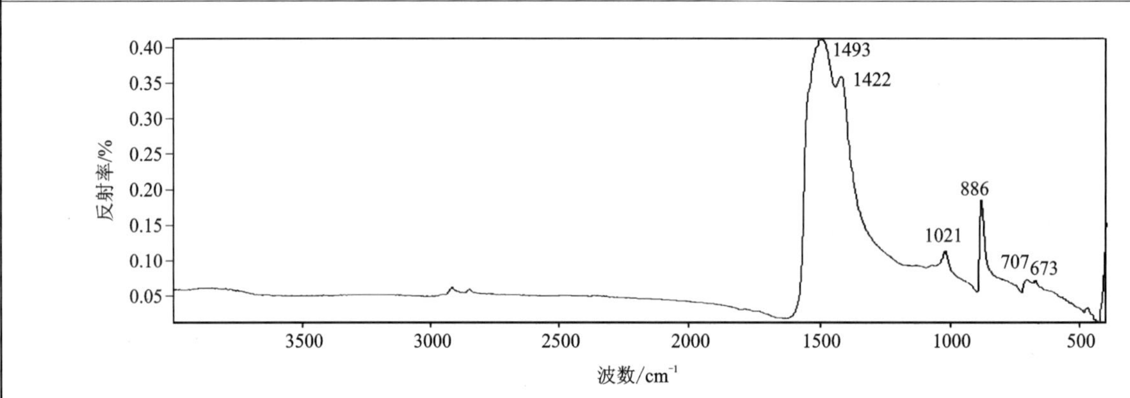

红外反射图谱显示:1493cm^{-1}、1422cm^{-1}、1021cm^{-1}、886cm^{-1}、707cm^{-1}、673cm^{-1}等典型红外吸收峰。

红外透射图谱

该样品检测不出红外透射图谱。

备注	红外反射光谱无法区分红珊瑚和染色红珊瑚。

9.4 再造琥珀

编号:186

样品信息（含肉眼观察）	宝石种类	再造琥珀	饰品名称	珠子
	颜色	黄褐色	形状(琢型)	柱状
	光泽	玻璃光泽	透明度	微透明
	质量	0.778 0g	尺寸(长×宽×高)	8mm×8mm×11mm
实验参数	(1)放大检查:粒状结构,白色点状包体、黑色矿物包体;(2)折射率/双折射率(RI/DR):1.54;(3)密度(g/cm^3):1.07;(4)多色性:无;(5)光性特征:不可测;(6)荧光观察:LW 显示强蓝白色荧光,SW 无显示;(7)吸收光谱:无;(8)其他:无			

样品照片(正面)	样品照片(背面)	放大观察(正面)	放大观察(背面)
			粒状结构,可见白色点状包体、黑色矿物包体

红外反射图谱

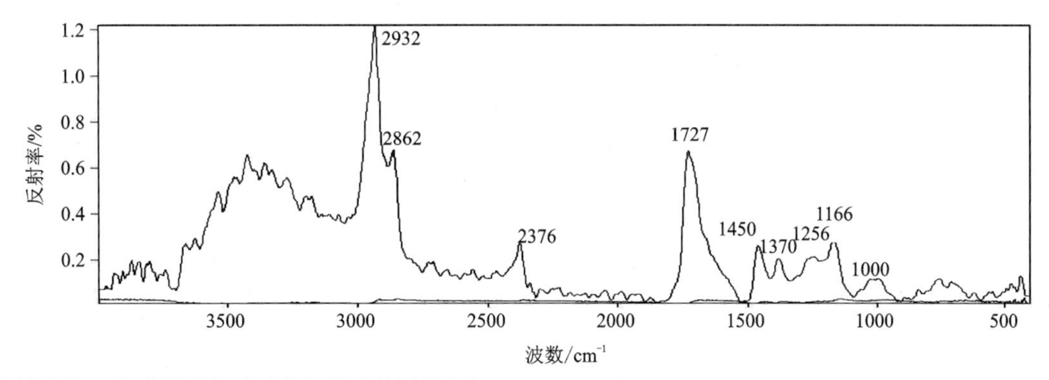

红外反射图谱显示:其图谱与琥珀的红外反射图谱相似。

红外透射图谱

该样品检测不出红外透射图谱。

备注	

9.5 染色贝壳

编号：187

<table>
<tr><td rowspan="4">样品信息
（含肉眼观察）</td><td>宝石种类</td><td>染色贝壳</td><td>饰品名称</td><td>饰品</td></tr>
<tr><td>颜色</td><td>粉色</td><td>形状（琢型）</td><td>板状</td></tr>
<tr><td>光泽</td><td>珍珠光泽</td><td>透明度</td><td>不透明</td></tr>
<tr><td>质量</td><td>1.720 9g</td><td>尺寸（长×宽×高）</td><td>19mm×19mm×1mm</td></tr>
<tr><td>实验参数</td><td colspan="4">（1）放大检查：裂隙处颜色加深，层状结构；（2）折射率/双折射率（RI/DR）：不可测；（3）密度（g/cm³）：2.74；（4）多色性：无；（5）光性特征：不可测；（6）荧光观察：LW 显示强蓝白色荧光，SW 显示强蓝白色荧光；（7）吸收光谱：无；（8）其他：无</td></tr>
<tr><td>样品照片（正面）</td><td>样品照片（背面）</td><td colspan="2">放大观察（正面）</td><td>放大观察（背面）</td></tr>
<tr><td></td><td></td><td colspan="2">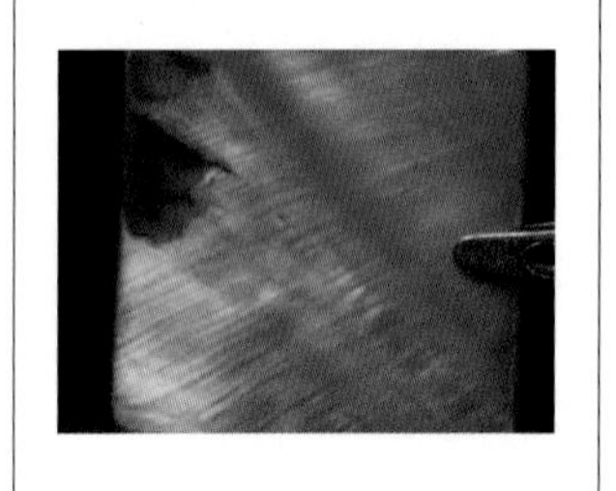</td><td>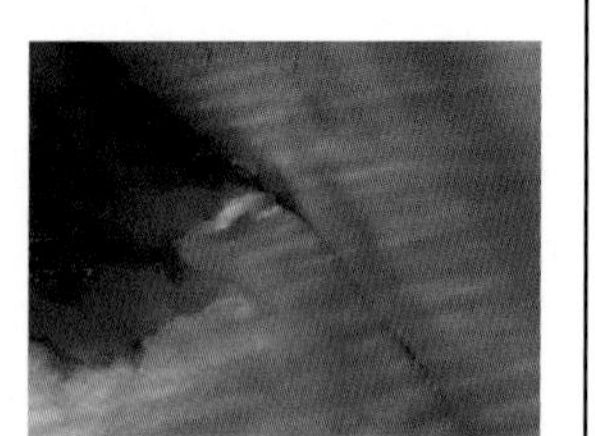
层状结构，可见裂隙处颜色加深</td></tr>
<tr><td colspan="5">红外反射图谱</td></tr>
<tr><td colspan="5">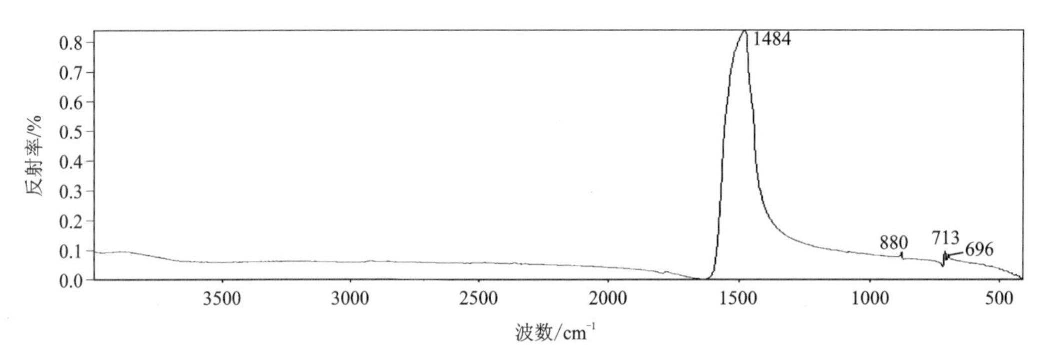

红外反射图谱显示：1484cm^{-1}红外吸收峰归属于$[CO_3]^{2-}$的不对称伸缩振动，880cm^{-1}红外吸收峰归属于$[CO_3]^{2-}$的面外弯曲振动，713cm^{-1}、696cm^{-1}红外吸收峰归属于$[CO_3]^{2-}$的面内弯曲振动。</td></tr>
<tr><td colspan="5">红外透射图谱</td></tr>
<tr><td colspan="5">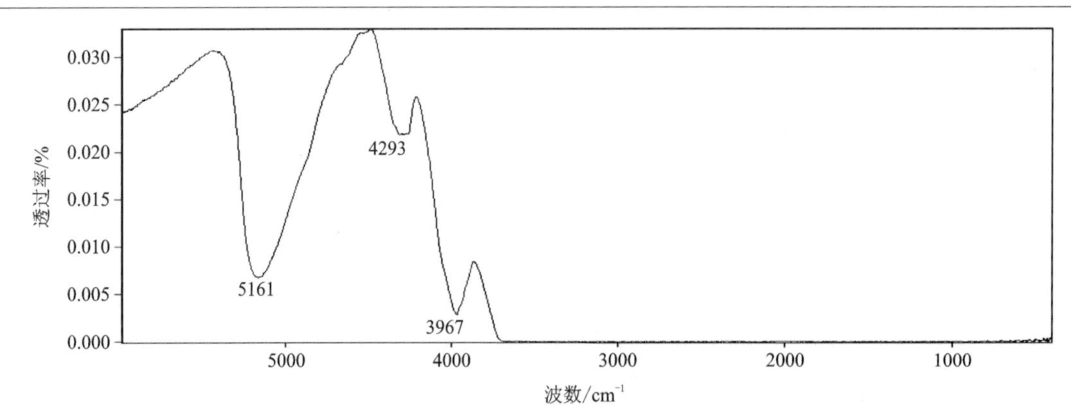

红外透射图谱显示：5161cm^{-1}、4293cm^{-1}、3967cm^{-1}等典型红外吸收峰。</td></tr>
<tr><td>备注</td><td colspan="4"></td></tr>
</table>

9.6　塑料

编号:188

<table>
<tr><td rowspan="4">样品信息
(含肉眼观察)</td><td>宝石种类</td><td>塑料</td><td>饰品名称</td><td>饰品</td></tr>
<tr><td>颜色</td><td>黄色</td><td>形状(琢型)</td><td>雕件</td></tr>
<tr><td>光泽</td><td>树脂光泽</td><td>透明度</td><td>不透明</td></tr>
<tr><td>质量</td><td>3.689 7g</td><td>尺寸(长×宽×高)</td><td>18mm×18mm×20mm</td></tr>
<tr><td>实验参数</td><td colspan="4">(1)放大检查:搅动纹;(2)折射率/双折射率(RI/DR):不可测;(3)密度(g/cm³):1.15;(4)多色性:无;(5)光性特征:不可测;(6)荧光观察:LW 显示强黄绿色荧光,SW 显示强黄绿色荧光;(7)吸收光谱:无;(8)其他:无</td></tr>
<tr><td>样品照片(正面)</td><td>样品照片(背面)</td><td>放大观察(正面)</td><td colspan="2">放大观察(背面)</td></tr>
<tr><td></td><td></td><td>可见搅动纹</td><td colspan="2"></td></tr>
</table>

红外反射图谱

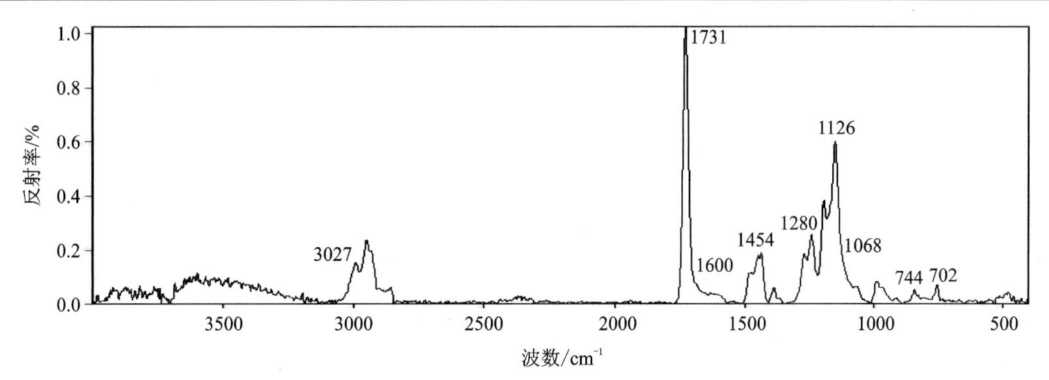

红外反射图谱显示:醇酸树脂仿琥珀的红外光谱中,可见 3027cm^{-1}、1731cm^{-1}、1600cm^{-1}、1454cm^{-1}、1280cm^{-1}、1126cm^{-1}、1068cm^{-1}、744cm^{-1}、702cm^{-1}等附近的红外吸收峰,与醇酸树脂的红外谱峰一致。其中 3027cm^{-1}红外吸收峰归属于 C_6H_6 伸缩振动,1600cm^{-1}红外吸收峰归属于 C_6H_6 弯曲振动,1068cm^{-1}红外吸收峰归属于 C_6H_6 上的 C—H 面内弯曲振动,744cm^{-1}、702cm^{-1}红外吸收峰归属于 C_6H_6 上的 C—H 面外弯曲振动。

红外透射图谱

该样品检测不出红外透射图谱。

备注	

9.7 塑料

编号:189

<table>
<tr><td rowspan="4">样品信息
(含肉眼观察)</td><td>宝石种类</td><td>塑料</td><td>饰品名称</td><td>饰品</td></tr>
<tr><td>颜色</td><td>黄褐色</td><td>形状(琢型)</td><td>异形</td></tr>
<tr><td>光泽</td><td>弱玻璃光泽</td><td>透明度</td><td>透明</td></tr>
<tr><td>质量</td><td>0.303 1g</td><td>尺寸(长×宽×高)</td><td>19mm×13mm×1mm</td></tr>
<tr><td>实验参数</td><td colspan="4">(1)放大检查:气泡,红褐色点状包体;(2)折射率/双折射率(RI/DR):不可测;(3)密度(g/cm^3):1.25;(4)多色性:无;(5)光性特征:均质体(偏光镜下显示全暗);(6)荧光观察:LW 显示中等强度蓝白色荧光,SW 显示弱蓝白色荧光;(7)吸收光谱:无;(8)其他:无</td></tr>
<tr><td>样品照片(正面)</td><td>样品照片(背面)</td><td>放大观察(正面)</td><td colspan="2">放大观察(背面)</td></tr>
<tr><td>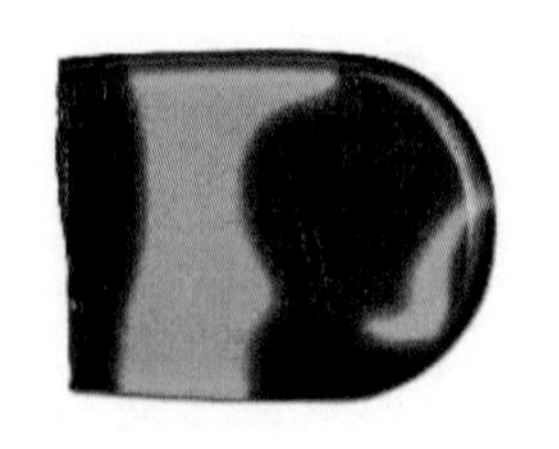</td><td>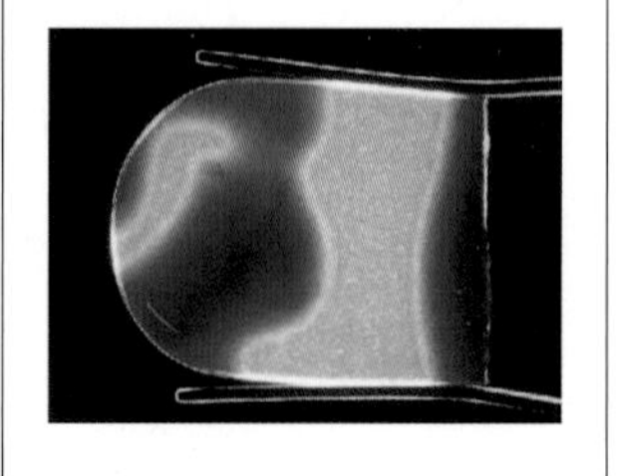</td><td></td><td colspan="2">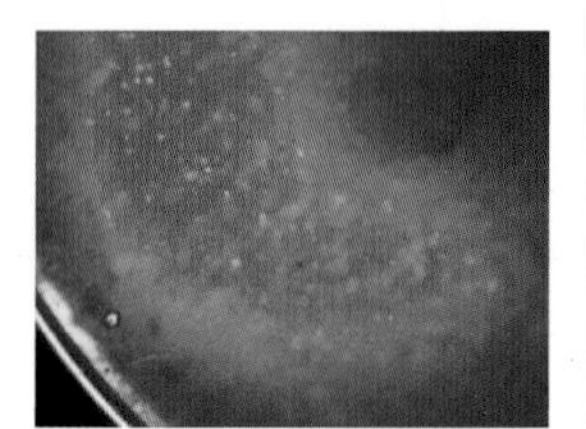
可见气泡、红褐色点状包体</td></tr>
</table>

红外反射图谱

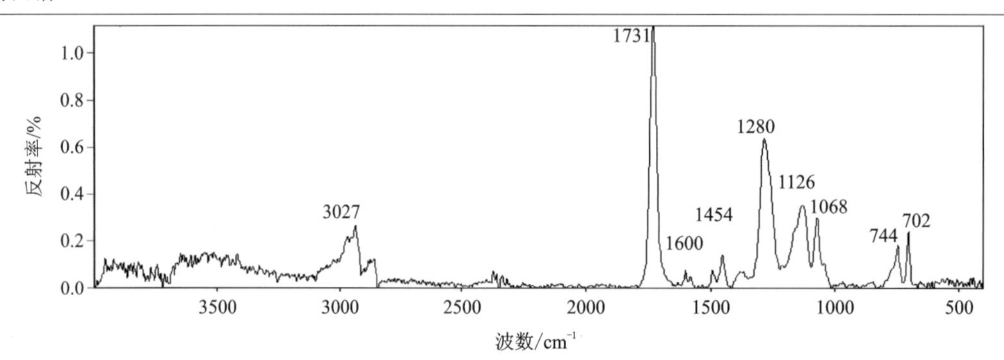

红外反射图谱显示:醇酸树脂仿琥珀的红外光谱中,可见 $3027cm^{-1}$、$1731cm^{-1}$、$1600cm^{-1}$、$1454cm^{-1}$、$1280cm^{-1}$、$1126cm^{-1}$、$1068cm^{-1}$、$744cm^{-1}$、$702cm^{-1}$ 等附近的红外吸收峰,与醇酸树脂的红外谱峰一致。其中 3027 红外吸收峰归属于 C_6H_6 伸缩振动,$1600cm^{-1}$ 红外吸收峰归属于 C_6H_6 弯曲振动,$1068cm^{-1}$ 红外吸收峰归属于 C_6H_6 上的 C—H 面内弯曲振动,$744cm^{-1}$、$702cm^{-1}$ 红外吸收峰归属于 C_6H_6 上的 C—H 面外弯曲振动。

红外透射图谱

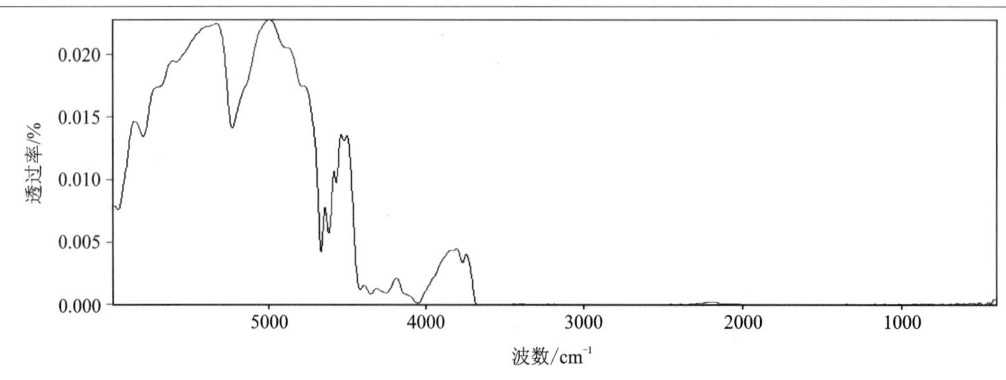

红外透射图谱显示:未见明显典型红外吸收峰。

备注	

9.8 塑料

编号:190

<table>
<tr><td rowspan="4">样品信息
(含肉眼观察)</td><td>宝石种类</td><td>塑料</td><td>饰品名称</td><td>珠子</td></tr>
<tr><td>颜色</td><td>黄色</td><td>形状(琢型)</td><td>柱状</td></tr>
<tr><td>光泽</td><td>树脂光泽</td><td>透明度</td><td>微透明</td></tr>
<tr><td>质量</td><td>0.351 5g</td><td>尺寸(长×宽×高)</td><td>8mm×8mm×5mm</td></tr>
<tr><td>实验参数</td><td colspan="4">(1)放大检查:流动纹;(2)折射率/双折射率(RI/DR):不可测;(3)密度(g/cm^3):1.21;(4)多色性:无;(5)光性特征:不可测;(6)荧光观察:无;(7)吸收光谱:无;(8)其他:无</td></tr>
<tr><td>样品照片(正面)</td><td>样品照片(背面)</td><td>放大观察(正面)</td><td colspan="2">放大观察(背面)</td></tr>
<tr><td></td><td></td><td></td><td colspan="2">可见流动纹</td></tr>
<tr><td colspan="5">红外反射图谱</td></tr>
</table>

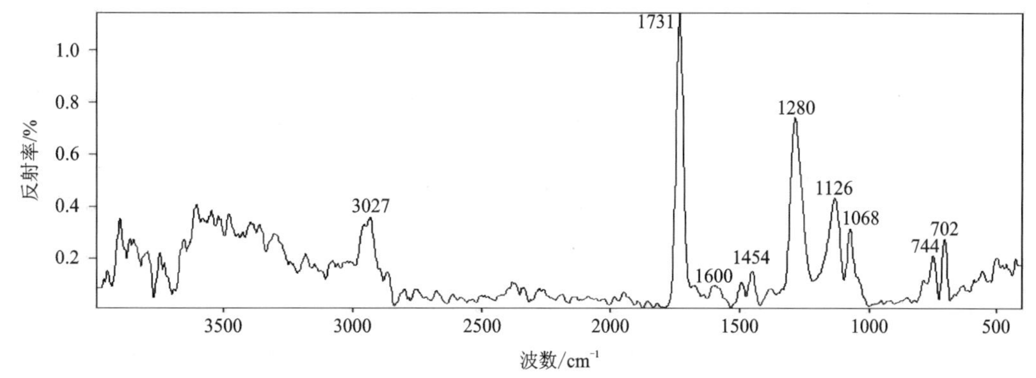

红外反射图谱显示:醇酸树脂仿琥珀的红外光谱中,可见 $3027cm^{-1}$、$1731cm^{-1}$、$1600cm^{-1}$、$1454cm^{-1}$、$1280cm^{-1}$、$1126cm^{-1}$、$1068cm^{-1}$、$744cm^{-1}$、$702cm^{-1}$ 等附近的红外吸收峰,与醇酸树脂的红外谱峰一致。其中 3027 红外吸收峰归属于 C_6H_6 伸缩振动,$1600cm^{-1}$ 红外吸收峰归属于 C_6H_6 弯曲振动,$1068cm^{-1}$ 红外吸收峰归属于 C_6H_6 上的 C—H 面内弯曲振动,$744cm^{-1}$、$702cm^{-1}$ 红外吸收峰归属于 C_6H_6 上的 C—H 面外弯曲振动。

红外透射图谱	
该样品检测不出红外透射图谱。	
备注	

10

红外光谱技术在珠宝玉石鉴定中的应用

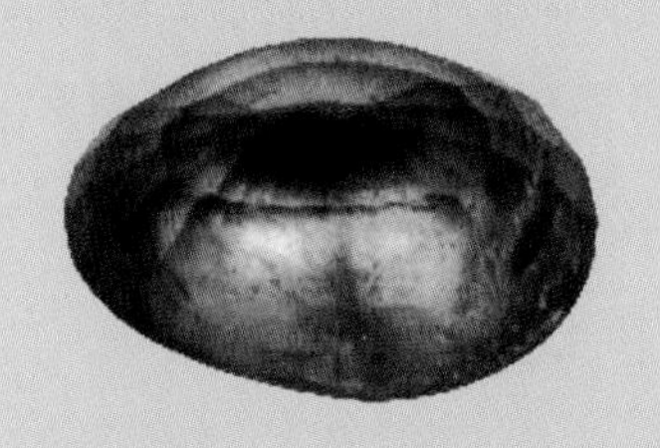

红外吸收光谱是宝石分子结构的具体反映。通常,宝石内分子或官能团在红外吸收光谱中分别具有自己特定的红外吸收区域,依据特征的红外吸收谱带的数目、波数及位移、谱形及谱带强度、谱带分裂状态等内容,可以对宝石的红外吸收光谱进行定性表征,以期获得与宝石鉴定相关的重要信息。

10.1 宝石中的羟基、水分子

基频振动(中红外区)作为红外吸收光谱中吸收最强的振动类型,在宝石学中的应用最为广泛。通常将中红外区分为基频区(又称官能团区,4000～1500cm^{-1})和指纹区(1500～400cm^{-1})两个区域。

自然界中,含羟基和水分子的天然宝石居多,与之对应的伸缩振动导致的中红外吸收谱带集中分布在官能团区 3800～3000cm^{-1}波数区域内。而弯曲振动导致的红外吸收谱带则变化较大,多数宝石的红外吸收谱带在 1700～1400cm^{-1}波数区域内。通常情况下,羟基或水分子的具体波数位置,亦受控于宝石中氢键力的大小。至于具体的波数,则主要取决于各类宝石内氢键力的大小。与结晶水或结构水相比,吸附水的对称和不对称伸缩振动导致的红外吸收宽谱带中心主要位于 3400cm^{-1}处。

(1)富水的刚玉红外透射光谱。当刚玉中富含水(H_2O 或 OH^{-1})时,如水热法合成刚玉、富次生含水矿物的天然刚玉等,其红外透射光谱常在 3000cm^{-1}左右呈现宽谱带,可伴有锐利羟基峰。

(2)天然绿柱石红外透射光谱。3800～3000cm^{-1}区域内显示 OH^{-1}和水的红外吸收峰。

(3)锂辉石红外透射光谱。图谱因含水和/或羟基的矿物存在而有所差异。

(4)石英岩玉中的颗粒间隙水(或赋存矿物羟基水)、晶体包含水(或羟基水)对红外光的吸收以及石英颗粒晶面对红外光的反射、折射、散射等作用,导致进入仪器检测器的红外光能量衰减,常(并非必然)使红外透射光谱在 3700～3000cm^{-1}区域内的吸收谱带拟合为宽的圆化带,而没有像水晶一样在该区域形成可识别到的多个吸收峰。

(5)萤石红外透射光谱。在 6000～1100cm^{-1}区域内的吸收峰常由水(和/或 OH^{-1})引发。厚大的萤石矿物中或多或少会含有一定的分子水或以包裹体形式存在的羟基水,其红外透射光谱除了显示与多氟络离子有关的强吸收带外,其他吸收特征基本与水(和/或 OH^{-1})有关,在 6000～1100cm^{-1}区域内吸收峰常由水(OH^{-1})引发。

(6)天然金绿宝石与合成金绿宝石红外光谱比较。一般天然金绿宝石含微量水分子,在 2160cm^{-1}、2405cm^{-1}、4150cm^{-1}及其附近有明显特征吸收峰;由助熔剂法、晶体提拉法、区域熔炼法(3 种方法都属于高温熔融法)生成的合成金绿宝石不含水分子,没有上述水分子的红外吸收峰。

(7)合成祖母绿(由助熔剂法生成)红外透射光谱。助熔剂法合成祖母绿,无水参与,在 5500～5000cm^{-1}区域(常以 5280cm^{-1}为中心)不呈现与通道水有关的吸收峰。

(8)钙系列石榴石红外透射光谱(钙铝榴石、翠榴石、钙铁榴石的红外透射光谱)。钙系列石榴石透射光谱常不稳定,在 3700～3500cm^{-1}区域内常表现出与水或 OH^- 有关的吸收峰。

(9)石膏和硬石膏红外透射光谱。石膏含水时可见 1620cm^{-1}左右的红外吸收峰,硬石膏不含水(1620cm^{-1}处无峰)且以 600cm^{-1}处分裂为特征。

(10)翡翠(含有含水矿物)红外透射光谱。当翡翠中带有含水(H_2O 或 OH^{-1})矿物时,其透射光谱常在 3800～3600cm^{-1}区域内出现红外吸收峰(如 3729cm^{-1}或附近的红外吸收峰)。

(11)欧泊近红外透射光谱。欧泊中的水分子在近红外区域呈现倍频或/和合频谱带,而在中红外区域常常全吸收。

10.2 钻石中杂质原子的存在形式及类型划分

钻石主要由 C 组成,当其晶格中存在少量的 N、B、H 等杂质原子时,可使钻石的物理性质如颜色、导热性、导电性等发生明显的变化。依据红外吸收光谱表征,可以确定杂质原子的成分及其存在形式。红外光谱表征也可作为钻石分类的主要依据之一(表 10-1)。

表 10-1　钻石类型及红外吸收光谱特征

类型	Ⅰ型					Ⅱ型	
依据	Ⅰa				Ⅰb	Ⅱa	Ⅱb
	含不等量的杂质氮原子、聚合态				单原子氮	基本不含杂质氮原子	含少量杂质硼原子
杂质原子存在形式	双原子氮	三原子氮	集合体氮	片晶氮	孤氮		分散的硼替代碳的位置
晶格缺陷心及亚类	N_2 ⅠaA	N_3 ⅠaAB	B_1 ⅠaB	B_2 ⅠaB	N		B
红外吸收谱带/cm^{-1}	1282		1175	1365 1370	1130	1400～1100区域内无吸收	2800

(1)Ⅱa 型钻石红外特征。1400～1100cm^{-1} 区域内无红外特征吸收峰。Ⅱa 型钻石常为天然钻石、CVD 合成钻石。Ⅱa 型钻石可因 C 位错而造成缺陷并呈色，不含空穴或晶格位错的Ⅱa 型钻石是无色的。

(2)Ⅱb 型钻石(无色或近于无色钻石，少量分散的 B 替代 C 的位置)红外特征。1400～1100cm^{-1} 区域内无红外特征吸收峰(不含 N)，常具有 2803cm^{-1}(或 2800cm^{-1})红外吸收峰。其中，2803cm^{-1}(或 2800cm^{-1})红外吸收峰的强弱与 B 浓度呈正相关性，与钻石的蓝色饱和度呈正相关性。Ⅱb 型钻石常为天然钻石、掺硼 HPHT① 合成钻石、掺硼 CVD 合成钻石。

(3)钻石(富含硼元素，蓝色)红外光谱(Ⅱb 型)。当钻石中 B 浓度较高时，对红外光过强的吸收会湮没掉 2800cm^{-1}(2803cm^{-1})谱带，而 1290cm^{-1}处的谱带指示钻石含有高浓度的 B，此时Ⅱb 型钻石往往呈现较高饱和度的蓝色。

(4)钻石(主要呈无色—黄色、棕色)红外光谱(Ⅰb 型)。其晶体中含孤氮形式(单原子氮，N)。Ⅰb 型钻石(无色—黄色、棕色系列钻石，N 以孤立的原子状态取代晶格中 C 位置)红外特征是以 1131cm^{-1}和/或 1344cm^{-1} 红外吸收峰为特征峰。Ⅰb 型钻石主要指所有合成钻石(HPHT 合成钻石)及少量天然钻石。

(5)钻石(主要呈无色—黄色)红外光谱(ⅠaA 型)，其晶体中 N 以相邻 N_2 替代形式存在(双原子氮，N_2，A 心)。ⅠaA 型钻石(无色—黄色系列钻石，N 以相邻双原子状态取代晶格中 C 位置)红外特征：以 1282cm^{-1}红外吸收峰为特征峰。

(6)ⅠaA 型钻石属于Ⅰa 型钻石(无色—黄色系列钻石，一般天然黄色钻石均属此类型)。Ⅰb 型钻石在一定温度、压力的长时间作用下，可转化为Ⅰa 型钻石。

(7)钻石(主要呈黄色)红外光谱(ⅠaAB 型)，其晶体中 N 以 N_3 替代形式存在(三原子氮，N_3)。ⅠaAB型钻石(黄色系列钻石，3 个 N 占据 3 个 C 位置，并在中心伴有空位，称为 N_3 中心)的红外特征：以 1282cm^{-1}、1175cm^{-1}红外吸收峰为特征峰[ⅠaA+ⅠaB(B_1)]，或以 1365cm^{-1}、1282cm^{-1}红外吸收峰为特征峰[ⅠaA+ⅠaB(B_2)]。N_3 中心是钻石中最重要的集合体，吸收了蓝—紫色的可见光(吸收光谱可见 415nm 吸收线)，使钻石黄色调加强。ⅠaAB 型钻石也属于Ⅰa 型钻石(无色—黄色系列钻石，一般天然黄色钻石均属此类型)。

(8)钻石红外光谱[ⅠaB 型(B_1)]。其晶体中 N 以多原子氮(4～9 个氮原子)聚集形态[集合体氮，B 类聚集体，B 心(B_1 心)]。ⅠaB(B1)型钻石(4～9 个氮原子，占据 4～9 个碳原子位置，并在中心伴有空位，称为 B_1 心)的红外吸收特征：以 1175cm^{-1}红外吸收峰为特征峰。钻石红外谱图[ⅠaB 型(B2)]，其晶

① HPHT，全称 high pressure high temperature，指高温高压。

体中N以片晶氮形态聚集[片晶氮,B类聚集体,B心(B2心)]。ⅠaB(B2)型钻石(N沿着一定的晶格方向,以小片晶的形式定向排列,并在中心伴有空位,称为B2心)的红外特征:以$1365cm^{-1}$红外吸收峰为主要的特征峰,次为$1370cm^{-1}$红外吸收峰。

(9)钻石红外光谱(富氢元素)。当钻石中含H时,表现出数量多变、强弱不等的一系列尖锐吸收峰。富氢时,以$3107cm^{-1}$、$1405cm^{-1}$为特征峰,另外$4495cm^{-1}$、$4167cm^{-1}$处以及$3400\sim2750cm^{-1}$区域内可呈现数处甚至多达几十处尖利锐吸收峰。

(10)钻石红外光谱(与O有关)。红外光谱在$1450cm^{-1}$处呈现的吸收谱带,偶尔伴有$880cm^{-1}$附近的尖峰,往往与O有关,或者归属于(—C=O—)。这在一些带皮壳钻石或自然扩散层的晶体部位较为常见。

(11)钻石红外光谱(与晶格缺陷有关)。钻石中存在N^{+}引发的晶格缺陷,导致产生$1330cm^{-1}$红外吸收峰;由众多填隙C联合引发的杂质型片状晶格缺陷,可引发$1360cm^{-1}$红外吸收峰(0.169eV)。

(12)钻石红外光谱(具有H1a心、H1b心、H1c心)。当钻石红外光谱呈现$1450cm^{-1}$(较为尖锐的峰)、$4941cm^{-1}$、$5171cm^{-1}$红外吸收峰,即分别对应H1a心、H1b心、H1c心时,说明钻石晶体经过了射线或粒子的高能辐照处理后,又经过了超过1000℃的退火处理。

(a)H1a心:杂质型固有缺陷,结构不确定,红外吸收峰位于$1450cm^{-1}$(0.180eV)处,认为与填隙N有关;可先天形成,也可辐照后再经退火诱发。

(b)H1b心:由不确定结构造成的杂质型固有缺陷,红外吸收峰位于2024nm(0.612eV,$4941cm^{-1}$)处,认为与A心氮(双原子氮)有关;可先天形成,也可辐照后再经退火热处理诱发。

(c)H1c心:由不确定结构造成的杂质型固有缺陷,特征红外吸收峰位于1934nm(0.640 8eV,$5171cm^{-1}$)处,认为与B心氮(集合体氮)有关;可先天形成,也可辐照后再经退火热处理诱发。

(13)合成钻石为Ⅰb型(主要)或者Ⅱ型。当红外光谱仪检测出某颗钻石具有$1130cm^{-1}$红外吸收峰或$2800cm^{-1}$红外吸收峰时,需引起检测者的注意,此时要求检测者进一步判断该钻石是否为合成钻石。

(14)查塔姆合成无色钻石还具有特征的271nm紫外吸收峰及$2802cm^{-1}$红外吸收峰,显示该类型钻石中基本没有N。

(15)合成黄色钻石经红外光谱检测,除显示孤N的吸收峰外,还显示N_2和集合体氮的混合型吸收峰。

10.3 人工充填处理宝玉石的鉴别

由两个或两个以上环氧基,并以脂肪族、脂环族或芳香族等官能团为骨架,通过与固化剂反应生成三维网状结构的聚合物类的环氧树脂,多以充填物的形式,广泛应用在人工充填处理翡翠、绿松石及祖母绿等宝玉石中。环氧树脂的种类很多,并且新品种仍不断出现。常见品种为环氧化聚烯烃、过醋酸环氧树脂、环氧烯烃聚合物、环氧氯丙烷树脂、双酚A树脂、环氧氯丙烷-双酚A缩聚物、双环氧氯丙烷树脂等。

(1)绿柱石(经充胶处理)红外透射光谱。在绿柱石的红外透射光谱中,$3000\sim2800cm^{-1}$强峰及$3060cm^{-1}$、$3034cm^{-1}$附近双峰,可以作为绿柱石经人工树脂充填(充胶)的有力证据。

(2)长石族矿物(经充填处理)红外透射光谱。经人工树脂充填处理的长石,有时会出现$3060\sim3030cm^{-1}$吸收带,以及$4062cm^{-1}$红外吸收峰,并伴有与甲基($—CH_3$)$2957cm^{-1}$、亚甲基($—CH_2—$)有关的$2931cm^{-1}$、$2870cm^{-1}$红外吸收峰,相关峰往往向高频区偏移。

(3)天河石(经充填处理)红外透射光谱。可见$3000\sim2800cm^{-1}$红外吸收峰,以及$3060cm^{-1}$、$3037cm^{-1}$附近红外吸收峰,这是天河石经过人工树脂充填的鉴定依据。

(4)碧玺(经充填处理)红外透射光谱。经人工树脂充填处理的碧玺,有时会出现$3060\sim3030cm^{-1}$吸收带,并伴有与甲基($—CH_3$)、亚甲基($—CH_2—$)有关的$2963cm^{-1}$、$2917cm^{-1}$、$2862cm^{-1}$红外吸收峰,相关峰往往向高频区偏移。

(5)蓝晶石(经充填处理)红外透射光谱。经人工树脂充填后,可见与充填物有关的特征峰

($4525cm^{-1}$、$4059cm^{-1}$、$3057cm^{-1}$、$3034cm^{-1}$,以及 $3000\sim2850cm^{-1}$ 谱带)。

(6)翡翠(经漂白、充填处理)红外透射光谱。当翡翠经过漂白、充填处理后,其红外透射光谱具有 $3055cm^{-1}$(附近)、$3035cm^{-1}$(附近)、$2965cm^{-1}$、$2930cm^{-1}$、$2872cm^{-1}$ 及近红外区 $4062cm^{-1}$(附近)的一组特征红外吸收谱带,该组谱带由苯环及甲基($—CH_3$)、亚甲基($—CH_2—$)与苯环结构耦合偏移(即人工树脂充填物)引发。主要表现为 $4700\sim4000cm^{-1}$、$3100\sim3000cm^{-1}$、$3000\sim2800cm^{-1}$ 以及 $2600\sim2400cm^{-1}$ 这 4 个区域内存在吸收谱带,它们可以同时存在,也可能存在 2~3 个吸收谱带。

(7)翡翠(经漂白、充填处理)红外透射光谱(区域放大)。翡翠经过漂白、充填处理后会呈现 $3055cm^{-1}$、$3035cm^{-1}$、$2965cm^{-1}$、$2930cm^{-1}$、$2872cm^{-1}$ 红外吸收峰,苯环及甲基($—CH_3$)、亚甲基($—CH_2—$)与苯环结构耦合偏移(即人工树脂充填物)引发的一组吸收谱带。这是漂白、充填处理翡翠(B 货翡翠)红外透射光谱最常见、典型的表现。

(8)翡翠(经漂白、大量人工树脂充填处理)红外透射光谱。当充填翡翠中的人工树脂比例较大时,红外透射光谱中本应经常出现的 $3055cm^{-1}$、$3035cm^{-1}$、$2965cm^{-1}$、$2930cm^{-1}$、$2875cm^{-1}$ 等吸收谱带因全吸收(强吸收)被湮没而难以识别,此时大致位于 $5980cm^{-1}$、$4680cm^{-1}$、$4620cm^{-1}$ 和 $4060cm^{-1}$ 处的红外吸收峰提供了翡翠经漂白、充填的证据。

(9)石英岩玉(经漂白、充填处理)红外透射光谱。经漂白、充填处理的石英岩玉与 B 货翡翠类似,呈现 $4060cm^{-1}$、$3055cm^{-1}$、$3035cm^{-1}$、$2965cm^{-1}$、$2930cm^{-1}$、$2872cm^{-1}$ 及其附近的红外吸收峰,苯环及甲基($—CH_3$)、亚甲基($—CH_2—$)与苯环结构耦合偏移(即人工树脂充填物)引发的一组吸收谱带。

(10)绿松石(经树脂充填)红外反射光谱。经树脂充填的绿松石红外反射光谱,可见 $1750\sim1700cm^{-1}$ 区域内和/或 $1550\sim1450cm^{-1}$ 区域内谱带。

(11)钠长石玉红外透射光谱,未显示典型红外吸收峰。充填的钠长石玉可能显示 $4344cm^{-1}$、$4065cm^{-1}$、$3055cm^{-1}$、$3035cm^{-1}$ 附近的红外吸收峰。

10.4 相似宝石种类的鉴别

不同种属的宝石,在其晶体结构、分子配位基结构及化学成分上存在一定的差异,可依据各类宝石特征的红外吸收光谱进行鉴别。在日常检测过程中,检验人员时常会遇到相似宝玉石的鉴别难题,而红外反射光谱则提供了一个快速无损的测试手段。

(1)红宝石和红碧玺的区分。红宝石红外反射光谱显示刚玉典型的红外吸收峰,主要表现为 $1000\sim500cm^{-1}$ 区域内强且宽的谱带,$500cm^{-1}$、$465cm^{-1}$ 附近的红外峰。碧玺的红外反射光谱显示:$1293cm^{-1}$ 归属于 $[BO_3]^{3-}$ 振动,$516cm^{-1}$ 也由 $[BO_3]^{3-}$ 振动引起,$1102cm^{-1}$、$1031cm^{-1}$、$978cm^{-1}$ 归属于 O—Si—O 振动,$830cm^{-1}$、$710cm^{-1}$ 归属于 Si—O—Si 振动。

(2)紫水晶和紫色方柱石的区分。紫水晶红外反射光谱显示:$1200\sim900cm^{-1}$ 区域内的谱带归属于 Si—O 伸缩振动,$800cm^{-1}$、$780cm^{-1}$ 附近的 Si—O 对称伸缩振动峰。方柱石的红外反射图谱显示 $1188cm^{-1}$、$1002cm^{-1}$、$846cm^{-1}$、$687cm^{-1}$、$611cm^{-1}$、$547cm^{-1}$ 等红外吸收峰。

绪论中的 4 个案例已详细说明相似宝石红外光谱鉴别方法,这里不再重复叙述。

参考文献

[1]V.C.法墨,矿物的红外光谱[M].应育浦,汪寿松,李春庚,等,译,北京:科学出版社,1982.

[2]彭文世,刘高魁.矿物红外光谱图集[M].北京:科学出版社,1982.

[3]闻辂.矿物红外光谱学[M].重庆:重庆大学出版社,1989.

[4]邹伟奇,邹育良,张学军.显微—红外光谱在矿物鉴定方面的应用[J].大庆石油地质与开发,2013,32(3):45-51.

[5]宋华玲,郭雪飞,谭红琳,等.岛状硅酸盐宝石矿物的近红外光谱特征研究[J].硅酸盐通报,2019(11):3592-3596.

[6]刘高魁,高振敏.锆石的红外光谱及其意义[J].地质地球化学,1982(9):39-42.

[7]艾群,杨志军,曾祥清,等.山东蒙阴金伯利岩中橄榄石的OH红外光谱研究[J].光谱学与光谱分析,2013(9):2374-2378.

[8]王奎仁,杨学明,杨晓勇,等.石榴石红外光谱的理论研究[J].安徽地质,1993(4):10-13.

[9]谷湘平,陈良青.榍石的红外光谱及穆斯堡尔谱研究[J].矿产与地质,1991(1):42-45.

[10]谷湘平.变生褐帘石的红外光谱研究[J].矿产与地质,1995(S1):275-279.

[11]戴慧,刘瑱,张清,等.大别山区石英质玉宝石矿物学特征研究[J].宝石和宝石学杂志,2011(13):32-37.

[12]GOTZE J,NASDALA L,KLEEBERG R,et al. Occurrence and Distribution of "Moganite" in Agate/Chalcedony:A Combined Micro-Raman,Rietvld,and Cathodoluminescence Study[J]. Contributions to Mineralogy and Petrology,1998(133):96-105.

[13]CRUICKSHANK R D,KO K. Geology of an Amber Locality in the Hukawng Valley,Northern Myanmar[J]. Journal of Asian Earth Sciences,2003(21):441-455.

[14]郭碧君.宝石界的精灵——琥珀[J].化石,2012(3):35-37.

[15]张培莉.系统宝石学[M].2版.北京:地质出版社,2006.

[16]王瑛,蒋伟忠,陈小英,等.琥珀及其仿制品的宝石学和红外光谱特征[J].上海地质,2010(2):58-62.

[17]边昭明.缅甸琥珀的宝石学特征分析[J].中国宝玉石,2014(S1):158-165.

[18]王雅玫,杨明星,杨一萍,等.鉴定热处理琥珀的关键证据[J].宝石和宝石学杂志,2010(4):25-30.

[19]李娅莉,薛秦芳,李立平,等.宝石学教程[M].3版.武汉:中国地质大学出版社,2016.

[20]张梅,侯鹏飞,汪建明.黑色翡翠的宝石学及矿物学特征[J].江苏地质,2004(2):100-102.

[21]申晓萍,李新岭,魏薇,等.常见黑色玉石的红外反射光谱测试及鉴定[J].分析试验室,2009,28(增刊):278-281.